電験三種
機械
考え方解き方

電験三種考え方解き方研究会 編

合格への近道

東京電機大学出版局

はじめに

　国際環境が急激に変化している中で，エネルギーの安定供給や環境への適合が重要な課題となっています．現在，電力供給を合理化・最適化するとともに，クリーンで再生可能なエネルギーを積極的に導入することが進められています．この中において，電気技術はわが国における経済の基礎であり，電気技術に対する社会性・公共性・安全性の要求はより高度化してきています．これらの公共的要請に応えるなど，電気主任技術者の果たすべき役割はますます重要になっています．

　第三種電気主任技術者試験では，電圧5万ボルト未満の事業用電気工作物の主任技術者として必要な知識が理論・電力・機械・法規の科目別に出題されます．各科目の解答方式は，マークシートに記入する五肢択一方式です．

　本書は，理論・電力・機械・法規の4巻で構成する「電験三種 考え方解き方」シリーズの一冊で，次の点に配慮して執筆・編集をしました．

1. 学習をより効果的にするため，各章のはじめに重要な事項をまとめてあります．
2. 学習の理解度を上げるため，例題は「考え方」と「解き方」に分けて解説してあります．
3. 過去に出題された問題を分析し，これから出題される可能性の高い問題や重要問題を取り上げました．
4. 図や表を多く用いて，視覚的に理解しやすいように工夫しました．

　試験に合格するためには，過去の出題を研究して出題傾向を把握し，効率よく学習することが必要です．また，自らが学習計画を立て，スケジュールに従って学習するとともに，繰り返し学習をして，重要事項や出題が予想される内容をまとめてサブノートを作成し，試験前に確認することも大切です．

　本書が皆様の電験三種合格の一助となれば望外の喜びです．最後に本書の編集にあたり，お世話になりました東京電機大学出版局の方々にお礼を申し上げます．

2010年10月

著者らしるす

受験案内

●電気主任技術者について

電気保安の確保の観点から，電気事業法により，

> 事業用電気工作物（電気事業用および自家用電気工作物）の設置者（所有者）は，工事・維持・運用に関する保安の監督をさせるために，『電気主任技術者』を選任しなければならない。

と定められています。電気主任技術者の資格には，免状の種類によって，第一種から第三種があり，次表のように電気工作物の電圧によって区分されています。

表 免状の種類と監督できる範囲

免状の種類	第一種電気主任技術者		
		第二種電気主任技術者	
			第三種電気主任技術者
電気工作物	すべての事業用電気工作物	電圧が17万V未満の事業用電気工作物	電圧が5万V未満の事業用電気工作物（出力5千kW以上の発電所を除く）
	例：上記電圧の発電所，変電所，送配電線路や電気事業者から上記電圧で受電する工場，ビルなどの需要設備		例：上記電圧の5千kW未満の発電所や電気事業者から上記の電圧で受電する工場，ビルなどの需要設備

●電験三種について

❶受験資格

電気主任技術者試験（電験）では，年齢・学歴・実務経験などの制限がありませんので，どなたでも受験することができます。

❷試験科目

試験は次の科目について，五肢択一方式（マークシート）にて行われます。

科目	範囲
理論	電気理論，電子理論，電気計測，電子計測
電力	発電所・変電所の設計および運転，送電線路・配電線路（屋内配線を含む）の設計および運用，電気材料
機械	電気機器，パワーエレクトロニクス，電動機応用，照明，電熱，電気化学，電気加工，自動制御，メカトロニクス・電力システムに関する情報伝送・情報処理
法規	電気法規（保安に関するものに限る），電気施設管理

❸科目別合格制度について

4科目の試験科目すべてに合格すれば，電験三種合格となりますが，一部の科目のみに合格した場合は「科目合格」となり，翌年度と翌々年度の該当科目の試験が免除

になります。つまり，3年間で4科目の試験に合格すれば，電験三種合格となります。

❹ 試験時間と出題数

試験時間は下表を参考にしてください。出題にはA問題（1つの問に対して1つの解答）とB問題（1つの問に複数の小問を設けて，それぞれの小問に1つの解答）があります。

科目合格による受験については，受験科目ごとに集合時間が決められていますので注意しましょう。

（平成22年度）

科目	理論	電力	機械	法規
試験時間	90分	90分	90分	65分
出題数	A問題 14問 B問題 3問	A問題 14問 B問題 3問	A問題 14問 B問題 3問	A問題 10問 B問題 3問

※「理論」と「機械」のB問題については，選択問題を含んだ解答数です。
「法規」には，『電気設備の技術基準の解釈（経済産業省の審査基準）』に関するものも含まれます。

❺ 受験申し込みから資格取得までの流れ

はじめに受験申込書を入手しましょう。申し込み期間の少し前より試験センター本部で配布をしています。ホームページからもダウンロードができますので活用しましょう。受験申込書をよく読み，期間内に申請を行います。

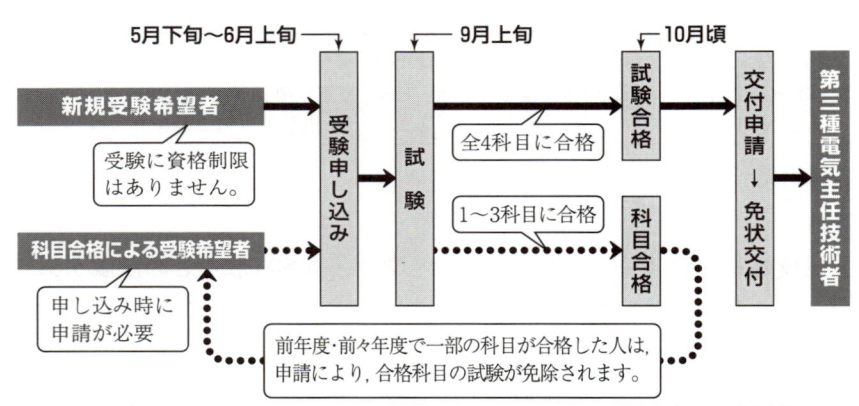

図 資格取得までの流れ

❻ 試験会場で使用できる用具

試験では以下の用具が使用できます。電卓は関数電卓の使用は認められていません。受験案内に使用可能機種の例が掲載されているので確認をしましょう。

　　筆記用具，30cm以下の透明な物差し，電卓

● 試験に関する問い合わせ先

　（財）電気技術者試験センター　本部事務局（土日祝日を除く 9：00〜17：15）
　TEL 03-3552-7691　　FAX 03-3552-7847　　http://www.shiken.or.jp/

contents

第1章 直流機

重要事項のまとめ　2

1.1　直流発電機の誘導起電力　3

1.2　直流発電機の特性　8

1.3　直流電動機の特性　14

1.4　直流電動機の逆起電力と始動電流　19

1.5　直流電動機の速度とトルク　22

章末問題　28

第2章 誘導電動機

重要事項のまとめ　32

2.1　同期速度と滑り　34

2.2　誘導電動機の構造　37

2.3　誘導電動機の等価回路，出力と損失　39

2.4　誘導電動機の発生トルク　44

2.5　トルク特性と比例推移　47

2.6　誘導電動機の始動法と始動トルク　53

2.7　円線図，単相誘導電動機　56

章末問題　59

第3章　同期機

重要事項のまとめ　64

3.1　同期速度と周辺速度　66

3.2　内部誘導起電力　68

3.3　同期発電機の特性と特徴　71

3.4　同期インピーダンスと短絡比　76

3.5　同期電動機のV曲線　81

3.6　同期機の入出力とトルク　83

章末問題　88

第4章　変圧器

重要事項のまとめ　92

4.1　変圧器の理論　93

4.2　変圧器の等価回路　99

4.3　変圧器の電圧変動率　102

4.4　変圧器の出力，損失，効率　106

4.5　変圧器の結線方式　113

4.6　変圧器の並行運転　119

4.7　単巻変圧器　123

章末問題　126

第5章　パワーエレクトロニクスと電動機応用

重要事項のまとめ　130

5.1　電力用半導体素子　132

5.2　整流回路　136

5.3　半導体電力変換装置　140

5.4　ポンプ，巻上機などの所要動力　147

5.5　電動機のトルク，動力および制動　150

5.6　動力の伝達と慣性モーメント　155

章末問題　159

第6章　照明と電熱

重要事項のまとめ　166

6.1　照明計算の基礎　170

6.2　輝度，照度　173

6.3　照明計算　179

6.4　各種照明の特徴　182

6.5　熱の単位と熱伝導　187

6.6　熱量計算　190

6.7　各種電熱方式の特徴　195

6.8　各種電熱装置の特徴　198

章末問題　201

第7章 電気化学

重要事項のまとめ 206

7.1 電気化学の基礎 207

7.2 電気分解 210

7.3 1次電池，2次電池 214

7.4 燃料電池 220

章末問題 223

第8章 自動制御と情報伝送・処理

重要事項のまとめ 226

8.1 自動制御一般 228

8.2 ブロック線図，伝達関数 233

8.3 1次遅れ要素，2次遅れ要素の特性 239

8.4 フィードバック制御系の安定判別 245

8.5 論理回路 248

8.6 2進数，10進数，16進数 259

章末問題 264

章末問題の解答 269

索引 300

第 1 章

直流機

Point 重要事項のまとめ

1 直流発電機の誘導起電力

直流発電機の誘導起電力は次式で表される。

$$E = \frac{pZ}{60a}N\phi = kN\phi \text{ [V]}$$

ここで,
E：誘導起電力
N：回転速度〔min^{-1}〕
p：極数　ϕ：1極あたりの磁束
Z：電機子導体の総数
k：比例定数
a：並列回路数
（重ね巻 $a = p$，波巻 $a = 2$）

2 直流電動機の速度特性

電動機の速度 N は，次式で表される。

$$N = \frac{E}{k\phi} = \frac{V - I_a r_a}{k\phi} \text{ [}\text{min}^{-1}\text{]}$$

ここで,
E：電動機逆起電力
V：端子電圧　ϕ：界磁磁束
I_a：電機子電流　k：定数
r_a：電機子抵抗

速度特性は，電動機の巻線方式により図 1.1 のようになる。

3 直流機の電機子反作用と防止対策

直流機の主磁束は，電機子巻線の電流による起磁力の影響を受ける。これを電機子反作用といい，**電気的中性点の移動，主磁束の減少，整流子片間の電圧不均一**などが生じる。

防止対策として，補償巻線と補極の設置がある。

4 直流電動機の負荷トルク特性

電動機のトルクは次式で表される。

$$T = \frac{P}{\omega} = \frac{EI_a}{2\pi \times \left(\frac{N}{60}\right)}$$

$$= \frac{60}{2\pi N} \times \frac{pZN\phi}{60a} \times I_a$$

$$= k\phi I_a \quad (k：定数)$$

ここで,
T：トルク
ω：角速度〔rad/s〕
P：機械出力〔W〕
N：回転速度〔min^{-1}〕

トルク特性は，図 1.2 のようになる。

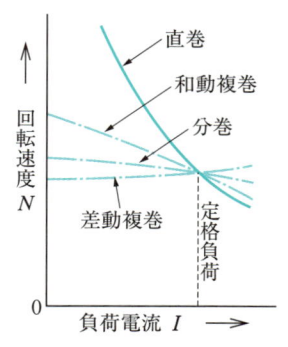

図 1.1　速度特性

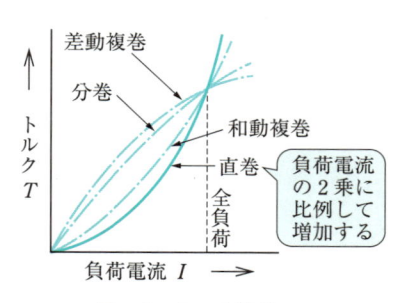

図 1.2　トルク特性

1.1 直流発電機の誘導起電力

例題 1

長さ l〔m〕の導体を磁束密度 B〔T〕の磁束の方向と直角に置き，速度 v〔m/s〕で導体及び磁束に直角な方向に移動すると，導体にはフレミングの (ア) の法則により，$e =$ (イ) 〔V〕の誘導起電力が発生する。

1極当たりの磁束が Φ〔Wb〕，磁極数が p，電機子総導体数が Z，巻線の並列回路数が a，電機子の直径が D〔m〕なる直流機が速度 n〔min^{-1}〕で回転しているとき，周辺速度は $v = \pi D \dfrac{n}{60}$〔m/s〕となり，直流機の正負のブラシ間には (ウ) 本の導体が (エ) に接続されるので，電機子の誘導起電力 E は，$E =$ (オ) 〔V〕となる。

上記の記述中の空白箇所（ア），（イ），（ウ），（エ）及び（オ）に当てはまる語句又は式として，正しいものを組み合わせたのは次のうちどれか。

	（ア）	（イ）	（ウ）	（エ）	（オ）
(1)	右手	Blv	$\dfrac{Z}{a}$	直列	$\dfrac{pZ}{60a}\Phi n$
(2)	左手	Blv	Za	直列	$\dfrac{pZa}{60}\Phi n$
(3)	右手	$\dfrac{Bv}{l}$	Za	並列	$\dfrac{pZa}{60}\Phi n$
(4)	右手	Blv	$\dfrac{a}{Z}$	並列	$\dfrac{pZ}{60a}\Phi n$
(5)	左手	$\dfrac{Bv}{l}$	$\dfrac{Z}{a}$	直列	$\dfrac{Z}{60pa}\Phi n$

［平成20年A問題］

答 (1)

考え方　発電機における磁界の方向，運動の方向，発生する起電力の方向は，フレミングの右手の法則によって示される。また，発生する起電力の大きさ e は，

$$e = Blv$$

となり，これは，ファラデーの電磁誘導の法則で知られる $e = d\phi/dt$ の関係を表している。

解き方

長さ l〔m〕の導体を磁束密度 B〔T〕の磁束と直角に置き，速度 v〔m/s〕で導体および磁束に直角な方向に移動すると，導体にはフレミングの右手の法則により，

$$e = Blv$$

の起電力が発生する。

直流機のブラシ間には，図 1.3 に示すように Z/a の電機子導体が直列に接続されるので，電機子の誘導起電力 E は，

$$E = \frac{Z}{a} \times Blv = \frac{Z}{a} \times Bl \times \pi D \times \frac{n}{60}$$

$$= \frac{Z}{a} \times (\pi DlB) \times \frac{n}{60}$$

$$= \frac{Z}{a} \times (P\phi) \times \frac{n}{60} = \frac{PZ}{60a}\phi n$$

となる。

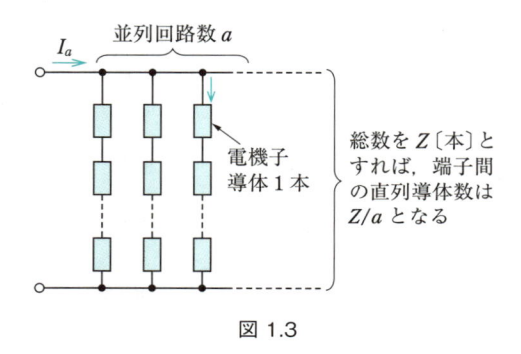

図 1.3

例題 2

磁極数 4，電機子導体数 480 の直流分巻発電機がある。各磁極の磁束が 0.01 Wb で，発電機の回転速度が 900 min^{-1} であったとすれば，この発電機の誘導起電力〔V〕として正しいのは次のうちどれか。ただし，電機子巻線は波巻とする。

(1) 72　　(2) 134　　(3) 144　　(4) 264　　(5) 288

［平成 9 年 A 問題］

答 (3)

考え方

直流発電機の誘導起電力 E を求める公式，

$$E = \frac{pZ}{60a}\phi N$$

に，題意より与えられた数値を代入して値を求める。

解き方 直流発電機の誘導起電力 E は，次式で与えられる。

$$E = \frac{pZ}{60a}\phi N \ [\text{V}]$$

ここで，

p：磁極数

Z：電機子導体数

ϕ：磁極の磁束数〔Wb〕

N：毎分の回転速度〔min^{-1}〕

a：電機子の並列回路数（波巻は $a=2$）

題意より与えられた数値を代入して，

$$E = \frac{4 \times 480}{60 \times 2} \times 0.01 \times 900 = 144 \ [\text{V}]$$

例題 3
電機子巻線が重ね巻である 4 極の直流発電機がある。電機子の全導体数は 576 で，磁極の断面積は 0.025〔m^2〕である。この発電機を回転速度 600〔min^{-1}〕で無負荷運転しているとき，端子電圧は 110〔V〕である。このときの磁極の平均磁束密度〔T〕の値として，最も近いのは次のうちどれか。
ただし，漏れ磁束はないものとする。
(1) 0.38　　(2) 0.52　　(3) 0.64　　(4) 0.76　　(5) 0.88

［平成 18 年 A 問題］

答 (4)

考え方 直流発電機の誘導起電力 E〔V〕は，極数を p，電機子導体数を Z，巻線の並列回路数を a，磁束を ϕ，回転速度を N とすると，

$$E = \frac{pZ}{a} \cdot \frac{N}{60}\phi \ [\text{V}]$$

で表される。重ね巻の場合，並列回路数 a は，極数 p に等しく，4 極の場合の電機子回路は，図 1.4 のようになる。

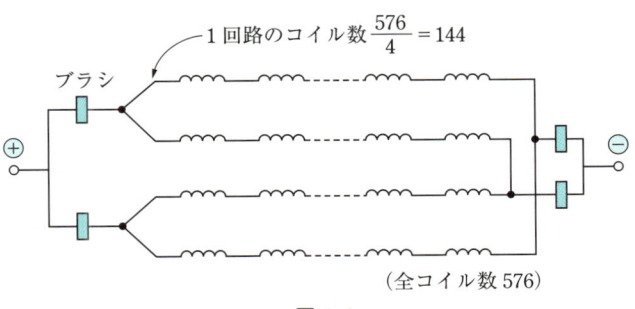

図 1.4

1.1 直流発電機の誘導起電力

解き方

直流発電機の誘導起電力 E〔V〕は，重ね巻を用いていることから，

$$E = \frac{pZ}{a} \cdot \frac{N}{60}\phi = Z \cdot \frac{N}{60}\phi \text{〔V〕}$$

題意より $E = 110$〔V〕，$Z = 576$，$N = 600$〔min^{-1}〕であるから，これらを代入して，

$$110 = 576 \times \frac{600}{60} \times \phi$$

よって，

$$\phi = \frac{110}{5\,760} \text{〔Wb〕}$$

となる。また，題意より磁極の断面積 S が，0.025〔m^2〕であるので，平均磁束密度 T は，

$$T = \frac{\phi}{S} = \frac{110}{5\,760 \times 0.025} \fallingdotseq 0.76 \text{〔T〕}$$

となる。

例題 4

出力 40〔kW〕，端子電圧 200〔V〕，回転速度 1 500〔min^{-1}〕で運転中の他励直流発電機がある。この発電機の負荷電流及び界磁電流を一定に保ったまま，回転速度を 1 000〔min^{-1}〕に低下させた。この場合の誘導起電力〔V〕の値として，正しいのは次のうちどれか。ただし，電機子回路の抵抗は 0.05〔Ω〕とし，電機子反作用は無視できるものとする。

(1) 126　　(2) 133　　(3) 140　　(4) 200　　(5) 210

〔平成 14 年 A 問題〕

答 (3)

考え方

最初，回転速度 $1\,500\ \text{min}^{-1}$ での誘導起電力 E〔V〕を求める。次に回転速度 $1\,000\ \text{min}^{-1}$ になったときの誘導起電力 E'〔V〕を求める。このとき，他励直流発電機で，励磁電流が一定であるとの条件より次式が成立する。

$$E' = E \times \frac{N'}{N}$$

解き方 出力 40 kW，端子電圧 200 V であるので，負荷電流 I_a は，

$$I_a = \frac{40 \times 10^3}{200} = 200 \text{ [A]}$$

となる。電機子回路の抵抗 $r_a = 0.05$ [Ω] であるので，誘導起電力 E は，

$$E = V + I_a r_a = 200 + 200 \times 0.05 = 210 \text{ [V]}$$

となる。発電機は他励磁方式で，励磁電流を一定にしたまま，回転速度を $1\,000 \text{ min}^{-1}$ に低下させるので，誘導起電力 E' は，回転速度に比例して低下する。

すなわち，

$$E' = \frac{N'}{N} \times E = \frac{1\,000}{1\,500} \times 210 = 140 \text{ [V]}$$

となる。

1.2 直流発電機の特性

例題1

図に示す直流複巻発電機の外部特性曲線において，(ア)，(イ)，(ウ)および(エ)のそれぞれについて正しい名称が与えられているのは，次のうちどれか。

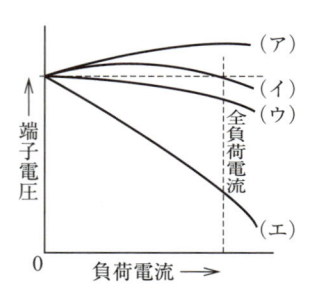

	(ア)	(イ)	(ウ)	(エ)
(1)	差動複巻	平複巻	不足複巻	過複巻
(2)	不足複巻	平複巻	差動複巻	過複巻
(3)	過複巻	不足複巻	平複巻	差動複巻
(4)	差動複巻	過複巻	平複巻	過複巻
(5)	過複巻	平複巻	不足複巻	差動複巻

［平成元年A問題］

答 答 (5)

考え方　外部特性曲線とは，回転速度，負荷電流，端子電圧が定格値になるように界磁電流を調整した後，界磁回路の抵抗を変えずに負荷電流を変えたときの負荷電流と端子電圧の関係を表したものである。

図1.5に直巻発電機の外部負荷特性を示す。端子電圧は，無負荷飽和曲線から直巻界磁抵抗による電圧降下を差し引いたものとなる。負荷電流が増加すると界磁電流が増加するため端子電圧も上昇するが，飽和現像に伴い端子電圧は低下する。

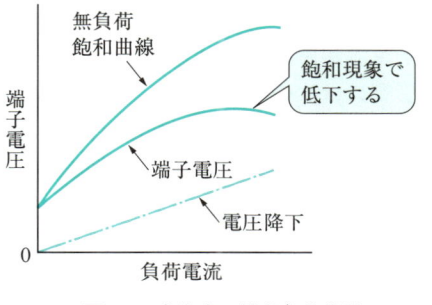

図 1.5 直巻式の外部負荷特性

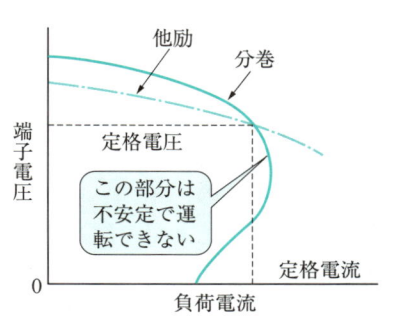

図 1.6 分巻式の外部負荷特性

図 1.6 に分巻発電機の外部負荷特性を示す。分巻発電機では，負荷電流が増加すると電機子回路の抵抗により端子電圧は低下する。また，端子電圧が低下すると，界磁電流が減少するため，さらに端子電圧を低下させることになる。他励の場合は，界磁電流が変化しないので電圧低下はゆるやかになる。

解き方 複巻発電機の外部特性曲線は，直巻発電機および分巻発電機の外部特性を複合したものとなる。そして，複巻の方式として，分巻界磁と直巻界磁が同方向となる和動複巻方式と逆方向になる差動複巻方式がある。和動複巻では，直巻励磁の影響で分巻発電機の外部特性よりも負荷電流に対する電圧降下を少なくできる。無負荷電圧と全負荷電圧が等しいものを**平複巻**，無負荷電圧より全負荷電圧が高くなるものを**過複巻**，低くなるものを**不足複巻**という。差動複巻では，負荷電流の増加とともに端子電圧が著しく低下する。これらの特性を図 1.7 に示す。

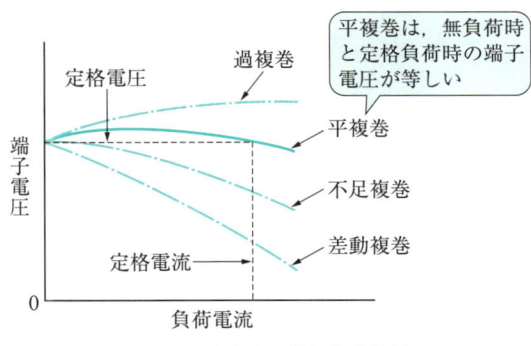

図 1.7 複巻式の外部負荷特性

1.2 直流発電機の特性

例題 2

直流機において，電機子電流起磁力がギャップ磁束に及ぼす影響を電機子反作用と称するが，その影響には次の三つがある。①界磁が飽和状態にあると磁束が （ア） する。②磁束分布の不均一から整流子片間電圧の最大値の （イ） を生じる。③電気的中性軸が （ウ） する。

上記の記述中の空白箇所（ア），（イ）および（ウ）に記入する字句として，正しいものを組み合わせたのは次のうちどれか。

	（ア）	（イ）	（ウ）
(1)	増加	増加	前進
(2)	減少	増加	移動
(3)	減少	減少	後退
(4)	増加	減少	移動
(5)	減少	増加	消滅

［平成 3 年 A 問題］

答 (2)

考え方

無負荷状態での直流発電機の磁束分布は，図 1.8 のようになる。界磁巻線による磁束のみとなるため，左右対称な配置の中間で磁束は方向を変えることになり，磁極の中間でゼロとなる。この n_1，n_1' の位置を幾何学的中性軸という。

図 1.9 において，電機子を矢印の方向に回転すれば，フレミングの右

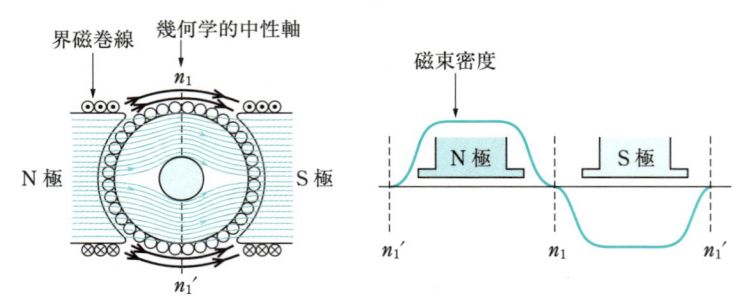

図 1.8 界磁による磁束分布

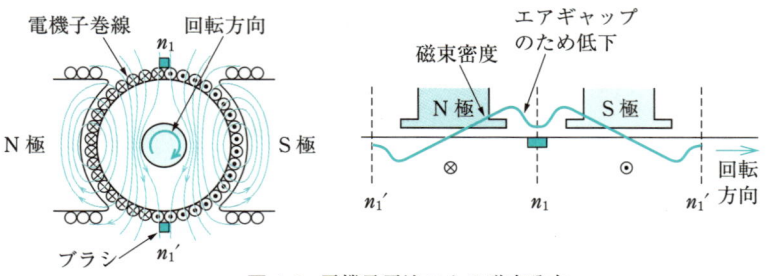

図 1.9 電機子電流による磁束分布

手の法則により⊙⊗で示した方向に起電力が生じ，起電力と同方向に電流が流れる。この電機子電流によりアンペアの右ねじの法則に従う方向に新たな磁束が生じ，この磁束が主磁束に影響を及ぼす。これを電機子反作用という。

解き方　電機子反作用を受けた発電機の磁束分布は，図1.8，1.9を合成したものとして図1.10のようになる。図1.10において，磁束はN極側上部で増加し，下部で減少する。S極側ではその逆になる。界磁が飽和状態にあると，増加量が少なくなるため，トータルで**磁束が減少**する。また，図1.10より，

- 磁束分布が不均一となるため，**整流子片間電圧の最大値が増加**する。
- **電気的中性軸が移動**する。

ことがわかる。

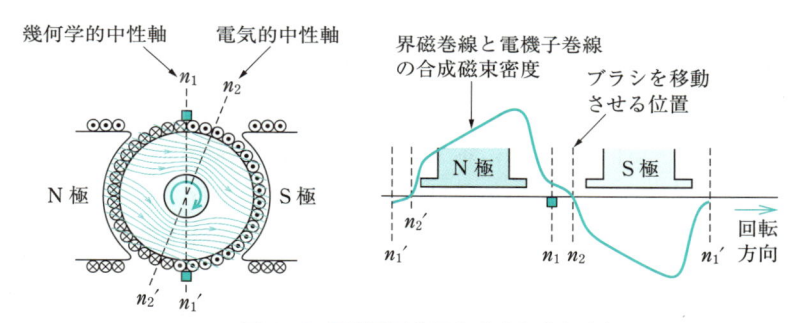

図1.10　電機子反作用を受けた磁束分布

例題3

直流発電機に負荷をつないで電機子巻線に電流を流すと，　(ア)　により電気的中性軸が移動し，整流が悪化する。この影響を防ぐために，ブラシを移動させるほか，次の方法が用いられる。

その一つは，主磁極とは別に幾何学的中性軸上に　(イ)　を設け，電機子電流に比例した磁束を発生させて，幾何学的中性軸上の　(ア)　を打ち消すとともに，整流によるリアクタンス電圧を有効に打ち消す方法である。

ほかの方法は，主磁極の磁極片にスロットを設け，これに巻線を施して電機子巻線に　(ウ)　に接続して電機子電流と逆向きに電流を流し，電機子の起磁力を打ち消すようにした　(エ)　による方法である。

上記の記述中の空白箇所（ア），（イ），（ウ）および（エ）に記入する字句として，正しいものを組み合わせたのは次のうちどれか。

	（ア）	（イ）	（ウ）	（エ）
(1)	減磁作用	補極	並列	補償巻線
(2)	減磁作用	補償巻線	直列	補極
(3)	電機子反作用	補極	直列	補償巻線
(4)	電機子反作用	補償巻線	並列	補極
(5)	電機子反作用	補償巻線	直列	補極

［平成 11 年 A 問題］

答　(3)

考え方　直流発電機に負荷をつないで電機子巻線に電流を流すと，電機子反作用が発生する。その対策として，補極や補償巻線を設ける方法がある。電機子反作用は電機子電流に比例するので，補極や補償巻線に流れる電流も電機子電流に比例するように補極や補償巻線は，電機子巻線に直列に接続される。

解き方　電機子反作用により電気的中性点が移動し，整流が悪化することを防止するための**対策**としては，**補極**を設ける方法と**補償巻線**を設ける方法がある。図 1.11 にこの接続を示す。

補極は，図に示すように主極と主極の間，幾可学的中性軸上に設けられ，反作用磁束を打ち消し，整流によるリアクタンス電圧を打ち消す。

補償巻線は，主極片の表面近くに電機子導体と平行してスロットをつくり，これに巻線を施して，電機子電流と反対方向の電流を流し，電機子により発生する磁束を打ち消す。

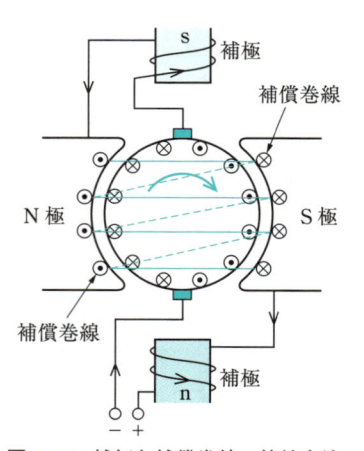

図 1.11　補極と補償巻線の接続方法

例題 4

　直流発電機に負荷が加わると，電機子巻線に負荷電流が流れ電機子に起磁力が発生する。主磁極に生じる界磁起磁力の方向を基準としたとき，この電機子の起磁力の方向（電気角）〔rad〕として，正しいのは次のうちどれか。
　ただし，ブラシは幾何学的中性軸に位置し，補極及び補償巻線はないものとする。
　　(1) 0　　(2) $\pi/3$　　(3) $\pi/2$　　(4) $2\pi/3$　　(5) π

［平成 16 年 A 問題］

答　(3)

考え方　電機子巻線に流れる負荷電流は，電機子に生じる起電力と同じ向きに流れる。電機子に生じる起電力は，図 1.12 のように電機子を回転させると，フレミングの右手の法則により，同図の方向に誘起される。

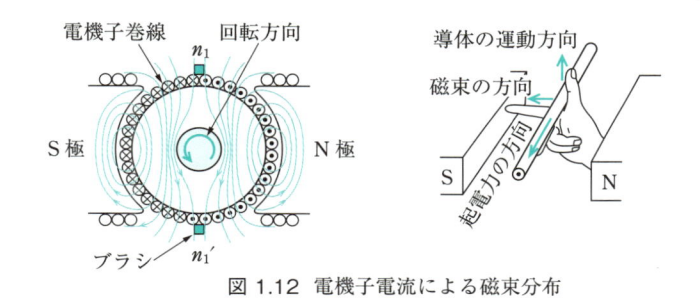

図 1.12　電機子電流による磁束分布

解き方　電機子巻線に誘起される起電力は，図 1.12 に示す方向のものとなり，同方向に負荷電流が流れる。この負荷電流により，右ねじの法則に従う方向に新たな起磁力が発生する。この起磁力の方向は，図 1.12 に示すように主磁束に対し，$\pi/2$〔rad〕の角度をもつ。

1.2　直流発電機の特性

1.3 直流電動機の特性

例題1

　直流直巻電動機は，供給電圧が一定の場合，無負荷や非常に小さい負荷では使用することができない。この理由として，正しいのは次のうちどれか。
(1) 界磁電流と電機子電流がともに大きくなるので，界磁巻線や電機子巻線を焼損する危険性がある。
(2) 界磁電流が大きくなりトルクが非常に増大するので，駆動軸や電機子巻線を破損する危険性がある。
(3) 電機子電流が小さくなるので回転速度が減少し，回転が停止する。
(4) 界磁磁束が増大して回転速度が減少し，回転が停止する。
(5) 界磁磁束が小さくなって回転速度が非常に上昇するので，電機子巻線を破損する危険性がある。

［平成19年A問題］

答 (5)

考え方　直流直巻電動機では，負荷電流と界磁電流は等しくなる。したがって，非常に小さい負荷になると，界磁電流もきわめて小さいものになる。一方，直流電動機で発生する逆起電力 E は，界磁磁束の変化率に比例した値となるので，界磁磁束が小さくなると，回転速度を上昇させる必要がある。

解き方　直流直巻電動機の回路図を図1.13に示す。端子電圧 V〔V〕，電機子電流 I_a〔A〕，電機子抵抗 r_a〔Ω〕，電機子逆起電力 E〔V〕とすると次式が成立する。

$$E = V - r_a I_a$$

また，界磁磁束を ϕ，電動機の回転速度を N とすれば，直巻電動機では，$\phi \propto I_a$ となるので次式が成立する。

$$E = k\phi N = k' I_a N$$

（k，k' は比例定数）

よって，

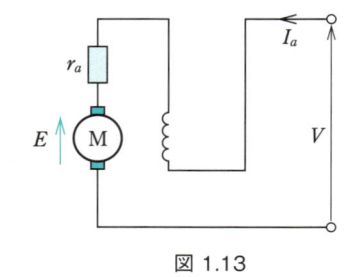

図1.13

$$N = \frac{V - r_a I_a}{k T_a} \fallingdotseq \frac{V}{k T_a}$$

の関係が成立する。

したがって，供給電圧一定のもと，負荷電流をきわめて小さくした場合，回転速度 N は，非常に大きくなり電機子を破損する危険がある。

例題2

直流電動機の電源の極性を逆にした場合，その回転方向は，分巻電動機では　(ア)　，直巻電動機では　(イ)　，他励電動機では　(ウ)　。ただし，他励電動機の界磁の極性はもとのままとする。

上記の記述中の空白箇所（ア），（イ）および（ウ）に記入する字句として，正しいものを組み合わせたのは次のうちどれか。

	（ア）	（イ）	（ウ）
(1)	逆	逆	逆になる
(2)	もとのまま	もとのまま	もとのままである
(3)	逆	もとのまま	逆になる
(4)	もとのまま	逆	もとのままである
(5)	もとのまま	もとのまま	逆になる

[平成2年A問題]

答 (5)

考え方　直流電動機の回転方向は，フレミングの左手の法則に従って発生する力の方向によって決まる。したがって，電源の極性を変えた場合の磁界の向き，電機子電流の向きに注目する。

解き方　各電動機の結線方法を図1.14に示す。分巻電動機および直巻電動機では，電源の極性を変えると，電機子電流，界磁電流ともに逆方向に流れる。電機子電流と界磁電流がともに逆方向になっても導体に働く力

←----- 初期の電源極性による電流の向き
←――― 電源の極性を変えたときの電流の向き

(a) 分巻電動機　　(b) 直巻電動機　　(c) 他励電動機

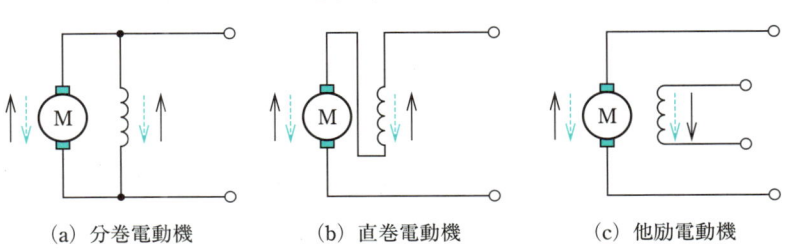

図1.14　電動機の結線

1.3　直流電動機の特性

は，図 1.15 に示すようなフレミングの左手の法則によって定まる方向となり変化しない。したがって回転方向は変わらない。

これに対し，他励電動機では，電機子電流のみ方向が逆になるので回転方向が逆になる。

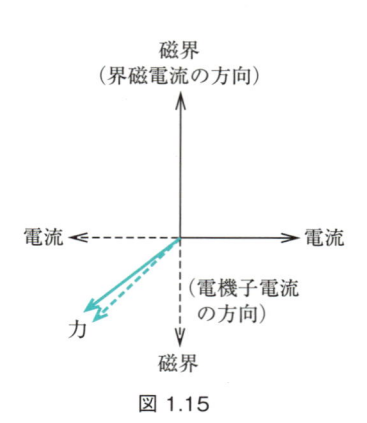

図 1.15

例題 3

次の文章は，直流電動機のトルク特性に関する記述である。

a. 分巻電動機のトルクは，負荷が小さい範囲では　(ア)　に比例して変化するが，その値がある程度以上になると，　(イ)　が増して磁束が減少するので，トルク曲線の傾きが緩やかになる。

b. 直巻電動機のトルクは，界磁磁束の未飽和領域では界磁磁束が負荷電流に比例するので，負荷電流の　(ウ)　に比例して変化するが，負荷電流がある値以上になると磁気飽和のため界磁磁束はほぼ一定となるので，トルク曲線は負荷電流に比例して変化するようになる。

上記の記述中の空白箇所（ア），（イ）及び（ウ）に記入する語句として，正しいものを組み合わせたのは次のうちどれか。

	（ア）	（イ）	（ウ）
(1)	電機子電流	電機子反作用	2乗
(2)	電機子電流	機械的損失	2乗
(3)	電機子電圧	電機子反作用	1乗
(4)	電機子電圧	機械的損失	1乗
(5)	電機子電圧	電機子反作用	2乗

［平成 15 年 A 問題］

答　(1)

考え方

直流電動機のトルク T は，次式で表される。

$$T = k\phi I_a \text{ [N·m]}$$

ここで，

k：比例定数
ϕ：界磁磁束
I_a：電機子電流

である。直巻電動機および分巻電動機について，負荷電流すなわち電機子電流 I_a が変化したときの ϕ に与える影響を考慮してトルクの変化を

考える。

解き方　分巻電動機のトルクは，負荷が小さい範囲では磁束 ϕ が一定なため，電機子電流に比例して増加する。一方，電機子電流が大きくなると，電機子反作用が増加し，磁束が減少するため，トルク曲線の傾きはゆるやかになる。この様子を図1.16に示す。

直巻電動機では，磁束 ϕ が I_a に比例するためトルクは，I_a^2 に比例して変化することになる。しかし，負荷電流がある値以上になると，磁気飽和によって磁束が一定となるため，トルク曲線は，負荷電流に比例するようになる。この様子を図1.17に示す。

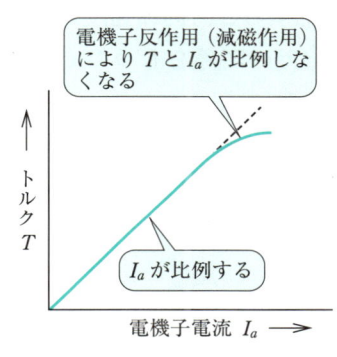

図 1.16　分巻電動機のトルク　　　図 1.17　直巻電動機のトルク

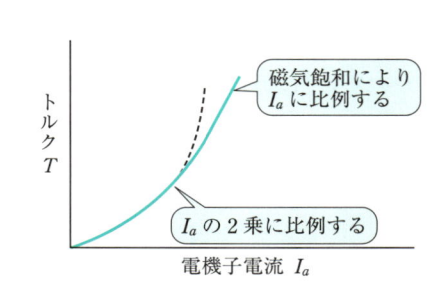

例題 4

直流電動機が回転しているとき，導体は磁束を切るので起電力を誘導する。この起電力の向きは，フレミングの　(ア)　によって定まり，外部から加えられる直流電圧とは逆向き，すなわち電機子電流を減少させる向きとなる。このため，この誘導起電力は逆起電力と呼ばれている。直流電動機の機械的負荷が増加して　(イ)　が低下すると，逆起電力は　(ウ)　する。これにより，電機子電流が増加するので　(エ)　も増加し，機械的負荷の変化に対応するようになる。

上記の記述中の空白箇所（ア），（イ），（ウ）及び（エ）に記入する語句として，正しいものを組み合わせたのは次のうちどれか。

	（ア）	（イ）	（ウ）	（エ）
(1)	右手の法則	回転速度	減少	電動機の入力
(2)	右手の法則	磁束密度	増加	電動機の入力
(3)	左手の法則	回転速度	増加	電動機の入力
(4)	左手の法則	磁束密度	増加	電機子反作用
(5)	左手の法則	回転速度	減少	電機子反作用

［平成13年A問題］

1.3　直流電動機の特性

答 (1)

考え方 　直流電動機というと，フレミングの左手の法則がまず頭に浮かぶ。しかし，これは，電動機の導体に働く力の方向を示すものである。電動機で発生する逆起電力は，発電機と同様にフレミングの右手の法則に従う向きに発生する。この逆起電力の大きさも，$d\phi/dt$ に比例するので，回転速度に依存する。

解き方
（ア）　導体が磁束を切るときに発生する起電力は，フレミングの右手の法則に従う向きに発生する。
（イ）　直流電動機の負荷が増加すると，回転速度が低下する。
（ウ）　逆起電力 E は，$E = k\phi N$ の関係をもつので，N が低下すると E は減少する。
（エ）　逆起電力 E は，図 1.18 に示すように $E = k\phi N = V - I_a r_a$ で表される。これより $I_a = (V - E)/r_a$ となるので，E が低下すると電機子電流 I_a が増加し，電動機の入力も I_a に比例して増加する。

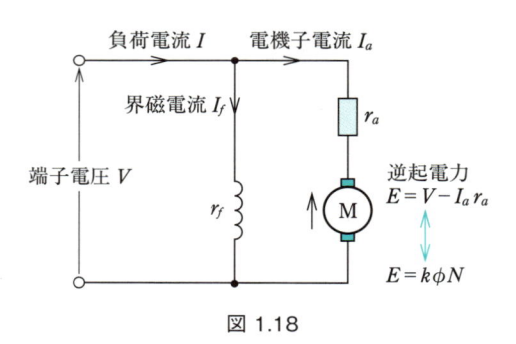

図 1.18

1.4 直流電動機の逆起電力と始動電流

例題1

定格出力5〔kW〕，定格電圧220〔V〕の直流分巻電動機がある。この電動機を定格電圧で運転したとき，電機子電流が23.6〔A〕で定格出力を得た。この電動機をある負荷に対して定格電圧で運転したとき，電機子電流が20〔A〕になった。このときの逆起電力（誘導起電力）〔V〕の値として，最も近いのは次のうちどれか。

ただし，電機子反作用はなく，ブラシの抵抗は無視できるものとする。

(1) 201 　(2) 206 　(3) 213 　(4) 218 　(5) 227

[平成20年A問題]

答 (3)

考え方

直流分巻電動機の出力 P は，逆起電力 E_a と電機子電流 I_a の積となる。したがって，出力と電機子電流がわかれば，逆起電力 E_a は求められる。

一方，電源電圧 V と電機子抵抗 r_a，電機子電流 I_a，逆起電力 E_a との間には，

$$V = E_a + I_a r_a$$

の関係があるので，V, E_a, I_a がわかれば r_a を求めることができる。

解き方

図1.19に直流分巻電動機の等価回路を示す。定格電圧220Vを供給したところ，電機子電流 I_a が23.6A流れ，定格出力5kWを得ることから，このときの逆起電力 E_a は，

$$E_a = \frac{5\,000}{23.6} = 211.9 \,[\text{V}]$$

一方，電機子抵抗 r_a，電機子電流 I_a，逆起電力 E_a，電源電圧 V との間には，

$$V = E_a + I_a r_a$$

の関係があるので，r_a は，

$$r_a = \frac{V - E_a}{I_a} = \frac{220 - 211.9}{23.6} \fallingdotseq 0.343 \,[\Omega]$$

したがって，定格電圧 220 V の供給を受け，電機子電流が 20 A 流れているときに発生している逆起電力 E_a は，

$$E_a = 220 - 20 \times 0.343 = 213.14 \,[\text{V}]$$

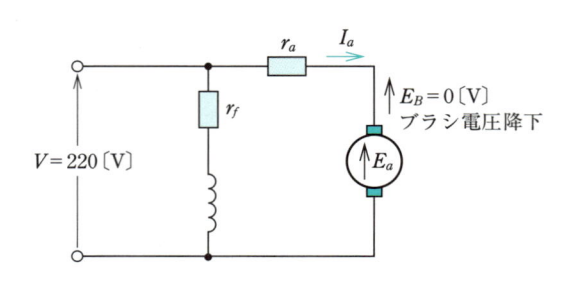

図 1.19 直流分巻電動機の等価回路

例題 2

定格出力 2.2 [kW]，定格回転速度 1 500 [min^{-1}]，定格電圧 100 [V] の直流分巻電動機がある。始動時の電機子電流を全負荷時の 1.5 倍に抑えるため電機子巻線に直列に挿入すべき抵抗 [Ω] の値として，最も近いのは次のうちどれか。

ただし，全負荷時の効率は 85 [%]，電機子回路の抵抗は 0.15 [Ω]，界磁電流は 2 [A] とする。

(1) 2.43 　(2) 2.58 　(3) 2.64 　(4) 2.79 　(5) 3.18

[平成 16 年 A 問題]

答 (3)

考え方　全負荷時の負荷電流 I は，定格出力 P，定格電圧 V，全負荷時の効率 η が与えられているので $P = VI\eta$ より求められる。また，始動時には電動機の回転速度がゼロであるため，逆起電力が発生しないことに留意して始動電流について考える。

解き方　全負荷時の全電流を I [A]，電機子電流を I_a [A] とすると，効率 η が，$\eta = 0.85$ であるから，

$$I = \frac{P}{V\eta} = \frac{2\,200}{100 \times 0.85} \fallingdotseq 25.88 \,[\text{A}]$$

$$I_a = I - 2 = 23.88 \,[\text{A}]$$

ここで，始動時の電機子電流 I_s [A] を I_a の 1.5 倍，すなわち $23.88 \times 1.5 \fallingdotseq 35.82$ [A] に抑える必要がある。いま，図 1.20 に示すように挿入抵抗を R_s とすると，

$$I_s = \frac{100}{0.15 + R_s} = 35.82 \, [\text{A}]$$

これより　$R_s = 2.64 \, [\Omega]$

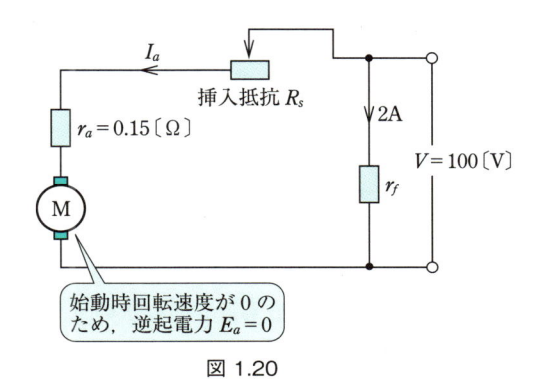

図 1.20

1.4 直流電動機の逆起電力と始動電流

1.5 直流電動機の速度とトルク

例題 1

　直流分巻電動機があり，電機子回路の全抵抗（ブラシの接触抵抗も含む）は 0.098〔Ω〕である。この電動機を端子電圧 220〔V〕の電源に接続して，ある負荷で運転すると，回転速度は 1 480〔min^{-1}〕，電機子電流は 120〔A〕であった。同一端子電圧でこの電動機を無負荷運転したときの回転速度〔min^{-1}〕の値として，最も近いのは次のうちどれか。

　ただし，無負荷運転では，電機子電流は非常に小さく，電機子回路の全抵抗による電圧降下は無視できるものとする。

(1) 1 518　　(2) 1 532　　(3) 1 546　　(4) 1 559　　(5) 1 564

［平成 19 年 A 問題］

答 (5)

考え方

　電動機で発生する逆起電力 E_a は，回転速度に比例することを用いて解く。

解き方

　図 1.21 に示す回路において，端子電圧を V，電機子回路の全抵抗を r_a，電機子電流を I_a とすると，負荷運転中における逆起電力 E_a は，次のようになる。

$$E_a = V - I_a r_a = 220 - 0.098 \times 120 = 208.24 \text{〔V〕}$$

　一方，無負荷運転時には，電機子電流が非常に小さく，電機子回路による電圧降下は無視できることから，逆起電力 E_a' は，$E_a' = 220$〔V〕となる。

　電源電圧および界磁回路の条件は変わっていないので，界磁磁束は変化しない。したがって，この場合，発電機逆起電力は回転速度に比例するので，

$$\text{無負荷時回転速度} = \frac{220}{208.24} \times 1\,480 \fallingdotseq 1\,564 \text{〔min}^{-1}\text{〕}$$

となる。

図 1.21

例題 2

　電機子回路の抵抗が 0.20〔Ω〕の直流他励電動機がある。励磁電流，電機子電流とも一定になるように制御されており，電機子電流は 50〔A〕である。回転速度が 1 200〔min^{-1}〕のとき，電機子回路への入力電圧は 110〔V〕であった。励磁電流，電機子電流を一定に保ったまま電動機の負荷を変化させたところ，入力電圧が 80〔V〕となった。このときの回転速度〔min^{-1}〕の値として，最も近いのは次のうちどれか。
　ただし，電機子反作用はなく，ブラシの抵抗は無視できるものとする。
　(1)　764　　(2)　840　　(3)　873　　(4)　900　　(5)　960

［平成 21 年 A 問題］

答　(2)

考え方　電動機の逆起電力 E は，$E = k\phi N$（k：定数）で表されるので，励磁電流一定の条件においては，回転速度 N に比例する。

解き方　直流他励電動機の等価回路を図 1.22 に示す。回転速度が 1 200 min^{-1} のときの電動機逆起電力 E_a は，

$$E_a = 110 - 50 \times 0.2 = 100 \text{〔V〕}$$

となる。

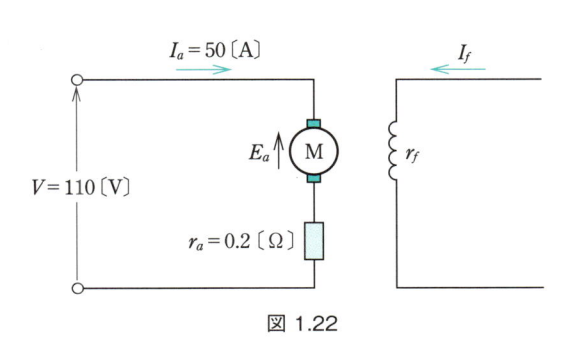

図 1.22

1.5 直流電動機の速度とトルク

電機子電流を一定に保ったまま電動機の負荷を変化させたところ，入力電圧が 80 V になったことから，このとき発生している逆起電力 E_a' は，

$$E_a' = 80 - 50 \times 0.2 = 70 \ [\text{V}]$$

となる。

励磁電流が一定の場合，界磁磁束も一定となるので，電動機逆起電力は，回転速度に比例する。したがって，求める回転速度 N は，

$$N = \frac{70}{100} \times 1\,200 = 840 \ [\text{min}^{-1}]$$

となる。

例題 3

直流分巻電動機が電源電圧 100 [V]，電機子電流 25 [A]，回転速度 1 500 [min^{-1}] で運転されている。このときのトルク T [N·m] の値として，最も近いのは次のうちどれか。

ただし，電機子回路の抵抗は 0.2 [Ω] とし，ブラシの電圧降下及び電機子反作用の影響は無視できるものとする。

(1) 0.252　(2) 15.1　(3) 15.9　(4) 16.7　(5) 95.0

[平成 17 年 A 問題]

答 (2)

考え方　直流分巻電動機の発生逆起電力を E_a [V]，電機子電流を I_a [A] とするとき，電動機の機械的出力 P_m [W] は，$P_m = E_a I_a$ で表される。また，発生トルクを T [N·m]，回転速度を N [min^{-1}] とすると，$P_m = T\omega = T \times (2\pi N/60)$ となる。

これより，

$$T = \frac{P}{\omega} = \frac{E_a \times I_a}{\dfrac{2\pi N}{60}} = \frac{60 \times E_a \times I_a}{2\pi N}$$

となる。

解き方　直流分巻電動機の等価回路図を図 1.23 に示す。電機子逆起電力 E_a [V] は，電機子電流 $I_a = 25$ [A]，電機子回路の抵抗 $r_a = 0.2$ [Ω] および電源電圧 $V = 100$ [V] であるから，

$$E_a = V - I_a r_a = 100 - 25 \times 0.2 = 95 \ [\text{V}]$$

よって電動機の機械的出力 P_m は，

$$P_m = E_a \times I_a = 95 \times 25 = 2\,375 \ [\text{W}]$$

回転速度 $N = 1\,500\,[\text{min}^{-1}]$ であるので,

$$P = T\omega = T \times 2\pi \times \frac{1\,500}{60}$$

$$T = \frac{60 \times 2\,375}{2\pi \times 1\,500} \fallingdotseq 15.1\,[\text{N·m}]$$

となる。

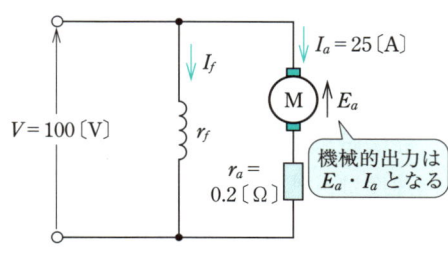

図 1.23 分巻電動機の等価回路

例題 4

直流電動機の速度とトルクを次のように制御することを考える。

損失と電機子反作用を無視した場合，直流電動機では電機子巻線に発生する起電力は，界磁磁束と電機子巻線との相対速度に比例するので （ア） では，界磁電流一定，すなわち磁束一定条件下で電機子電圧を増減し，電機子電圧に回転速度が （イ） するように回転速度を制御する。この電動機では界磁磁束一定条件下で電機子電流を増減し，電機子電流とトルクとが （ウ） するようにトルクを制御する。この電動機の高速運転では電機子電圧一定の条件下で界磁電流を増減し，界磁磁束に回転速度が （エ） するように回転速度を制御する。このように広い速度範囲で速度とトルクを制御できるので， （ア） は圧延機の駆動などに広く使われてきた。

上記の記述中の空白箇所（ア），（イ），（ウ）及び（エ）に当てはまる語句として，正しいものを組み合わせたのは次のうちどれか。

	（ア）	（イ）	（ウ）	（エ）
(1)	直巻電動機	反比例	比例	比例
(2)	直巻電動機	比例	比例	反比例
(3)	他励電動機	反比例	反比例	比例
(4)	他励電動機	比例	比例	反比例
(5)	他励電動機	比例	反比例	比例

［平成 22 年 A 問題］

答 (4)

1.5 直流電動機の速度とトルク

考え方 直流電動機の電機子巻線に発生する電圧 E は，界磁磁束を ϕ，回転速度を N とすると，
$$E = k_1 \phi N \quad (k_1：定数) \tag{1}$$
の関係がある。また，発生トルク T は，電機子電流を I_a とすると，
$$T = k_2 \phi I_a \quad (k_2：定数) \tag{2}$$
の関係がある。

この2つの関係を用いて解く。

解き方 （ア） 界磁電流一定の条件が示されているので，他励電動機となる。
（イ） 界磁磁束を一定のもとで，電機子電圧を増減した場合，電動機の回転速度は，式(1)の関係より電機子電圧に比例して増減する。
（ウ） 界磁磁束 ϕ が一定の状態で電機子電流 I_a を増減した場合，発生トルク T は，式(2)の関係より電機子電流に比例して増減する。
（エ） 電機子電圧一定の条件では，式(1)より，
$$N = \frac{E}{k_1 \phi} \propto \frac{1}{\phi}$$
となり，回転速度 N は界磁磁束 ϕ に反比例する。

例題 5 電機子回路の抵抗が 0.1 Ω である直流分巻電動機が，電源電圧 110 V，電機子電流 20 A，回転速度 1 200 min^{-1} で運転されている。この電動機について，次の (a) 及び (b) に答えよ。

(a) このときのトルク T〔N·m〕の値として，最も近いのは次のうちどれか。
(1) 0.29　(2) 1.8　(3) 17　(4) 54　(5) 110

(b) 界磁抵抗を調整して界磁磁束を 5% 増加させたところ，電機子電流が 50 A となった。このときの電動機の回転速度〔min^{-1}〕の値として，最も近いのは次のうちどれか。
(1) 1 060　(2) 1 110　(3) 1 170　(4) 1 230　(5) 1 260

〔平成 13 年 B 問題〕

答 (a)-(3)，(b)-(2)

考え方 電動機の逆起電力を E_a,電機子電流を I_a,回転角速度を ω とすると,電動機の出力 P および発生トルクは次のようになる。
$$P = E_a I_a = T\omega$$
$$\therefore \quad T = \frac{P}{\omega}$$

解き方 (a) 電源電圧 $V = 110$ V,電機子電流 $I_a = 20$ A,電機子回路抵抗 $r_a = 0.1\,\Omega$ のとき電動機の逆起電力 E_a は,
$$E_a = 110 - 20 \times 0.1 = 108 \text{ [V]}$$
となる。このとき,電動機出力 $P = E_a I_a = T\omega$ の関係および回転速度 N が,$1\,200\text{ min}^{-1}$ であることから,
$$T = \frac{P}{\omega} = \frac{E_a \times I_a}{\omega} = \frac{108 \times 20}{2\pi\left(\dfrac{N}{60}\right)} \fallingdotseq 17 \text{ [N·m]}$$

(b) 電機子電流 $I_a' = 50$ A となったときの電動機逆起電力 E_a' は,
$$I_a' = 110 - 50 \times 0.1 = 105 \text{ [V]}$$
となる。

また,$E_a = k\phi N$ (k:定数) の関係があるので,
$$\frac{E_a}{E_a'} = \frac{k\phi N}{k \times 1.05 \times \phi \times N'} = \frac{108}{105}$$
$$\therefore \quad N' = \frac{105}{108} \times \frac{1\,200}{1.05} \fallingdotseq 1\,110 \text{ [min}^{-1}\text{]}$$
となる。

第1章 章末問題

1-1 直流発電機の損失は，固定損，直接負荷損，界磁回路損及び漂遊負荷損に分類される。

定格出力 50〔kW〕，定格電圧 200〔V〕の直流分巻発電機がある。この発電機の定格負荷時の効率は 94〔%〕である。このときの発電機の固定損〔kW〕の値として，最も近いのは次のうちどれか。

ただし，ブラシの電圧降下と漂遊負荷損は無視するものとする。また，電機子回路及び界磁回路の抵抗はそれぞれ 0.03〔Ω〕及び 200〔Ω〕とする。

 (1) 1.10 (2) 1.12 (3) 1.13 (4) 1.30 (5) 1.32

〔平成 22 年 A 問題〕

1-2 直流発電機に関する記述として，正しいのは次のうちどれか。
(1) 直巻発電機は，負荷を接続しなくても電圧の確立ができる。
(2) 平複巻発電機は，全負荷電圧が無負荷電圧と等しくなるように（電圧変動率が零になるように）直巻巻線の起磁力を調整した発電機である。
(3) 他励発電機は，界磁巻線の接続方向や電機子の回転方向によっては電圧の確立ができない場合がある。
(4) 分巻発電機は，負荷電流によって端子電圧が降下すると，界磁電流が増加するので，他励発電機より負荷による電圧変動が小さい。
(5) 分巻発電機は，残留磁気があれば分巻巻線の接続方向や電機子の回転方向に関係なく電圧の確立ができる。

〔平成 21 年 A 問題〕

1-3 直流分巻電動機の端子電圧を V〔V〕，電機子回路の抵抗を R_a〔Ω〕，界磁磁束を ϕ〔Wb〕，電機子の回転速度を n〔min^{-1}〕，構造から決まる定数を K とすれば，電機子電流 I_a は，

$$I_a = \frac{V - \boxed{(ア)}}{R_a} \text{〔A〕}$$

で表される。この式の分子の（ア）の項は ┌─(イ)─┐ で，電動機が始動を開始した瞬間は $n=0$ によりこの項は零となるので，I_a は，

$$I_a = \frac{V}{R_a} \text{ (A)}$$

となる。実際の直流分巻電動機の電機子回路の抵抗 R_a は非常に小さいので，始動開始の時には，電機子巻線に過大な ┌─(ウ)─┐ が流れる。これを防止するために，┌─(エ)─┐ の回路に直列に始動抵抗を接続する。

上記の記述中の空白箇所（ア），（イ），（ウ）及び（エ）に記入する記号又は語句として，正しいものを組み合わせたのは次のうちどれか。

	（ア）	（イ）	（ウ）	（エ）
(1)	$K\phi n^2$	電圧降下	始動電流	電機子巻線
(2)	$K\phi n$	電圧降下	界磁電流	界磁巻線
(3)	$K\phi n$	逆起電力	界磁電流	電機子巻線
(4)	$K\phi n^2$	逆起電力	始動電流	界磁巻線
(5)	$K\phi n$	逆起電力	始動電流	電機子巻線

［平成 12 年 A 問題］

1-4 次の図は直流電動機の特性を示したものである。横軸を負荷電流 I 〔A〕，縦軸をトルク T 〔N·m〕と回転速度 n 〔min^{-1}〕としたとき，特性を正しく表示している図は次のうちどれか。

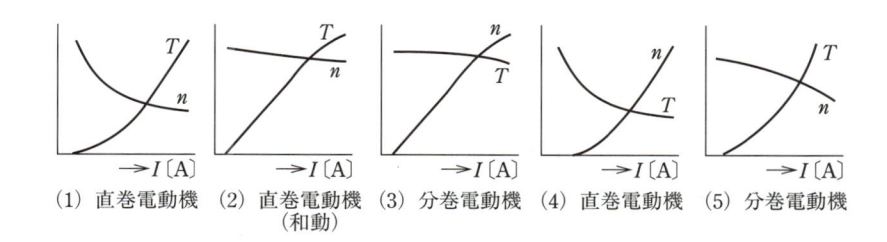

(1) 直巻電動機　(2) 直巻電動機（和動）　(3) 分巻電動機　(4) 直巻電動機　(5) 分巻電動機

［平成 17 年 A 問題］

1-5 定格出力 200 kW，定格電圧 500 V の直流分巻発電機の電圧変動率は 6% である。負荷電流を定格電流の 1/2 に減じたときの

(a) 端子電圧〔V〕の値として，正しいのは次のうちどれか。ただし，外部特性曲線は直線的に変化するものとする。

　　(1)　515　　(2)　520　　(3)　525　　(4)　530　　(5)　535

(b) 負荷電流を定格電流の 1/2 に減じたときの誘導起電力〔V〕の値として正しいものは次のうちどれか。ただし，電機子回路の抵抗は 0.1 Ω，分巻界磁回路の抵抗は 51.5 Ω，ブラシの電圧降下は無視するものとする。

　　(1)　534　　(2)　535　　(3)　536　　(4)　537　　(5)　538

〔平成 3 年 B 問題〕

1-6 電機子巻線の抵抗 0.05 Ω，分巻巻線の抵抗 10 Ω の直流分巻発電機がある。この発電機について，次の(a)および(b)に答えよ。

ただし，この発電機のブラシの全電圧降下は 2 V とし，電機子反作用による電圧降下は無視できるものとする。

(a) この発電機を端子電圧 200 V，出力電流 500 A，回転速度 1 500 min^{-1} で運転しているとき，電機子誘導起電力〔V〕の値として，正しいのは次のうちどれか。

　　(1)　224　　(2)　225　　(3)　226　　(4)　227　　(5)　228

(b) この発電機を入力端子電圧 200 V，入力電流 500 A で電動機として運転した場合の回転速度〔min^{-1}〕の値として，最も近いのは次のうちどれか。

　　(1)　1 145　　(2)　1 158　　(3)　1 316　　(4)　1 327　　(5)　1 500

〔平成 15 年 B 問題〕

1-7 端子電圧 100 V の直流分巻電動機が無負荷時の電流 10 A のとき，回転速度は 1 000 min^{-1} であった。次の(a)および(b)に答えよ。

(a) 負荷時の電流 100 A のときの回転速度〔min^{-1}〕の値として，正しいのは次のうちどれか。ただし，電機子抵抗は 0.05 Ω，界磁抵抗は 50 Ω，負荷時の電流 100 A のときの電機子反作用の減磁分は無負荷時の磁界の 3% とし，また，ブラシの電圧降下は無視するものとする。

　　(1)　910　　(2)　927　　(3)　955　　(4)　984　　(5)　1 016

(b) 負荷時の電流 50 A のときの発生トルク〔N·m〕として正しいのは次のうちどれか。ただし，負荷時の電流 50 A のときの電機子反作用の減磁分は，無負荷時の磁界の 2% とし，その他の条件は(a)と同じものとする。

　　(1)　35.5　　(2)　40.3　　(3)　44.8　　(4)　50.5　　(5)　60.7

〔平成 4 年 B 問題〕

第 2 章

誘導電動機

Point 重要事項のまとめ

1 同期速度

三相誘導電動機に三相交流電圧を供給すると，固定子に回転磁界が発生する。この回転磁界は，電源の周波数を f 〔Hz〕，電動機の極数を p とすると，

$$N_s = \frac{120f}{p} \text{〔min}^{-1}\text{〕}$$

となる一定の回転速度で回転する。これを**同期速度**という。

2 滑り

誘導電動機の回転子では，回転子表面の導体が回転磁界を切ることによって起電力が発生し，うず電流が流れる。このうず電流と回転磁界との間にフレミングの左手の法則に従う力が働き，回転子も回転磁界と同方向に回転する。回転子は，回転子導体が回転磁界を切る必要があるため同期速度 N_s より小さい回転速度 N で回転する。N と N_s の関係を示す，

$$s = \frac{N_s - N}{N_s}$$

ここで s を**滑り**という。

3 誘導電動機の等価回路

誘導電動機の等価回路は，図2.1のようになる。

ここで，

V_1：電源電圧
E_2：回転子停止時の2次側電圧
r_1：1次側抵抗
s：滑り
r_2：2次側抵抗
I_0：励磁電流
x_1：1次側漏れリアクタンス
x_2：2次側漏れリアクタンス
Y_0：励磁アドミタンス
g_0：励磁コンダクタンス
b_0：励磁サセプタンス

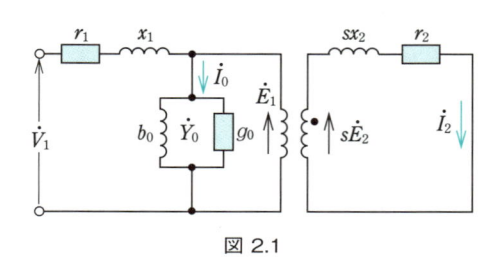

図 2.1

4 誘導電動機の出力と損失

電動機の2次入力 P_2，機械的出力 P_m，2次銅損 P_{c2} の間には次の関係がある。

$$P_2 : P_m : P_{c2} = 1 : (1-s) : s$$

また，1次銅損を P_{c1}，鉄損を P_i とするとき，電動機の効率 η は，

$$\eta = \frac{P_m}{P_{c1} + P_i + P_{c2} + P_m} \times 100 \text{〔％〕}$$

で表される。

5 誘導電動機のトルク特性

誘導電動機の発生トルク T〔N·m〕は，

$$T = 3 \times \frac{E_2{}^2}{\dfrac{r_2}{s} + \dfrac{s}{r_2}x_2{}^2} \times \frac{60}{2\pi N_s}$$

で表される。

ここで，
E_2：滑り1のときの2次側誘導起電力〔V〕
r_2：2次抵抗〔Ω〕
s：滑り
x_2：2次漏れリアクタンス〔Ω〕
N_s：電源の同期速度〔min^{-1}〕

図に表すと，図2.2のようになる。

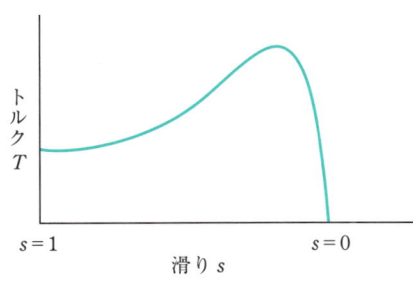

図2.2　トルク特性

6 トルクの比例推移

トルクを表す式より，r_2/s が同じであれば，トルクが等しくなることがわかる。したがって，トルク一定のもとで，r_2 を大きくすると，s が大きくなる。この様子を図2.3に示す。

これをトルクの比例推移という。

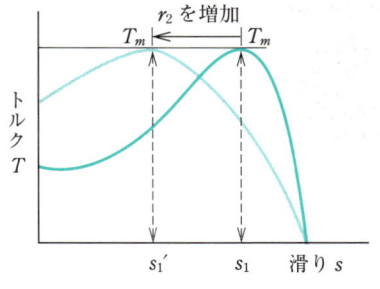

図2.3　トルクの比例推移

7 誘導電動機の始動法

かご型誘導電動機の始動トルクは，図2.2に示すように，最大トルクよりかなり小さいものとなる。また始動時には，滑りが1となるため，漏れインピーダンスが小さく，大きな始動電流が流れる。これを抑制する始動法として次のものがある。

a．Y—Δ 始動
b．始動補償器による始動
c．リアクトル始動

8 単相誘導電動機の始動法

単相誘導電動機は，始動トルクがゼロであるため，自己始動させるためには始動装置が必要である。始動法として以下のものがある。

a．分相始動（抵抗分相，リアクトル分相，コンデンサ分相）
b．反発始動
c．くま取りコイル法

2.1 同期速度と滑り

例題 1

V/f 一定制御インバータで駆動されている 6 極の誘導電動機がある。この電動機は，端子電圧を V 〔V〕，周波数を f 〔Hz〕として，V/f 比 $= 4$ 一定制御インバータによって 66 〔Hz〕で駆動されている。

このときの滑りは 5 〔%〕であった。この誘導電動機の回転速度〔min^{-1}〕の値として，正しいのは次のうちどれか。

(1) 1 140　　(2) 1 200　　(3) 1 254　　(4) 1 320　　(5) 1 710

〔平成 19 年 A 問題〕

答 (3)

考え方　周波数を f 〔Hz〕，極数を p，同期速度を N_s 〔min^{-1}〕とするとき，

$$N_s = \frac{120 f}{p} \text{〔min}^{-1}\text{〕}$$

の関係がある。また，滑りを s とすると誘導電動機の回転速度 N は，

$$N = N_s(1-s) \text{〔min}^{-1}\text{〕}$$

となる。

解き方　周波数 $f = 66$ 〔Hz〕，極数 $p = 6$ のとき，同期速度 N_s は，

$$N_s = \frac{120 f}{p} = \frac{120 \times 66}{6} = 1\,320 \text{〔min}^{-1}\text{〕}$$

滑り $s = 5$ 〔%〕であるので，電動機の回転速度 N は，

$$N = N_s(1-s) = 1\,320 \times (1-0.05) = 1\,254 \text{〔min}^{-1}\text{〕}$$

となる。

例題 2

定格周波数 60 Hz，6 極の三相誘導電動機がある。この電動機が滑り 5 % で運転しているときの固定子回転磁界と固定子の間の相対速度は （ア）〔min^{-1}〕であり，また，回転子回転磁界と回転子の間の相対速度は（イ）〔min^{-1}〕である。

上記の記述中の空白箇所（ア）および（イ）に記入する数値として，正しいものを組み合わせたのは次のうちどれか。

	（ア）	（イ）
(1)	600	120
(2)	1 140	50
(3)	1 140	60
(4)	1 200	50
(5)	1 200	60

［平成4年A問題］

答 (5)

考え方 固定子回転磁界は，静止している固定子に対して同期速度で回転している。したがって相対速度は，電源周波数と極数で定まる。

回転子の回転磁界は，固定子の回転磁界と同じものである。一方，回転子は滑りをもって回転しているので，回転子回転磁界と回転子の間の相対速度は，滑りにより生じる相対速度となる。

解き方 （ア） 固定子回転磁界と固定子の間の相対速度

定格周波数 $f = 60$〔Hz〕，極数 $p = 6$ の同期速度 N_s は，

$$N_s = \frac{120f}{p} = \frac{120 \times 60}{6} = 1\,200 \text{〔min}^{-1}\text{〕}$$

となる。これが相対速度となる。

（イ） 回転子回転磁界と回転子の間の相対速度

同期速度 $N_s = 1\,200$〔min^{-1}〕，滑り $s = 5$〔%〕であるので，相対速度は，

$$N_s \times s = 1\,200 \times 0.05 = 60 \text{〔min}^{-1}\text{〕}$$

例題3 定格出力15〔kW〕，定格周波数60〔Hz〕，4極の三相誘導電動機があり，トルク一定の負荷を負って運転している。この電動機について，次の(a)及び(b)に答えよ。

(a) 定格回転速度1 746〔min^{-1}〕で運転しているときの滑り周波数〔Hz〕の値として，正しいのは次のうちどれか。

(1) 1.50 (2) 1.80 (3) 1.86 (4) 2.10 (5) 2.17

(b) インバータにより一次周波数制御を行って，一次周波数を40〔Hz〕としたときの回転速度〔min^{-1}〕として，正しいのは次のうちどれか。
ただし，滑り周波数は一次周波数にかかわらず常に一定とする。

(1) 1 146 (2) 1 164 (3) 1 433 (4) 1 455 (5) 1 719

［平成16年B問題］

2.1 同期速度と滑り

答　(a)-(2), (b)-(1)

考え方　定格周波数 f と極数 p から，同期速度 N_s を求める。次に同期速度 N_s と定格回転速度 N との関係から滑り s を求める。滑り周波数は，$s \times f$ にて求められる。

1 次周波数を 40 Hz にしたときの，同期速度と滑りから回転速度を求める。

解き方　(a)　滑り周波数

定格周波数 $f = 60$〔Hz〕，極数 $p = 4$ のとき同期速度 N_s は，

$$N_s = \frac{120f}{p} = \frac{120 \times 60}{4} = 1\,800 \text{〔min}^{-1}\text{〕}$$

定格回転速度 $N = 1\,746$〔min^{-1}〕であるので滑り s は，

$$s = \frac{N_s - N}{N_s} = \frac{1\,800 - 1\,746}{1\,800} = 0.03$$

よって，滑り周波数 f_s は，

$$f_s = 0.03 \times 60 = 1.8 \text{〔Hz〕}$$

(b)　回転速度 N'

1 次周波数を 40 Hz としたときの同期速度 N_s' は，

$$N_s' = \frac{120f}{p} = \frac{120 \times 4}{4} = 1\,200 \text{〔min}^{-1}\text{〕}$$

滑り周波数が一定であるので，新たな滑り s' は，

$$s' = \frac{1.8}{40} = 0.045$$

よって，求める回転速度は，

$$N' = 1\,200 \times (1 - 0.045) = 1\,146 \text{〔min}^{-1}\text{〕}$$

となる。

2.2 誘導電動機の構造

例題1

三相誘導電動機は，（ア）磁界を作る固定子及び回転する回転子からなる。

回転子は，（イ）回転子と（ウ）回転子との2種類に分類される。

（イ）回転子では，回転子溝に導体を納めてその両端が（エ）で接続される。

（ウ）回転子では，回転子導体が（オ），ブラシを通じて外部回路に接続される。

上記の記述中の空白箇所（ア），（イ），（ウ），（エ）及び（オ）に当てはまる語句として，正しいものを組み合わせたのは次のうちどれか。

	（ア）	（イ）	（ウ）	（エ）	（オ）
(1)	回転	円筒形	巻線形	スリップリング	整流子
(2)	固定	かご形	円筒形	端絡環	スリップリング
(3)	回転	巻線形	かご形	スリップリング	整流子
(4)	回転	かご形	巻線形	端絡環	スリップリング
(5)	固定	巻線形	かご形	スリップリング	整流子

［平成21年A問題］

答 (4)

考え方　三相誘導電動機は，固定子で回転磁界をつくり，回転子にうず電流を発生させて，駆動力を得る。うず電流を流しやすいようにした回転子を有するものが，かご形誘導電動機で，一般的に用いられているものである。

解き方　三相誘導電動機は，固定子で回転磁界をつくる。回転子は，かご形と巻線形の2種類があり，かご形回転子では，回転子導体が両端にある端絡環に接続される。巻線形回転子では，回転子導体がスリップリング，ブラシを通じて外部の抵抗などから構成される回路に接続される。整流子は，直流機に必要なものである。

例題 2

三相巻線形誘導電動機は，　(ア)　を作る固定子と回転する部分の巻線形回転子で構成される。

固定子は，　(イ)　を円形又は扇形にスロットとともに打ち抜いて，必要な枚数積み重ねて積層鉄心を構成し，その内側に設けられたスロットに巻線を納め，結線して三相巻線とすることにより作られる。

一方，巻線形回転子は，積層鉄心を構成し，その外側に設けられたスロットに絶縁電線を挿入し，結線して三相巻線とすることにより作られる。絶縁電線には，小出力用では，ホルマール線や　(ウ)　などの丸線が，大出力用では，　(エ)　の平角銅線が用いられる。三相巻線は，軸上に絶縁して設けた3個のスリップリングに接続し，ブラシを通して外部（静止部）の端子に接続されている。この端子に可変抵抗器を接続することにより，　(オ)　を改善したり，速度制御したりすることができる。

上記の記述中の空白箇所（ア），（イ），（ウ），（エ）及び（オ）に当てはまる語句として，正しいものを組み合わせたのは次のうちどれか。

	(ア)	(イ)	(ウ)	(エ)	(オ)
(1)	回転磁界	高張力鋼板	ビニル線	ガラス巻線	効率
(2)	回転磁界	けい素鋼板	ポリエステル線	ガラス巻線	始動特性
(3)	電磁力	けい素鋼板	ビニル線	エナメル線	効率
(4)	電磁力	高張力鋼板	ポリエステル線	エナメル線	効率
(5)	回転磁界	けい素鋼板	ポリエステル線	エナメル線	始動特性

［平成19年A問題］

答 (2)

考え方

固定子巻線で回転磁界をつくるとき，ヒステリシス損の少ないけい素鋼板が材料として用いられる。また，固定子内で発生するうず電流損を少なくするため，積層鉄心とする。

巻線形回転子の巻線に使用する絶縁電線は，小出力用にはE種絶縁の丸線を，大出力用ではB種絶縁として平角銅線が用いられる。

解き方

回転磁界は，固定子巻線でつくられる。効率よく回転磁界をつくるため，固定子鉄心はけい素鋼板を用い，積層した構成とする。

巻線形回転子に使用される絶縁電線としては，小出力用ではホルマール線やポリエステル線などのE種絶縁の丸線を用い，大出力用ではB種絶縁電線として，耐熱性のよいポリエステルガラス巻線などが用いられる。

巻線形誘導電動機では，外部抵抗を調整することにより，トルクの比例推移の特性を利用して，始動特性の改善や速度制御ができる。

2.3 誘導電動機の等価回路，出力と損失

例題 1

三相かご形誘導電動機があり，滑り s で回転している。このとき，かご形回転子の導体中に発生する誘導起電力の大きさは停止時の （ア） 倍であり，この誘導起電力の周波数は停止時の （イ） 倍である。このことから，図のような誘導電動機の星形一次換算1相分の等価回路において，二次側枝路のインピーダンス $\dot{Z}_2'$ は （ウ） になる。

ただし，r_2' は一次換算1相分の二次抵抗，x_2' は一次換算1相分の二次漏れリアクタンスとする。

上記の記述中の空白箇所（ア），（イ）及び（ウ）に記入する記号または式として，正しいものを組み合わせたのは次のうちどれか。

	（ア）	（イ）	（ウ）
(1)	s	s	$r_2' + j\dfrac{x_2'}{s}$
(2)	$\dfrac{1}{2}$	s	$\dfrac{r_2'}{s} + jsx_2'$
(3)	$\dfrac{1}{s}$	$\dfrac{1}{s}$	$r_2' + j\dfrac{x_2'}{s}$
(4)	s	$\dfrac{1}{s}$	$r_2' + j\dfrac{x_2'}{s}$
(5)	s	s	$\dfrac{r_2'}{s} + jx_2'$

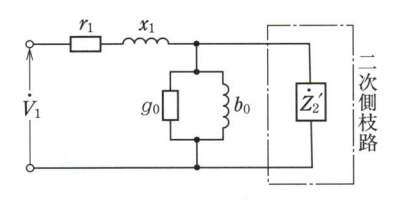

[平成 13 年 A 問題]

答 (5)

考え方 問題は，三相誘導電動機の2次側回路の1次換算インピーダンスを問うている。2次側回路の1次換算等価回路とは，2次側を静止させた場合を仮定するもので，1次側に及ぼす影響は，滑り s で回転中のものと変わらない。このようにすると2巻線変圧器と同様に考えられる。

解き方 図2.4に示すように，誘導電動機の回転子導体に発生する誘導起電力の大きさは，滑りsに比例し，起電力の周波数もsに比例する。

停止時の回転子導体の誘導起電力を$\dot{E}_2$とすると，回転子導体に流れる電流$\dot{I}_2$は，

$$\dot{I}_2 = \frac{s\dot{E}_2}{r_2+jsx_2} = \frac{\dot{E}_2}{\left(\dfrac{r_2}{s}\right)+jx_2}$$

となる。したがって，1次側に換算した等価回路における2次側枝路のインピーダンス$\dot{Z}_2{}'$は，

$$\dot{Z}_2{}' = \frac{r_2{}'}{s} + jx_2{}'$$

となる。

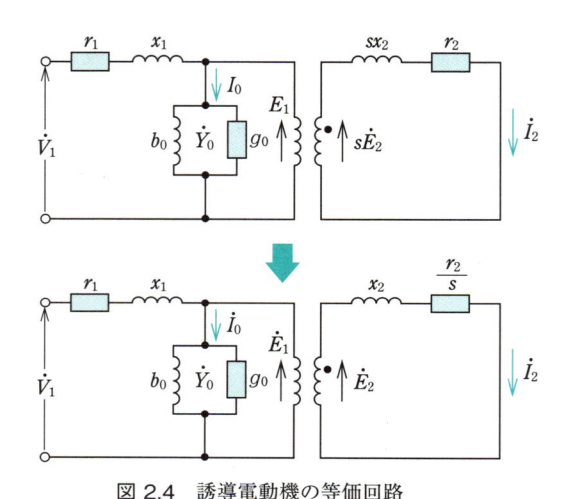

図2.4 誘導電動機の等価回路

例題2

三相誘導電動機があり，負荷を負って滑り5〔％〕で運転している。一相当たりの二次電流が12〔A〕のとき，一相当たりの電動機一次入力〔W〕の値として，最も近いのは次のうちどれか。

ただし，この電動機の一相当たりの二次抵抗は0.08〔Ω〕，一相当たりの鉄損は10〔W〕であり，一次銅損は二次銅損の2倍とする。

(1) 208　　(2) 219　　(3) 230　　(4) 240　　(5) 263

〔平成15年A問題〕

答 (5)

考え方 三相電動機の1相分に関する1次入力，1次銅損，鉄損，2次入力，2次銅損，機械的出力の関係は，図2.5のようになる。

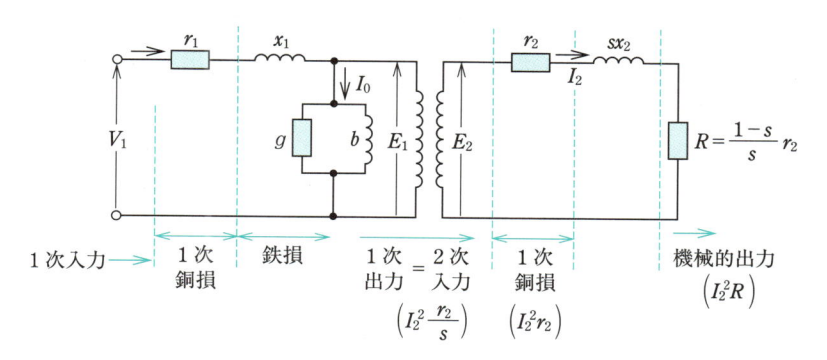

図 2.5 誘導電動機の入出力と損失

解き方 題意より，2次電流 $I_2 = 12$ [A]，2次抵抗 $r_2 = 0.08$ [Ω] であるので，2次銅損 P_{c2} は，
$$P_{c2} = I_2{}^2 r_2 = 12^2 \times 0.08 = 11.52 \text{ [W]}$$
1次銅損 P_{c1} は，2次銅損の2倍であるから，
$$P_{c1} = 2P_{c2} = 23.04 \text{ [W]}$$
一方，2次入力 P_2 は，滑りが5%であるので，
$$P_2 = I_2{}^2 \cdot \frac{r_2}{s} = 12^2 \times \frac{0.08}{0.05} = 230.4 \text{ [W]}$$
となる。

1次入力 P_1 は，鉄損を P_i とすると，
$$P_1 = P_i + P_{c1} + P_2$$
となるので，
$$P_1 = 10 + 23.04 + 230.4 \fallingdotseq 263 \text{ [W]}$$
となる。

2.3 誘導電動機の等価回路，出力と損失

例題3

誘導電動機が滑り s で運転しているとき、二次銅損 P_{c2}〔W〕の値は二次入力 P_2〔W〕の　(ア)　倍となり、機械出力 P_m〔W〕の値は二次入力 P_2〔W〕の　(イ)　倍となる。また、滑り s が1のとき、この誘導電動機は　(ウ)　の状態にあり、このときの機械出力の値は $P_m =$　(エ)　〔W〕となる。

上記の記述中の空白箇所（ア），（イ），（ウ）及び（エ）に記入する語句、式又は数値として、正しいものを組み合わせたのは次のうちどれか。

	（ア）	（イ）	（ウ）	（エ）
(1)	s	$1-s$	同期速度	$P_2 - P_{c2}$
(2)	$1-s$	s	同期速度	P_2
(3)	$\dfrac{1}{s}$	$\dfrac{1}{1-s}$	停止	$P_2 - P_{c2}$
(4)	$\dfrac{1}{s}$	$\dfrac{s-1}{s}$	停止	0
(5)	s	$1-s$	停止	0

［平成17年A問題］

答 (5)

考え方　誘導電動機の2次入力を P_2、2次銅損を P_{c2}、機械的出力を P_m、滑りを s とするとき、これらの関係を図2.6のパワーフロー図で示すことができる。

解き方　図2.6に示すように、
$$P_{c2} = sP_2$$
$$P_m = (1-s)P_2$$
となる。

また、誘導電動機の滑り s は、同期速度を N_s、回転速度を N とすると、次式で示される。

$$s = \frac{N_s - N}{N_s}$$

したがって、$s = 1$ のとき $N = 0$ となり、誘導電動機は停止状態にあり、機械的出力 P_m は0Wとなる。

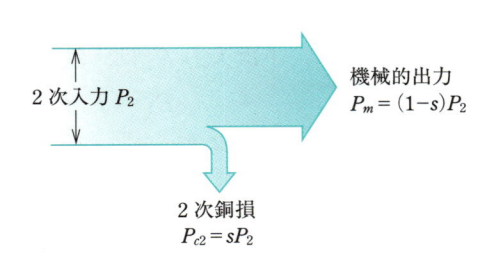

図2.6　パワーフロー図

例題 4

　三相かご形誘導電動機を周波数 60 Hz の電源に接続して運転したとき，機械出力は 34.8 kW，滑りは 3%，固定子の銅損（一次銅損）は 3.8 kW，鉄損は 1.4 kW であった。この電動機について，次の(a)および(b)に答えよ。
　ただし，機械損は無視できるものとする。

(a) この運転時の回転子の銅損（二次銅損）〔kW〕の値として，最も近いのは次のうちどれか。
　　(1) 0.89　　(2) 0.93　　(3) 1.08　　(4) 1.16　　(5) 1.20

(b) この運転時の一次入力〔kW〕の値として，最も近いのは次のうちどれか。
　　(1) 40.2　　(2) 41.1　　(3) 42.2　　(4) 43.5　　(5) 44.8

［平成 18 年 B 問題］

答 (a)-(3), (b)-(2)

考え方　機械出力 P_m と滑り s がわかれば，2 次銅損 P_{c2} は，
$$P_m : P_{c2} = (1-s) : s$$
の関係より求められる。

　1 次入力は，2 次入力に 1 次銅損 P_{c1} と鉄損 P_i を加えることで求められる。

解き方　(a) 回転子の銅損（2 次銅損）〔kW〕

　機械出力 $P_m = 34.8$〔kW〕，滑り $s = 3$〔%〕であるので，2 次銅損 P_{c2} は，
$$P_{c2} = \frac{s}{1-s} P_m = \frac{0.03}{1-0.03} \times 34.8 \fallingdotseq 1.08 \text{〔kW〕}$$
となる。

(b) 1 次入力〔kW〕

　1 次銅損を P_{c1}，鉄損を P_i とすれば，1 次入力 P_1 は，
$$P_1 = P_{c1} + P_i + P_{c2} + P_m$$
となる。
　題意より，$P_{c1} = 3.8$〔kW〕，$P_i = 1.4$〔kW〕であるので，
$$P_1 = 3.8 + 1.4 + 1.08 + 34.8 \fallingdotseq 41.1 \text{〔kW〕}$$
となる。

2.3 誘導電動機の等価回路，出力と損失

2.4 誘導電動機の発生トルク

例題 1

定格出力 36〔kW〕，定格周波数 60〔Hz〕，8 極のかご形三相誘導電動機があり，滑り 4〔%〕で定格運転している。このとき，電動機のトルク〔N·m〕の値として，最も近いのは次のうちどれか。

(1) 382　(2) 398　(3) 428　(4) 458　(5) 478

[平成 16 年 A 問題]

答 (2)

考え方　定格出力を P〔W〕，回転速度を N〔min^{-1}〕とするとき，定格運転時に発生するトルク T〔N·m〕は，

$$P = T\omega = T \times 2\pi \times \frac{N}{60}$$

より，

$$T = \frac{60P}{2\pi N} \qquad (1)$$

となる。

解き方　定格周波数 $f = 60$〔Hz〕，極数 $p = 8$，滑り $s = 4$〔%〕のとき，この電動機の回転速度 N〔min^{-1}〕は，

$$N = N_s(1-s) = \frac{120f}{p}(1-s) = \frac{120 \times 60}{8}(1-0.04)$$
$$= 864 \text{〔min}^{-1}\text{〕}$$

となる。トルク T は，式(1)より，

$$T = \frac{60 \times 36 \times 10^3}{2\pi \times 864} \fallingdotseq 398 \text{〔N·m〕}$$

となる。

例題 2

定格出力 15〔kW〕，定格電圧 220〔V〕，定格周波数 60〔Hz〕，6 極の三相誘導電動機がある。この電動機を定格電圧，定格周波数の三相電源に接続して定格出力で運転すると，滑りが 5〔％〕であった。機械損及び鉄損は無視できるものとして，次の(a)及び(b)に答えよ。

(a) このときの発生トルク〔N･m〕の値として，最も近いのは次のうちどれか。
　　(1) 114　　(2) 119　　(3) 126　　(4) 239　　(5) 251

(b) この電動機の発生トルクが上記 (a) の $\frac{1}{2}$ となったときに，一次銅損は 250〔W〕であった。このときの効率〔％〕の値として，最も近いのは次のうちどれか。
ただし，発生トルクと滑りの関係は比例するものとする。
　　(1) 92.1　　(2) 94.0　　(3) 94.5　　(4) 95.5　　(5) 96.9

［平成 21 年 B 問題］

答　(a)-(3)，(b)-(3)

考え方

発生トルク T は，出力 P_m と回転角速度 ω との間に，$P_m = T\omega$ の関係がある。また $\omega = 2\pi f = 2\pi (N/60)$ となる。

発生トルクと滑りは，比例することから，発生トルクが 1/2 になると，滑りも 1/2 となる。滑りがわかれば回転角速度もわかるので，機械出力 P_m を求められる。滑り s と P_m より 2 次入力 P_2 が求まることから，P_2 に 1 次銅損 P_{c1} を加えて，1 次入力 P_1 を求めることができる。

解き方

(a) 発生トルク〔N･m〕

定格周波数 $f = 60$〔Hz〕，極数 $p = 6$ のとき同期速度 N_s は，

$$N_s = \frac{120 f}{p} = \frac{120 \times 60}{6} = 1\,200 \text{〔min}^{-1}\text{〕}$$

滑り $s = 5$〔％〕であるので，この電動機の回転角速度 ω は，

$$\omega = 2\pi \times \frac{N}{60} = 2\pi \times \frac{N_s}{60}(1-s)$$

$$= 2\pi \times \frac{1\,200(1-0.05)}{60} \fallingdotseq 119 \text{〔rad/s〕}$$

となる。したがって発生出力 $P_m = 15$〔kW〕に発生するトルク T は，

$$T = \frac{P_m}{\omega} = \frac{15 \times 10^3}{119} = 126 \text{〔N･m〕}$$

(b) 効率 η 〔%〕

発生トルクと滑りが比例関係にあることから，発生トルクが1/2になると，滑り s' は2.5%となる。したがって，このときの回転角速度 ω' は，

$$\omega' = 2\pi \times \frac{N'}{60} = 2\pi \times \frac{N_s}{60}(1-s')$$

$$= 2\pi \times \frac{1\,200(1-0.025)}{60} \fallingdotseq 122 \text{〔rad/s〕}$$

よって，出力 P_m' は，

$$P_m' = \frac{T}{2} \times \omega' = \frac{126}{2} \times 122 = 7\,686 \text{〔W〕}$$

このとき，2次入力 P_2 は，

$$P_2 = \frac{P_m'}{1-s} = \frac{7\,686}{1-0.025} \fallingdotseq 7\,883 \text{〔W〕}$$

となる。1次銅損 $P_{c1} = 250$ 〔W〕であるので，効率 η は，

$$\eta = \frac{P_m'}{P_{c1}+P_2} \times 100 = \frac{7\,686}{250+7\,883} \times 100 \fallingdotseq 94.5 \text{〔\%〕}$$

となる。

2.5 トルク特性と比例推移

例題 1

巻線形誘導電動機のトルク-回転速度曲線は，電源電圧及び (ア) が一定のとき，発生するトルクと回転速度との関係を表したものである。

この曲線は，ある滑りの値でトルクが最大となる特性を示す。このトルクを最大トルク又は (イ) トルクと呼んでいる。この最大トルクは (ウ) 回路の抵抗には無関係である。

巻線形誘導電動機のトルクは (ウ) 回路の抵抗と滑りの比に関係するので，(ウ) 回路の抵抗が k 倍になると，前と同じトルクが前の滑りの k 倍の点で起こる。このような現象は (エ) と呼ばれ，巻線形誘導電動機の起動トルクの改善及び速度制御に広く用いられている。

上記の記述中の空白箇所 (ア)，(イ)，(ウ) 及び (エ) に当てはまる語句として，正しいものを組み合わせたのは次のうちどれか。

	(ア)	(イ)	(ウ)	(エ)
(1)	負荷	臨界	二次	比例推移
(2)	電源周波数	停動	一次	二次励磁
(3)	負荷	臨界	一次	比例推移
(4)	電源周波数	臨界	二次	二次励磁
(5)	電源周波数	停動	二次	比例推移

［平成 20 年 A 問題］

答 (5)

考え方 巻線形誘導電動機のトルク T は，

$$T = \frac{1}{\omega_0} \times \frac{3E_1^2 \times \dfrac{r_2'}{s}}{\left(r_1 + \dfrac{r_2'}{s}\right)^2 + (x_1 + x_2')^2} \ [\text{N·m}] \qquad (1)$$

にて表される。

ここで，

ω_0：回転子の同期回転角速度〔rad/s〕

E_1：1次側相電圧〔V〕

r_1：1次抵抗〔Ω〕

r_2'：1次換算の2次抵抗〔Ω〕

x_1：1次リアクタンス〔Ω〕

x_2'：1次換算の2次リアクタンス〔Ω〕

s：滑り

である。

式(1)より，電源の電圧の大きさと周波数が一定であるとき，発生するトルク T は，r_2'/s が同じであれば同じ値のトルクとなることがわかる。

解き方　電源電圧の大きさと周波数が一定のとき，発生するトルクと回転速度の関係を表したものが，トルク−回転速度曲線で図2.7のようになる。

この曲線は，ある滑り s で最大トルクをもち，この最大トルクは停動トルクとも呼ばれる。トルク T は，式(1)で示されるように2次回路の抵抗 r_2' と滑り s の比に関係し，2次回路の抵抗が k 倍になると，同じトルクの発生は元の滑りの k 倍の点で起こる。このような現象を比例推移という。

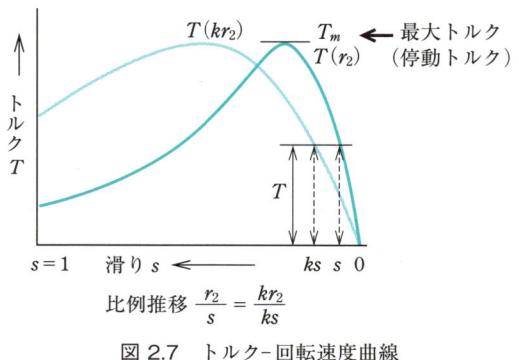

図2.7　トルク−回転速度曲線

例題2　可変速交流ドライブシステムで最もよく使われている電動機は （ア） である。電源の電圧 V と周波数 f が一定ならばトルクは （イ） の関数となる。（イ） が零のときトルクは零で，（イ） が増加するにつれてトルクはほぼ直線的に増加し，やがて最大トルクに達する。最大トルクを超えると （イ） が増加するにつれてトルクは減少する。同期速度を超えて回転子の速度が上昇すると （ア） は （ウ） として動作する。

電源の周波数を変化させるときでも，トルク−速度曲線はある一定の直線に沿って平行移動するような特性を得たい，すなわち周波数を高くしたときでも最大トルクの変化を小さくするためには，（エ） が一定になるように制御すればよい。

上記の記述中の空白箇所（ア），（イ），（ウ）及び（エ）に記入する語句又は式として，正しいものを組み合わせたのは次のうちどれか。

	（ア）	（イ）	（ウ）	（エ）
(1)	同期電動機	滑り	同期発電機	$V \cdot f$
(2)	永久磁石式同期電動機	電機子電流	誘導発電機	V
(3)	誘導電動機	滑り	同期発電機	$V \cdot f$
(4)	永久磁石式同期電動機	電機子電流	誘導発電機	$\dfrac{V}{f}$
(5)	誘導電動機	滑り	誘導発電機	$\dfrac{V}{f}$

［平成17年A問題］

答 (5)

考え方 誘導電動機の電源の電圧の大きさ V と周波数 f の比 V/f を一定制御すると，回転磁束が一定となり，図2.8に示すように最大トルクもほぼ一定となる。

このため，可変速ドライブシステムでは，V/f 一定制御が行われる。

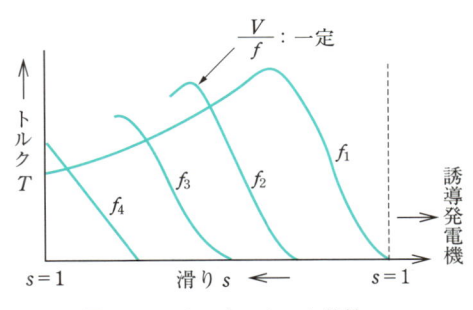

図2.8　V/f 一定のトルク特性

解き方 可変速交流ドライブシステムで最もよく使われている電動機は，誘導電動機である。

誘導電動機は，電源の電圧と周波数が一定であればトルクは滑りの関数となり，滑りゼロでトルクはゼロとなる。滑りが増加するに伴ってトルクも増加するが，最大トルクを超えると滑りの増加に伴ってトルクが減少する。

速度が同期速度を超えると誘導発電機として動作する。

例題3 定格周波数60〔Hz〕，6極の三相巻線形誘導電動機があり，二次巻線を短絡して定格負荷で運転したときの回転速度は1 170〔min^{-1}〕である。この電動機について，次の(a)及び(b)に答えよ。ただし，電動機の二次抵抗値が一定のとき，滑りとトルクは比例関係にあるものとする。

(a) この電動機を定格負荷の 80〔%〕のトルクで運転する場合，二次巻線が短絡してあるときの滑り〔%〕の値として，正しいのは次のうちどれか。
　(1) 1.5　　(2) 2　　(3) 2.5　　(4) 3　　(5) 4

(b) この電動機を定格負荷の 80〔%〕のトルクで運転する場合，二次巻線端子に三相抵抗器を接続し，二次巻線回路の 1 相当たりの抵抗値を短絡時の 2.5 倍にしたときの回転速度〔min^{-1}〕の値として，正しいのは次のうちどれか。
　(1) 980　　(2) 1 110　　(3) 1 140　　(4) 1 170　　(5) 1 200

[平成 12 年 B 問題]

答　(a)-(2)，(b)-(3)

考え方　定格周波数 f，極数 p から同期速度 N_s を求め，回転速度 N との関係より滑り s を求める。滑りとトルクが比例する関係より定格負荷の 80% での滑りを求める。

2 次巻線の抵抗を k 倍すると，滑りを k 倍したところの回転速度で同一のトルクが発生するので，2 次抵抗を 2.5 倍したときの滑りを求め，滑りより回転速度を求める。

解き方　(a)　80% のトルクで 2 次巻線短絡時の滑り

定格周波数 $f=60$〔Hz〕，極数 $p=6$ のとき同期速度 N_s は，

$$N_s = \frac{120f}{p} = \frac{120 \times 60}{6} = 1\,200 \text{〔min}^{-1}\text{〕}$$

となる。よって，回転速度 $N=1\,170$〔min^{-1}〕での滑り s は，

$$s = \frac{N_s - N}{N_s} = \frac{1\,200 - 1\,170}{1\,200} = 0.025 = 2.5 \text{〔%〕}$$

となる。トルクを 80% まで低下させると，トルクと滑りが比例関係にあることから滑り s' は，

$$s' = 0.8 \times 2.5 = 2.0 \text{〔%〕}$$

となる。

(b)　2 次巻線抵抗を 2.5 倍としたときの回転速度

トルクが定格速度の 80% の状態で，2 次抵抗値を 2.5 倍としたとき，トルクの比例推移により滑りも 2.5 倍となる。よって滑り s' は，

$$s' = 2.0 \times 2.5 = 5.0 \text{〔%〕}$$

このとき回転速度 N' は，

$$N' = N_s(1-s) = 1\,200 \times (1-0.05) = 1\,140 \text{〔min}^{-1}\text{〕}$$

となる。

例題 4

ある三相誘導電動機の一次1相あたりに換算した二次抵抗は0.20 Ω，一次1相あたりに換算した全漏れリアクタンスは4.0 Ωである。この電動機を定格周波数，定格電圧のもとに滑り0.02で運転したときのトルクは，800 N·m であった。

(a) 停動トルク（最大トルク）を発生する滑りとして正しいものは次のうちどれか。ただし，励磁電流および一次抵抗の影響は無視して考えるものとする。

　　(1)　0.02　　(2)　0.03　　(3)　0.05　　(4)　0.06　　(5)　0.08

(b) 停動トルク（最大トルク）〔N·m〕の値として，正しいのは次のうちどれか。

　　(1)　960　　(2)　1 160　　(3)　1 360　　(4)　1 560　　(5)　1 760

［平成2年B問題］

答　(a)-(3)，(b)-(2)

考え方　誘導電動機のトルク T は，次のようになる。

$$T = \frac{P_m}{\omega} = P_m \times \frac{60}{2\pi N} = P_2(1-s) \times \frac{60}{2\pi N_s(1-s)}$$

$$= P_2 \frac{60}{2\pi N_s} \ \text{〔N·m〕} \tag{1}$$

ここで，
P_m：機械出力〔W〕
N_s：同期速度〔min^{-1}〕
s：滑り
ω：角速度〔rad/s〕
P_2：2次入力〔W〕
N：回転速度〔min^{-1}〕

また，2次入力 P_2 は，次のようになる。

$$P_2 = 3{I_1'}^2 \times \frac{r_2'}{s} = \frac{3E_1^2}{\left(r_1 + \frac{r_2'}{s}\right)^2 + x^2} \times \frac{r_2'}{s} \tag{2}$$

ここで，
I_1'：1次負荷電流
r_2'：1次1相に換算した2次抵抗
E_1：1次側相電圧
r_1：1次1相の抵抗

2.5 トルク特性と比例推移

x：1次1相の漏れリアクタンスと1次1相に換算した2次漏れリアクタンスを合計したもの

式(1)，式(2)より，

$$T = \frac{60}{2\pi N_s} \times \frac{3E_1^2}{\frac{r_1^2+x^2}{\left(\frac{r_2'}{s}\right)} + \left(\frac{r_2'}{s}\right) + 2r_1} \tag{3}$$

1次抵抗 r_1 が無視できると，

$$T = \frac{60}{2\pi N_s} \times \frac{3E_1^2}{\frac{r_2'}{s} + \frac{s}{r_2'}x^2} \tag{4}$$

となる。

最大トルクを発生する滑りは，式(4)より一般的に求める。

解き方 (a) 最大トルクを発生する滑り s_m

トルクが最大となるためには，式(4)の分母が最小となればよい。r_2'/s と $(s/r_2')x^2$ を掛け合わせると，$x^2 =$ 一定となるので，

$$\frac{r_2'}{s} = \frac{s}{r_2'}x^2$$

のとき分母は最小となり，最大トルクが発生する。よって，

$$s_m = \frac{r_2'}{x}$$

題意より，$r_2' = 0.20$〔Ω〕，$x = 4.0$〔Ω〕であるから，

$$s_m = \frac{0.2}{4.0} = 0.05$$

(b) 最大トルク T_m

式(4)より，トルク T は，k を定数として，

$$T = k\frac{1}{\frac{r_2'}{s} + \frac{s}{r_2'}x^2} \tag{5}$$

と表せる。

題意より，$s = 0.02$ で $T = 800$〔N·m〕となることから，

$$k = T\left(\frac{r_2'}{s} + \frac{s}{r_2'}x^2\right) = 800 \times \left(\frac{0.20}{0.02} + \frac{0.02}{0.20} \times 16\right) = 9\,280$$

最大トルクは，$s = 0.05$ にて発生するので，

$$T_m = 9\,280 \times \frac{1}{\frac{0.20}{0.05} + \frac{0.05}{0.20} \times 16} = 1\,160 \text{〔N·m〕}$$

となる。

2.6 誘導電動機の始動法と始動トルク

例題 1

かご形誘導電動機の始動方法には，次のようなものがある。

a. 定格出力が 5〔kW〕程度以下の小容量のかご形誘導電動機の始動時には，　(ア)　に与える影響が小さいので，直接電源電圧を印加する方法が用いられる。

b. 定格出力が 5〜15〔kW〕程度のかご形誘導電動機の始動時には，まず固定子巻線を　(イ)　にして電源電圧を加えて加速し，次に回転子の回転速度が定格回転速度近くに達したとき，固定子巻線を　(ウ)　に切り換える方法が用いられる。この方法では　(ウ)　で直接始動した場合に比べて，始動電流，始動トルクはともに　(エ)　倍になる。

c. 定格出力が 15〔kW〕程度以上のかご形誘導電動機の始動時には，まず　(オ)　により，低電圧を電動機に供給し，回転子の回転速度が定格回転速度近くに達したとき，全電圧を電動機に供給する方法が用いられる。

上記の記述中の空白箇所 (ア)，(イ)，(ウ)，(エ) 及び (オ) に当てはまる語句又は数値として，正しいものを組み合わせたのは次のうちどれか。

	(ア)	(イ)	(ウ)	(エ)	(オ)
(1)	絶縁電線	Δ結線	Y結線	$1/\sqrt{3}$	三相単巻変圧器
(2)	電源系統	Δ結線	Y結線	$1/\sqrt{3}$	三相単巻変圧器
(3)	絶縁電線	Y結線	Δ結線	$1/\sqrt{3}$	三相可変抵抗器
(4)	電源系統	Δ結線	Y結線	$1/3$	三相可変抵抗器
(5)	電源系統	Y結線	Δ結線	$1/3$	三相単巻変圧器

［平成 18 年 A 問題］

答 (5)

考え方　かご型誘導電動機の始動法には，**全電圧始動**，**Y—Δ 始動**，**補償器始動**がある。全電圧始動は，電動機に定格電圧を直接印加する方法で，始動電流は定格電流の 5〜8 倍流れ，電源系統に与える影響は大きい。

Y—Δ 始動は，始動時に Y 結線で電圧を下げて始動し，定格速度近くになったら Δ 結線に切り換える方法である。

補償器始動は，巻線変圧器で 40〜80% くらいの低い電圧で始動させ，定格速度付近で全電圧を加えるようにする。

解き方

a. 小容量のかご形電動機の始動時には，電源に与える影響が小さいので全電圧始動法が用いられる。

b. 定格出力 5〜15 kW 程度のかご形誘導電動機の始動には，Y—Δ 始動方式が用いられる。これは，最初，固定子巻線を Y 結線にして電源電圧を加えて加速し，定格速度近くになったら，固定子巻線を Δ 結線に切り換えるものである。この方法では Δ 結線で直接始動した場合と比べ印加電圧を $1/\sqrt{3}$ に低下させることになる。始動トルクは電圧の 2 乗に比例するので，1/3 になる。また始動電流は，電動機の始動インピーダンスが等価的に 3 倍になるため 1/3 になる。

c. 定格出力 15 kW 程度以上のかご形誘導電動機の始動時には，単巻変圧器により 40〜80% 程度の電圧を供給し，回転速度が定格速度近くに達したときに全電圧供給に切り換える補償器始動方式が用いられている。

例題 2

誘導電動機の補償器始動において，始動補償器の 80% 電圧のタップを使用すると，電動機に流れる始動電流は全電圧始動時の約 （ア） 〔%〕になり，始動トルクは全電圧始動時の約 （イ） 〔%〕になる。このとき，始動補償器が電源から取る始動電流は，全電圧始動電流の約 （ウ） 〔%〕になる。

上記の記述中の空白箇所（ア），（イ）および（ウ）に記入する数値として，正しいものを組み合わせたのは次のうちどれか。

	（ア）	（イ）	（ウ）		（ア）	（イ）	（ウ）
(1)	64	64	80	(4)	80	64	80
(2)	64	80	64	(5)	80	64	64
(3)	80	80	64				

［平成 6 年 A 問題］

答 (5)

考え方

補償器始動方式の回路図を図 2.9 に示す。これは，単巻変圧器で減電圧して始動する方式である。図 2.9 において，単巻変圧器の 1 次側と 2 次側の入出力は等しくなければならないので，

$$V_1 I_1 = V_M I_M \quad (1)$$

$$\frac{V_M}{V_1} = \frac{I_1}{I_M} = a$$

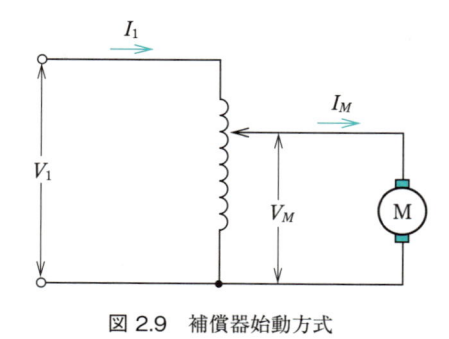

図 2.9 補償器始動方式

とすると，
$$I_1 = aI_M \quad (2)$$
の関係がある。

解き方 誘導電動機の始動時に，電動機に加える電圧を全電圧の a 倍にすると，電動機に流れる電流 I_M は，電圧に比例するので a 倍に低減する。このとき，単巻変圧器の1次側の電流 I_1 は，式(2)より I_M の a 倍となるので，a^2 倍に低減する。

また，トルクは供給電圧の2乗に比例するので，供給電圧が a 倍になると a^2 倍に低減する。

問題では，$a = 0.8$ であるので，
　電動機に流れる始動電流：80 %
　始動トルク：64 %
　始動補償器が電源から取る始動電流：64 %
となる。

例題 3 あるかご形三相誘導電動機をスターデルタ始動したところ，始動トルクが 250 N·m であったという。この電動機の定格運転時のトルク〔N·m〕の値として，正しいのは次のうちどれか。ただし，全電圧始動時の始動トルクは定格運転時の 150 % とする。

　(1) 50　　(2) 160　　(3) 250　　(4) 500　　(5) 750

［平成4年A問題］

答 (4)

考え方 スターデルタ始動を行うと，1次側の相電圧は $1/\sqrt{3}$ に低減される。トルクは電圧の2乗に比例するので，全電圧始動の場合の 1/3 となる。

解き方 スターデルタ始動にて発生する始動トルクが 250 N·m であることから，全電圧で始動した場合のトルク T_0 は，
$$T_0 = 250 \times 3 = 750 \text{ [N·m]}$$
となる。

一方，題意より全電圧始動時のトルク T_0 は，定格運転時のトルク T_n の 150% であるので，
$$T_n = \frac{T_0}{1.5} = \frac{750}{1.5} = 500 \text{ [N·m]}$$
となる。

2.6 誘導電動機の始動法と始動トルク

2.7 円線図，単相誘導電動機

例題 1

普通かご形誘導電動機の円線図は，簡単な試験結果から一次電流のベクトルに関する半円を描いて，電動機の特性を求めることに利用される。この円線図を描くには，次の三つの試験を行って基本量を求める必要がある。

a. 抵抗測定では，任意の周囲温度において一次巻線の端子間で抵抗を測定し，　(ア)　における一次巻線の一相分の抵抗を求める。

b. 無負荷試験では，誘導電動機を定格電圧，定格周波数，無負荷で運転し，無負荷電流と　(イ)　を測定し，無負荷電流の有効分と無効分を求める。

c. 拘束試験では，誘導電動機の回転子を拘束し，一次巻線に定格周波数の低電圧を加えて定格電流を流し，一次電圧，一次入力を測定し，定格電圧を加えたときの　(ウ)　，拘束電流及び拘束電流の有効分と無効分を求める。

上記の記述中の空白箇所（ア），（イ）及び（ウ）に記入する字句として，正しいものを組み合わせたのは次のうちどれか。

	（ア）	（イ）	（ウ）
(1)	冷媒温度（基準周囲温度）	無負荷入力	二次入力
(2)	冷媒温度（基準周囲温度）	回転速度	一次入力
(3)	基準巻線温度	回転速度	二次入力
(4)	冷媒温度（基準周囲温度）	回転速度	二次入力
(5)	基準巻線温度	無負荷入力	一次入力

［平成 11 年 A 問題］

答 (5)

考え方

a. 巻線の抵抗値は，巻線自身の温度によって変化するため，基準巻線温度（75℃）に換算する。

b. 無負荷試験では，無負荷入力と無負荷電流を測定する。

c. 拘束試験では，1 次入力等を算定する。

解き方

a. 1次抵抗測定

1次側の端子間の抵抗を測定し，その1/2を1相の1次抵抗とし，**基準巻線温度**（75℃）に換算する。

b. 無負荷試験

電動機に定格周波数，定格電圧を加え無負荷運転し，無負荷電流と**無負荷入力**を測定し，これより有効（鉄損）電流，無効（励磁）電流を求める。

c. 拘束試験

電動機の回転子を拘束し，1次巻線に定格周波数の低電圧を加えて，定格電流を流したときの1次電圧，1次入力を測定し，定格電圧を加えたときの**1次入力**，拘束電流および拘束電流の有効分と無効分を求める。

例題 2

単相誘導電動機の始動法には，　（ア）　コイル法および分相法などがある。分相法には，　（イ）　の補助巻線を始動時だけ使う方式と補助巻線と直列に　（ウ）　を入れる方式に分けられる。

上記の記述中の空白箇所（ア），（イ）および（ウ）に記入する字句として，正しいものを組み合わせたのは次のうちどれか。

	（ア）	（イ）	（ウ）
(1)	くま取り	高抵抗	コンデンサ
(2)	始動	高抵抗	インダクタンス
(3)	くま取り	低抵抗	コンデンサ
(4)	始動	並列	インダクタンス
(5)	くま取り	低抵抗	高抵抗

［平成2年A問題］

答 (1)

考え方

単相電動機を始動するためには，最初に一定方向の始動トルクを与える必要がある。この一定方向の始動トルクを与える方法として，くま取りコイル法，分相法などがある。

解き方

単相電動機の始動法には，くま取りコイル法および分相法などがある。くま取りコイル法を図2.10に示す。

分相法には，高抵抗の補助巻線を始動時のみに使う方式と補助巻線と直列にコンデンサを入れる方式がある。それらを図2.11に示す。

2.7 円線図，単相誘導電動機

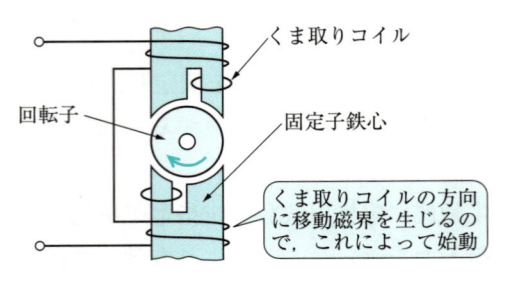

図 2.10 くま取りコイル法

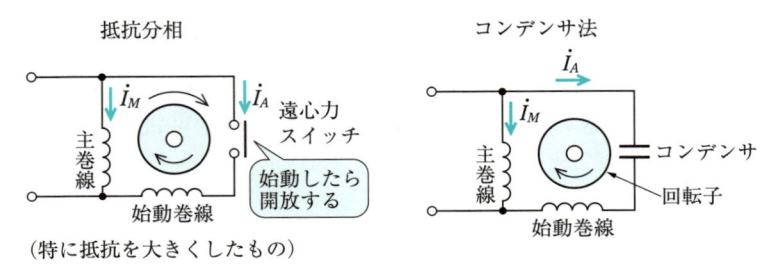

図 2.11 分相法

抵抗分相（特に抵抗を大きくしたもの）

コンデンサ法

第2章 章末問題

2-1 次の文章は，三相の誘導機に関する記述である。

固定子の励磁電流による同期速度の （ア） と回転子との速度の差（相対速度）によって回転子に電圧が発生し，その電圧によって回転子に電流が流れる。トルクは回転子の電流と磁束とで発生するので，トルク特性を制御するため，巻線形誘導機では回転子巻線の回路をブラシと （イ） で外部に引き出して二次抵抗値を調整する方式が用いられる。回転子の回転速度が停止（滑り $s=1$）から同期速度（滑り $s=0$）の間，すなわち，$1>s>0$ の運転状態では，磁束を介して回転子の回転方向にトルクが発生するので誘導機は （ウ） となる。回転子の速度が同期速度より高速の場合，磁束を介して回転子の回転方向とは逆の方向にトルクが発生し，誘導機は （エ） となる。

上記の記述中の空白箇所（ア），（イ），（ウ）及び（エ）に当てはまる語句として，正しいものを組み合わせたのは次のうちどれか。

	（ア）	（イ）	（ウ）	（エ）
(1)	交番磁界	スリップリング	電動機	発電機
(2)	回転磁界	スリップリング	電動機	発電機
(3)	交番磁界	整流子	発電機	電動機
(4)	回転磁界	スリップリング	発電機	電動機
(5)	交番磁界	整流子	電動機	発電機

［平成22年A問題］

2-2 かご形三相誘導電動機のかご形回転子は，棒状の導体の両端を （ア） に溶接又はろう付けした構造になっている。小容量と中容量の誘導電動機では，導体と （ア） と通風翼が純度の高い （イ） の加圧鋳造で造られた一体構造となっている。一方，巻線形三相誘導電動機の巻線形回転子では，全スロットに絶縁電線を均等に分布させて挿入した巻線の端子は，軸上に設けられた3個の （ウ） に接続され，ブラシを経て （エ） に接続できるようになっている。

上記の記述中の空白箇所（ア），（イ），（ウ）及び（エ）に記入する語句として，正しいものを組み合わせたのは次のうちどれか。

	（ア）	（イ）	（ウ）	（エ）
(1)	均圧環	銅	遠心力スイッチ	コンデンサ
(2)	端絡環	アルミニウム	スリップリング	外部抵抗
(3)	端絡環	銅	スリップリング	コンデンサ
(4)	均圧環	アルミニウム	スリップリング	コンデンサ
(5)	端絡環	銅	遠心力スイッチ	外部抵抗

［平成16年A問題］

2-3 極数4で50〔Hz〕用の巻線形三相誘導電動機があり，全負荷時の滑りは4〔％〕である。全負荷トルクのまま，この電動機の回転速度を1 200〔$\min^{-1}$〕にするために，二次回路に挿入する1相当たりの抵抗〔Ω〕の値として，最も近いのは次のうちどれか。

ただし，巻線形三相誘導電動機の二次巻線は星形（Y）結線であり，各相の抵抗値は0.5〔Ω〕とする。

(1) 2.0　　(2) 2.5　　(3) 3.0　　(4) 7.0　　(5) 7.5

［平成22年A問題］

2-4 三相誘導電動機があり，回転子の巻線抵抗は$r_2 = 0.14$〔Ω〕である。この電動機が滑り$s = 4$〔％〕，回転子の電流$I_2 = 12$〔A〕で運転しているとき，一相当たりの回転子入力P_2〔W〕の値として，正しいのは次のうちどれか。ただし，r_2及びI_2は星形一次換算した一相分の値である。

(1) 20　　(2) 42　　(3) 465　　(4) 484　　(5) 504

［平成14年A問題］

2-5 三相誘導電動機の速度制御に関する記述として，誤っているのは次のうちどれか。

(1) 極数変化による制御では，固定子巻線の接続を切替えて極数を変化させる。

(2) 一次電圧による制御では，一次電圧を変化させることにより，電動機トルク特性曲線と負荷トルク特性曲線との交点を移動させ，滑りを変化させる。

(3) 二次抵抗による制御では，巻線形誘導電動機において二次側端子に抵抗を接続し，この抵抗値を加減して滑りを変化させる。

(4) 一次周波数による制御では，誘導電動機の電源電圧を一定に保ちつつ，電源周波数を変化させて速度を制御する。

(5) 二次励磁による制御では，巻線形誘導電動機の二次回路に可変周波

の可変電圧を外部から加え，これを変化させることにより，滑りを変化させる。

[平成 15 年 A 問題]

2-6　誘導電動機の回転速度 n〔min^{-1}〕は，次式で与えられる。

$$n = (1-s)n_s$$　　　ここで，s は滑り，n_s は同期速度である。

したがって，滑り，同期速度を変えると回転速度 n を変えることができ，具体的には一般に以下の方法がある。

a.　（ア）誘導電動機の（イ）回路の抵抗を変えて滑りを変化させる方法。この方法では（イ）回路の電力損失が大きい。

b.　電源の（ウ）を変化させる方法。電動機の電源側にインバータを設ける場合が多く，圧延機や工作機械等の広範囲な速度制御に用いられる。

c.　固定子の同じスロットに（エ）の異なる上下2種類の巻線を設けてこれを別々に利用したり，1組の固定子巻線の接続を変更したりなどして，（エ）を変え，回転速度を（オ）的に変える方法。

上記の記述中の空白箇所（ア），（イ），（ウ），（エ）及び（オ）に当てはまる語句として，正しいものを組み合わせたのは次のうちどれか。

	（ア）	（イ）	（ウ）	（エ）	（オ）
(1)	かご形	一次	電圧	相数	連続
(2)	巻線形	二次	周波数	極数	段階
(3)	かご形	一次	周波数	相数	段階
(4)	巻線形	一次	電圧	極数	段階
(5)	巻線形	二次	周波数	極数	連続

[平成 18 年 A 問題]

2-7　誘導電動機を VVVF（可変電圧可変周波数）インバータで駆動するものとする。このときの一般的な制御方式として（ア）が用いられる。いま，このインバータが 60〔Hz〕電動機用として，60〔Hz〕のときに 100〔%〕電圧で運転するように調整されていたものとする。このインバータを用いて，50〔Hz〕用電動機を 50〔Hz〕にて運転すると電圧は約（イ）〔%〕となる。トルクは電圧のほぼ（ウ）に比例するので，この場合の最大発生トルクは，定格電圧印加時の最大発生トルクの約（エ）〔%〕となる。

ただし，両電動機の定格電圧は同一である。

上記の記述中の空白箇所（ア），（イ），（ウ）及び（エ）に当てはまる語句又は数値として，正しいものを組み合わせたのは次のうちどれか。

	（ア）	（イ）	（ウ）	（エ）
(1)	$\dfrac{V}{f}$ 一定制御	83	2乗	69
(2)	$\dfrac{V}{f}$ 一定制御	83	3乗	57
(3)	電流一定制御	120	2乗	144
(4)	電圧位相制御	120	3乗	173
(5)	電圧位相制御	83	2乗	69

［平成18年A問題］

2-8 定格出力 7.5〔kW〕，定格電圧 220〔V〕，定格周波数 60〔Hz〕，8極の三相巻線形誘導電動機がある。この電動機を定格電圧，定格周波数の三相電源に接続して定格出力で運転すると，82〔N·m〕のトルクが発生する。この運転状態のとき，次の(a)及び(b)に答えよ。

(a) 回転速度〔min⁻¹〕の値として，最も近いのは次のうちどれか。
　　(1) 575　　(2) 683　　(3) 724　　(4) 874　　(5) 924

(b) 回転子巻線に流れる電流の周波数〔Hz〕の値として，最も近いのは次のうちどれか。
　　(1) 1.74　　(2) 4.85　　(3) 8.25　　(4) 12.4　　(5) 15.5

［平成20年B問題］

第 3 章

同期機

重要事項のまとめ

1 同期速度 N_s 〔min^{-1}〕

同期速度 N_s は，周波数を f〔Hz〕極数を p とするとき，

$$N_s = \frac{120f}{p}$$

で表される。

2 同期発電機の電機子反作用

同期発電機に負荷電流が流れると，負荷電流によって，界磁磁束に対する電機子反作用が発生する。この電機子反作用は，力率によって次のようになる。

① 力率 1 の場合：交さ磁化作用
② 遅れ力率の場合：減磁作用
③ 進み力率の場合：増磁作用

3 短絡比 K_s

短絡比 K_s は次のように定義される。

$$K_s = \frac{無負荷で定格電圧を発生するのに必要な界磁電流}{定格電流に等しい短絡電流を流すのに必要な界磁電流}$$

これは，

$$\frac{無負荷で定格電圧を発生させる界磁電流にて流れる短絡電流}{定格電流}$$

に等しい。

4 ％同期インピーダンス $\%Z_s$ と短絡比 K_s

％同期インピーダンス $\%Z_s$ は，次のように定義される。

$$\%Z_s = \frac{I_n}{\frac{V_n}{\sqrt{3}}} Z_s \times 100$$

ここで,

$\%Z_s$：％同期インピーダンス〔％〕
I_n：定格電流〔A〕
V_n：定格線間電圧〔V〕
Z_s：同期インピーダンス〔Ω〕

短絡比 K_s と％同期インピーダンス $\%Z_s$ には次の関係がある。

$$\frac{\%Z_s}{100} = \frac{1}{K_s}$$

5 同期電動機の V 曲線

同期電動機の電機子電流を縦軸に，界磁電流を横軸にとって，電機子電流と界磁電流の関係を示したものを位相特性曲線という。図 3.1 に示すような V の字の形になるため通称 V 曲線と呼ばれる。

最下点が力率 1 の点で，過励磁側が進相，不足励磁側が遅相の範囲となる。

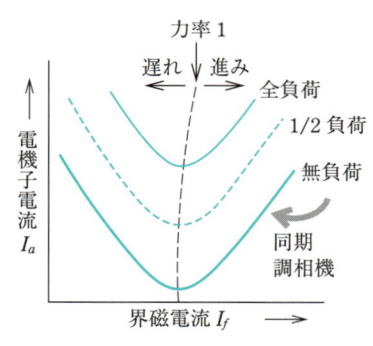

図 3.1 同期電動機の V 曲線

6 同期発電機の並列運転

同期発電機を並列運転するために必要な条件

① 起電力の周波数が等しいこと

等しくないと，同期化電流が両機間で交互に流れる。

② 起電力（電圧）の大きさが等しいこと

等しくないと，無効循環電流が流れ，無用の電機子抵抗損を生じる。

③ 起電力（電圧）の位相が一致していること

位相が一致していないと，同期化電流（有効電流）が流れる。

7 同期発電機の出力

同期発電機の抵抗分を無視した1相分等価回路は，図3.2のようになり，そのベクトル図は，図3.3のようになる。

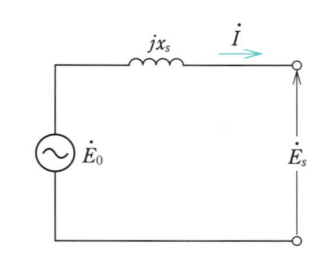

図3.2　1相分等価回路

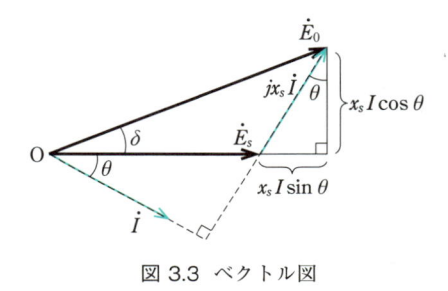

図3.3　ベクトル図

ここで，

$\dot{E}_0$：発電機誘導起電力

$\dot{E}_s$：発電機端子電圧

x_s：発電機同期リアクタンス

$\dot{I}$：負荷電流

$\cos\theta$：負荷力率

δ：内部相差角（負荷角）

このとき，発電機の一相分の出力 P_s は，

$$P_s = E_s I \cos\theta = \frac{E_0 E_s}{x_s} \sin\delta$$

となる。

3.1 同期速度と周辺速度

例題 1

回転速度 600〔min^{-1}〕で運転している極数 12 の同期発電機がある。この発電機に極数 8 の同期発電機を並行運転させる場合，極数 8 の発電機の回転速度〔min^{-1}〕の値として，正しいのは次のうちどれか。
(1) 400　　(2) 450　　(3) 600　　(4) 900　　(5) 1 200

［平成 13 年 A 問題］

答 (4)

考え方　同期発電機を並行運転させるためには，発生する起電力（電圧）の周波数が等しい必要がある。周波数が等しくなる回転速度を求める。

解き方　回転速度 $N_1 = 600$〔min^{-1}〕，極数 $p_1 = 12$ の同期発電機が発生する電圧の周波数を f〔Hz〕とすると，

$$N_1 = \frac{120f}{p_1}$$

の関係より，

$$f = \frac{p_1}{120}N_1 = \frac{12}{120} \times 600 = 60 \text{〔Hz〕}$$

となる。

この発電機に極数 $p_2 = 8$ の同期発電機を並列運転させるためには，発生する電圧の周波数が等しくなる必要があるので，回転速 N_2 は，

$$N_2 = \frac{120f}{p_2} = \frac{120 \times 60}{8} = 900 \text{〔min}^{-1}\text{〕}$$

となる。

例題 2

定格周波数 60 Hz の同期発電機がある。回転子の直径を 3.5 m としたとき，定格運転時の周辺速度を 80 m/s 以下とするためには，極数は，最小いくら以上でなければならないか。正しい値を次のうちから選べ。
(1) 14　　(2) 16　　(3) 18　　(4) 20　　(5) 22

［平成元年 A 問題］

答 (3)

考え方　周波数を f〔Hz〕，極数を p とするとき，同期発電機の同期速度 N_s〔min^{-1}〕は，

$$N_s = \frac{120f}{p}$$

となり，これは，〔s^{-1}〕の単位で表すと，

$$N_s = \frac{2f}{p}$$

となる。

周辺速度 v〔m/s〕は，回転子の直径を D〔m〕，回転速度を N_s〔s^{-1}〕とすると，

$$v = \pi D N_s$$

となる。

解き方　定格周波数 $f = 60$〔Hz〕，極数 p の同期発電機の回転速度 N_s〔s^{-1}〕は，

$$N_s = \frac{2f}{p} = \frac{2 \times 60}{p} = \frac{120}{p}$$

となる。

したがって，回転子の直径 $D = 3.5$〔m〕のとき，周辺速度 v〔m/s〕は，

$$v = \pi D N_s = \frac{120\pi D}{p} = \frac{120\pi \times 3.5}{p} \fallingdotseq \frac{1\,319}{p}$$

となる。

したがって，v を 80 m/s 以下とする p の条件は，

$$80 \geqq \frac{1\,319}{p}$$

よって，

$$p \geqq \frac{1\,319}{80} \fallingdotseq 16.5$$

これより，18 極以上とする必要がある。

3.1 同期速度と周辺速度

3.2 内部誘導起電力

例題 1

定格容量 3 300〔kV·A〕，定格電圧 6 600〔V〕，星形結線の三相同期発電機がある。この発電機の電機子巻線の一相当たりの抵抗は 0.15〔Ω〕，同期リアクタンスは 12.5〔Ω〕である。この発電機を負荷力率 100〔％〕で定格運転したとき，一相当たりの内部誘導起電力〔V〕の値として，最も近いのは次のうちどれか。ただし，磁気飽和は無視できるものとする。

(1) 3 050　(2) 4 670　(3) 5 280　(4) 7 460　(5) 9 150

［平成 20 年 A 問題］

答 (3)

考え方　内部誘導起電力 $\dot{E}_g$ は，発電機端子電圧（相電圧）を $\dot{E}_0$ とすると，$\dot{E}_0$ に 1 相分の抵抗による電圧降下と同期リアクタンスによる電圧降下をベクトル的に加え合わせて求めることができる。

解き方　題意より定格電圧 6 600 V であるので，発電機の端子電圧（1 相分）E_0 は，$E_0 = 6\,600/\sqrt{3}$ となる。

この端子電圧 $\dot{E}_0$ を基準ベクトルとし，負荷電流 $\dot{I}$ が負荷力率 100 ％ で流れたときのベクル図を描くと図 3.4 のようになる。

ここで，

Ix：同期リアクタンスによる電圧降下

Ir：抵抗による電圧降下

定格容量 3 300 kV·A，定格電圧 6 600 V であるので定格電流 I は，

$$I = \frac{3\,300 \times 10^3}{\sqrt{3} \times 6\,600} \fallingdotseq 289\,\text{〔A〕}$$

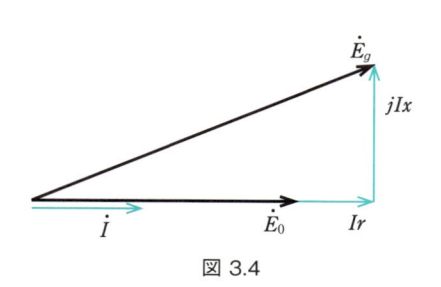

図 3.4

となる。発電機を負荷力率100％で定格運転することから，負荷電流は定格電流に等しい。

したがって，電機子巻線の1相あたりの抵抗 $r = 0.15$〔Ω〕，同期リアクタンス $x = 12.5$〔Ω〕であるので，図3.4のベクトル図の関係より，発電機の1相あたりの内部誘導起電力 E_g は，

$$E_g = \sqrt{(E_0 + Ir)^2 + (Ix)^2}$$
$$= \sqrt{\left(\frac{6\,600}{\sqrt{3}} + 289 \times 0.15\right)^2 + (289 \times 12.5)^2}$$
$$\fallingdotseq 5\,280 \text{〔V〕}$$

となる。

例題 2

星形結線の非突極形三相同期発電機があり，毎相の同期リアクタンスが3Ω，無負荷時の出力端子と中性点間の電圧が250Vである。この発電機に純抵抗からなる三相平衡負荷を接続し，線電流50Aを流したときの端子電圧〔V〕の値として，正しいのは次のうちどれか。ただし，電機子巻線抵抗は無視するものとする。

(1) 173　(2) 200　(3) 283　(4) 346　(5) 433

[平成10年A問題]

答 (4)

考え方　無負荷時の出力端子と中性点間の電圧は，発電機のリアクタンス電圧降下が生じないので，発電機内部誘導起電力（相電圧）に等しい。したがって，問題の回路図とベクトル図は，図3.5(a)，(b)のようになる。

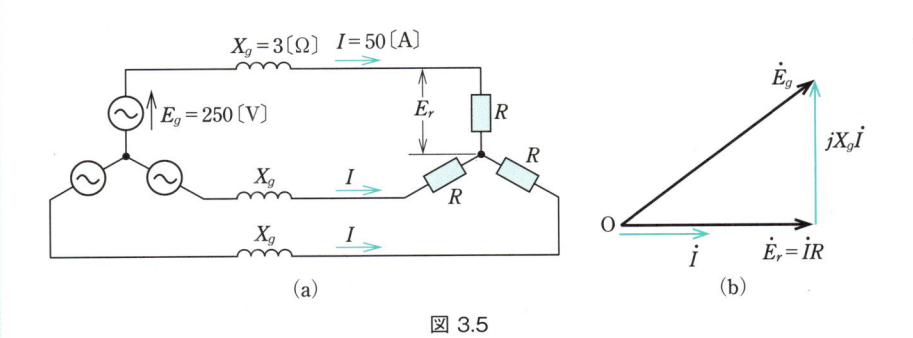

図3.5

解き方　図3.5の回路図およびベクトル図の関係から，発電機の端子電圧（相電圧）E_r は，

$$E_r = \sqrt{(E_g)^2 - (IX_g)^2}$$

となる。題意より $E_g = 250$〔V〕，$I = 50$〔A〕，$X = 3$〔Ω〕であるの

で，
$$E_r = \sqrt{250^2 - (50 \times 3)^2} = 200 \text{ (V)}$$
となる。したがって，線間の端子電圧 V_r は $\sqrt{3}$ 倍して，
$$V_r = \sqrt{3} \times 200 \fallingdotseq 346 \text{ (V)}$$
となる。

例題 3

次のような三相同期発電機がある。
1極あたりの磁束：0.12〔Wb〕　　極数：12
1分間の回転速度：500〔min^{-1}〕　1相の直列巻数：250
巻線係数：0.94　　　　　　　　結線：Y（1相のコイルは全部直列）
この発電機の無負荷誘導起電力（線間値）〔V〕はいくらか。正しい値を次のうちから選べ。ただし，ギャップにおける磁束分布は正弦波であるものとする。
(1) 2 090　(2) 3 610　(3) 6 260　(4) 10 840　(5) 18 780

〔平成7年A問題〕

答 (4)

考え方　同期発電機の1相の誘導起電力 E〔V〕は，
$$E = 4.44\,knf\phi \tag{1}$$
にて表される。
ここで，
k：巻線係数
n：1相の直列巻数
f：周波数〔Hz〕
ϕ：1極あたりの磁束〔Wb〕
である。無負荷誘導起電力 V_g は，E を $\sqrt{3}$ 倍することで求める。

解き方　題意より回転速度 $N_s = 500$〔min^{-1}〕，極数 $p = 12$ であるので，周波数 f は，$N_s = 120f/p$ より，
$$f = \frac{p}{120}N_s = \frac{12 \times 500}{120} = 50 \text{ (Hz)}$$
となる。また，$k = 0.94$，$n = 250$，$\phi = 0.12$〔Wb〕であるので，これらを式(1)に代入して，
$$E = 4.44 \times 0.94 \times 250 \times 50 \times 0.12 \fallingdotseq 6\,260 \text{ (V)}$$
したがって線間電圧 V_g は，
$$V_g = \sqrt{3}\,E = \sqrt{3} \times 6\,260 \fallingdotseq 10\,840 \text{ (V)}$$

3.3 同期発電機の特性と特徴

例題 1

同期発電機である水車発電機では，大容量機は主に　(ア)　軸形で，回転子は　(イ)　形であり，冷却には　(ウ)　を用いる。これに対してタービン発電機は，(エ)　軸形で，回転子は　(オ)　形であり，大容量機の冷却には　(カ)　を用いる。
上記の記述中の空白箇所 (ア)，(イ)，(ウ)，(エ)，(オ) および (カ) に記入する字句として，正しいものを組み合わせたのは次のうちどれか。

	(ア)	(イ)	(ウ)	(エ)	(オ)	(カ)
(1)	立	円筒	空気	横	突極	水素ガス
(2)	立	突極	空気	横	円筒	水素ガス
(3)	立	突極	水素ガス	横	円筒	ヘリウムガス
(4)	横	円筒	水素ガス	横	円筒	ヘリウムガス
(5)	横	円筒	空気	立	突極	水素ガス

［平成 6 年 A 問題］

答 (2)

考え方

水車発電機は，大容量のものも回転速度が低く風損が小さいことから，設備コストの安い空気冷却方式が採用されている。一方，大容量のタービン発電機の固定子は，水の直接冷却方式を採用し回転子は水素冷却方式を採用している。これは冷却能力を高めることにより，より大きな電流を流しても絶縁体の温度上昇を小さくできることから発電機の容量を大きくできるためである。

解き方

(1) 水車発電機

水車発電機には，横軸形と立軸形がある。横軸形は，小容量機や低落差用発電機として使用される。立軸形は，ほとんどの水車に採用されており，大容量機は立軸形となる。その理由は次のようである。

① 大容量機になっても，剛性が上げやすい構造である。
② 据付面積を小さくできる。
③ 洪水位に対して，発電機をより安全な位置に置ける。

水車発電機は，一般に低速度で回転することから，回転子は突極形を

採用する。また，低速度であるから風損も問題とならないため，空気冷却方式を用いている。

(2) タービン発電機

蒸気のエネルギーが大きいため，タービン発電機は高速で回転しまた軸長が長くなる。軸長が長くなるため横軸形とし，高速回転に対して機械的強度に優れる円筒形の回転子を採用する。

タービン発電機は，冷却方式の改善とともに容量増加を図ってきた。図 3.6 にその推移を示す。空気冷却方式と比較したときの水素冷却方式の長所は以下のようである。

① 密度が 1/4 であるため風損が小さい
② 熱伝達率が約 1.5 倍で冷却効果が大
③ 不活性であるためコイルが長寿命

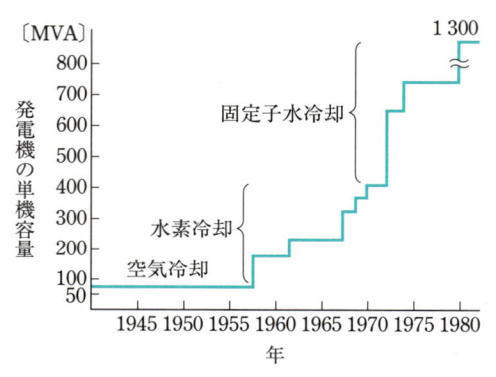

図 3.6 タービン発電機単機容量の推移（例）

例題 2

同期発電機を商用電源（電力系統）に遮断器を介して接続するためには，同期発電機の (ア) の大きさ，(イ) 及び位相が商用電源のそれらと一致していなければならない。同期発電機の商用電源への接続に際しては，これらの条件が一つでも満足されていなければ，遮断器を投入したときに過大な電流が流れることがあり，場合によっては同期発電機が損傷する。仮に，(ア) の大きさ，(イ) が一致したとしても，位相が異なる場合には位相差による電流が生じる。同期発電機が無負荷のとき，この電流が最大となるのは位相差が (ウ) 〔°〕のときである。

同期発電機の (ア) の大きさ，(イ) 及び位相を商用電源のそれらと一致させるには，(エ) 及び調速装置を用いて調整する。

上記の記述中の空白箇所（ア），（イ），（ウ）及び（エ）に当てはまる語句又は数値として，正しいものを組み合わせたのは次のうちどれか。

	（ア）	（イ）	（ウ）	（エ）
(1)	インピーダンス	周波数	60	誘導電圧調整器
(2)	電圧	回転速度	60	電圧調整装置
(3)	電圧	周波数	60	誘導電圧調整器
(4)	インピーダンス	回転速度	180	電圧調整装置
(5)	電圧	周波数	180	電圧調整装置

［平成 21 年 A 問題］

答 （5）

考え方 同期発電機を電力系統に並列させるためには，周波数が等しいことに加えて，電圧の大きさおよび位相が一致している必要がある。発電機の並列に際し，これらの条件が1つでも満足されていなければ，並列と同時にじょう乱が発生するので，同期検定器を用いて，これらの3条件が満足していることを確認したうえで並列する。

解き方 同期発電機を電力系統に並列させるために必要な条件と理由は以下のようである。
(1) 電圧の周波数が等しいこと
　等しくないと，同期化電流が発電機，系統間で交互に流れる。
(2) 電圧の大きさが等しいこと
　等しくないと，大きな無効横流が流れるとともに，並列後，過大な無効電力を発生したり，あるいは，進相運転となる。
(3) 電圧の位相が等しいこと
　位相が一致していないと，大きな同期化電流（有効電流）が流れる。
　周波数と位相の調整は，調速装置（ガバナ）で行い，電圧の大きさの調整は，電圧調整装置（AVR）で行う。

例題 3

　三相同期発電機に平衡負荷をかけ，電機子巻線に三相交流電流が流れると，同期速度で回転する回転磁界が発生し，磁極の生じる界磁磁束との間に電機子反作用が生じる。
　図1は，力率がほぼ100％で，誘導起電力の最大値と電機子電流の最大値が一致したときの磁極N，Sと，電機子電流が最大となる電機子巻線の位置との関係を示す。この図において，N，S両磁極の右側では界磁磁束を　（ア）　させ，左側では　（イ）　させる交さ磁化作用の現象が起きる。図2は，　（ウ）　力率角がほぼ $\pi/2$〔rad〕の場合の磁極N，Sと，電機子電流が最大となる電機子巻線の位置との関係を示す。磁極N，Sによる磁束は，電機子電流によりいずれも　（エ）　を受ける。

3.3 同期発電機の特性と特徴

上記の記述中の空白箇所（ア），（イ），（ウ）および（エ）に記入する語句として，正しいものを組み合わせたのは次のうちどれか。

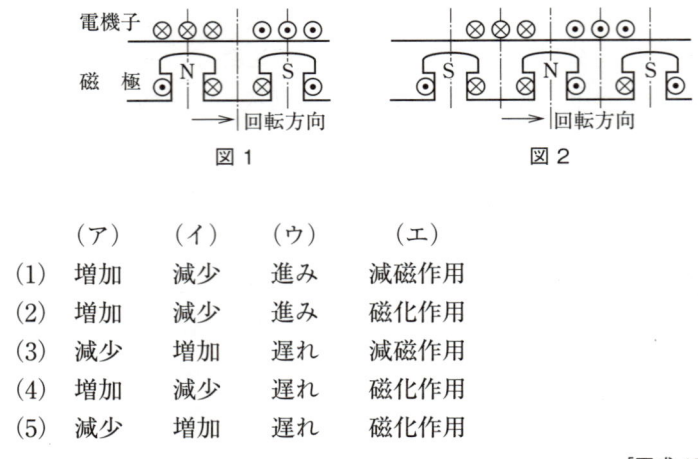

	（ア）	（イ）	（ウ）	（エ）
(1)	増加	減少	進み	減磁作用
(2)	増加	減少	進み	磁化作用
(3)	減少	増加	遅れ	減磁作用
(4)	増加	減少	遅れ	磁化作用
(5)	減少	増加	遅れ	磁化作用

［平成 17 年 A 問題］

答 (3)

考え方　同期発電機の電機子巻線に負荷電流が流れると，この負荷電流によって界磁磁束に対する電機子反作用が発生する。遅れ位相の負荷電流では減磁作用，進み電流では増磁作用となる。問題図において，電機子電流によって生じる磁束の向きをアンペアの右ねじの法則によって決めると，増磁作用となるか減磁作用となるかが判明する。

解き方　同期発電機の電機子反作用には，交さ磁化作用，減磁作用，増磁作用がある。

① 交さ磁化作用

力率が 100 ％ の負荷電流（電機子電流）が流れたときの電機子反作用で，図 3.7 のように磁極中央導体には，フレミングの右手の法則に従う電流が⊗の方向に流れる。この電流によって，右ねじの法則に基づ

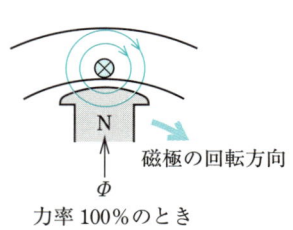

図 3.7　交さ磁化作用

く方向に磁束が発生し，磁極の右側では減磁作用，磁極の左側では増磁作用となる交さ磁化作用が発生する。

② 減磁作用

電機子電流が誘導起電力より $\pi/2$〔rad〕遅れている場合の作用で，図3.8にその様子を示す。この電流によって生じる磁束は，界磁磁束を打ち消す方向に働く。

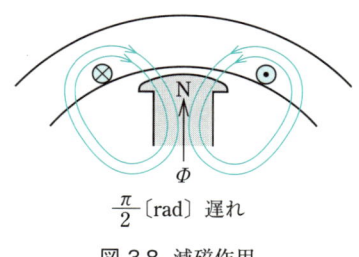

図3.8 減磁作用

③ 増磁作用

電機子電流が誘導起電力より $\pi/2$〔rad〕進んでいる場合の作用で，図3.9にその様子を示す。この電流によって生じる磁束は，界磁磁束を増加させる方向に働く。

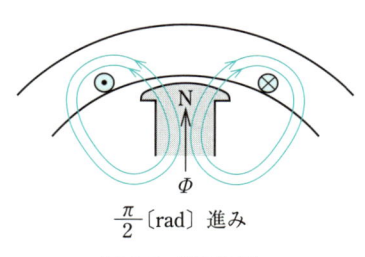

図3.9 増磁作用

3.4 同期インピーダンスと短絡比

例題 1

定格電圧 3 300 V, 定格電流 210 A の三相同期発電機がある。この発電機の電機子端子を開放した状態で界磁電流を増加していくと, 120 A に達したとき定格電圧が発生した。次に, その電機子端子を短絡して同じ 120 A の界磁電流を与えると, 短絡電流は定格電流の 1.4 倍であった。この発電機の同期インピーダンス〔Ω〕の値として, 正しいのは次のうちどれか。

ただし, 発電機の回転速度は一定とする。

(1) 0.76 (2) 1.6 (3) 3.7 (4) 6.5 (5) 11.2

[平成 11 年 A 問題]

答 (4)

考え方 発電機の電機子端子を開放した状態で定格電圧を発生しているときに, 励磁電流を変えないで三相短絡状態とすると, 最初, 大きな電流が流れるがある一定の電流に整定する。これを永久短絡電流という。このときの 1 相分の回路は図 3.10 のようになる。これより, 同期インピーダンス Z_s は,

$$Z_s = \frac{\frac{V_n}{\sqrt{3}}}{I_s}$$

にて求められる。

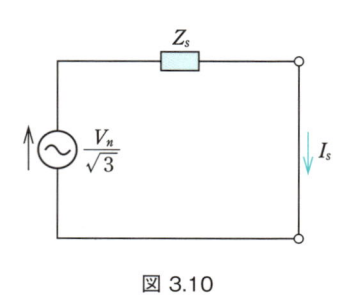

図 3.10

同期機

解き方 題意より界磁電流 120 A のとき，短絡電流 I_s は定格電流 I_n の 1.4 倍流れる。また，定格電流 $I_n = 210$〔A〕であるので，I_s は，
$$I_s = 1.4 \times I_n = 1.4 \times 210 = 294 \text{〔A〕}$$
定格電圧 $V_n = 3\,300$〔V〕であるので，同期インピーダ Z_s は，
$$Z_s = \frac{\frac{V_n}{\sqrt{3}}}{I_s} = \frac{\frac{3\,300}{\sqrt{3}}}{294} \fallingdotseq 6.5 \text{〔Ω〕}$$
となる。

例題 2 定格出力 5 000〔kV・A〕，定格電圧 6 600〔V〕の三相同期発電機がある。無負荷時に定格電圧となる励磁電流に対する三相短絡電流（持続短絡電流）は，500〔A〕であった。この同期発電機の短絡比の値として，最も近いのは次のうちどれか。
　(1)　0.660　　(2)　0.875　　(3)　1.00　　(4)　1.14　　(5)　1.52

［平成 21 年 A 問題］

答 (4)

考え方 同期発電機の定格電流を I_n，無負荷時に定格電圧となる励磁電流に対する三相短絡電流を I_s とするとき，短絡比 K_s は，
$$K_s = \frac{I_s}{I_n}$$
となる。

解き方 定格出力 $P_n = 5\,000$〔kV・A〕，定格電圧 $V_n = 6\,600$〔V〕のとき定格電流 I_n は，
$$I_n = \frac{P_n}{\sqrt{3}\,V_n} = \frac{5\,000 \times 10^3}{\sqrt{3} \times 6\,600} \fallingdotseq 437 \text{〔A〕}$$
となる。題意より，無負荷時に定格電圧となる励磁電流に対する三相短絡電流 I_s が 500 A であるので，短絡比 K_s は，
$$K_s = \frac{I_s}{I_n} = \frac{500}{437} \fallingdotseq 1.14$$
となる。

3.4　同期インピーダンスと短絡比

例題 3

定格速度，励磁電流 480〔A〕，無負荷で運転している三相同期発電機がある。この状態で，無負荷電圧（線間）を測ると 12 600〔V〕であった。つぎに，96〔A〕の励磁電流を流して短絡試験を実施したところ，短絡電流は 820〔A〕であった。この同期発電機の同期インピーダンス〔Ω〕の値として，最も近いのは次のうちどれか。
ただし，磁気飽和は無視できるものとする。
(1) 1.77　(2) 3.07　(3) 15.4　(4) 44.4　(5) 76.8

［平成 20 年 A 問題］

答 (1)

考え方　同期発電機の三相短絡曲線は直線上になる。すなわち，励磁電流 I_f と短絡電流 I_s は比例する。したがって，励磁電流 I_{f1} のとき短絡電流が I_{s1} であれば，励磁電流 I_{f2} のときの短絡電流 I_{s2} は，

$$I_{s2} = \frac{I_{f2}}{I_{f1}} I_{s1}$$

となる。

解き方　励磁電流 I_{f1} が 96 A のとき短絡電流 I_{s1} は 820 A となるので，励磁電流 I_{f2} が 480 A のときの短絡電流 I_{s2} は，

$$I_{s2} = \frac{480}{96} \times 820 = 4\,100 〔A〕$$

となる。

励磁電流 I_f が 480 A のとき，無負荷線間電圧 V_l が 12 600 V となることから，同期インピーダンス Z_s は，

$$Z_s = \frac{\frac{V_l}{\sqrt{3}}}{I_{s2}} = \frac{\frac{12\,600}{\sqrt{3}}}{4\,100} \fallingdotseq 1.77 〔Ω〕$$

となる。

例題 4

三相同期発電機があり，定格出力は 5 000 kV·A，定格電圧は 6.6 kV，短絡比は 1.1 である。この発電機の同期インピーダンス〔Ω〕の値として，最も近いのは次のうちどれか。
(1) 2.64　(2) 4.57　(3) 7.92　(4) 13.7　(5) 23.8

［平成 16 年 A 問題］

答 (3)

考え方　同期発電機の定格電流を I_n，短絡比を K_s とすると，発電機が無負荷にて定格電圧を発生している状態で，短絡したとき整定する短絡電流 I_s は，

$$I_s = K_s \times I_n$$

となる。また，この発電機の定格線間電圧を V_n とするとき，同期インピーダンス Z_s は，

$$Z_s = \frac{\frac{V_n}{\sqrt{3}}}{I_s}$$

となる。

解き方　三相同期発電機の定格出力 $P_n = 5\,000$ 〔kV·A〕，定格電圧 $V_n = 6.6$ 〔kV〕のとき定格電流 I_n は，

$$I_n = \frac{5\,000 \times 10^3}{\sqrt{3} \times 6\,600} \fallingdotseq 437 \text{〔A〕}$$

となる。

したがって，発電機が無負荷にて定格電圧を発生している状態で，短絡したときに整定する短絡電流 I_s は，短絡比 $K_s = 1.1$ であるので，

$$I_s = K_s I_n = 1.1 \times 437 \fallingdotseq 481 \text{〔A〕}$$

となる。よって，同期インピーダンス Z_s は，

$$Z_s = \frac{\frac{V_n}{\sqrt{3}}}{I_s} = \frac{\frac{6\,600}{\sqrt{3}}}{481} \fallingdotseq 7.92 \text{〔Ω〕}$$

となる。

例題 5　三相同期発電機の短絡比に関する記述として，誤っているのは次のうちどれか。
  (1) 短絡比を小さくすると，発電機の外形寸法が小さくなる。
  (2) 短絡比を小さくすると，発電機の安定度が悪くなる。
  (3) 短絡比を小さくすると，電圧変動率が小さくなる。
  (4) 短絡比が小さい発電機は，銅機械と呼ばれる。
  (5) 短絡比が小さい発電機は，同期インピーダンスが大きい。
〔平成 15 年 A 問題〕

答　(3)

3.4 同期インピーダンスと短絡比

考え方　短絡比 K_s とは，無負荷にて定格電圧を発生している状態で，出力端子を三相短絡させたときの整定電流 I_s と定格電流 I_n との比である。したがって，短絡比が小さいということは，同期インピーダンス Z_s が大きいということを意味する。

同期インピーダンスが大きいということは，発電機の容量（出力）を決める要素の中の「電気装荷」の部分が大きいこと，すなわち電機子巻線のアンペアタウン数が大きい銅機械であることを意味する。

解き方　短絡比を小さくすると図 3.11 に示すように，発電機の外形寸法は小さくなり，発電機の重量が小さくなる。したがって，経済的な発電機を製作できる。

一方，短絡比を小さくするということは，同期インピーダンスが大きくなることを意味するので，

① 電圧変動率が大きくなる
② 安定度が低下する

という短所が生じる。これをカバーするために発電機の速応励磁方式を採用している。

短絡比の小さい発電機は，電機子の巻線で発生するエネルギーの分担が大きい機械であることから銅機械と呼ばれる。

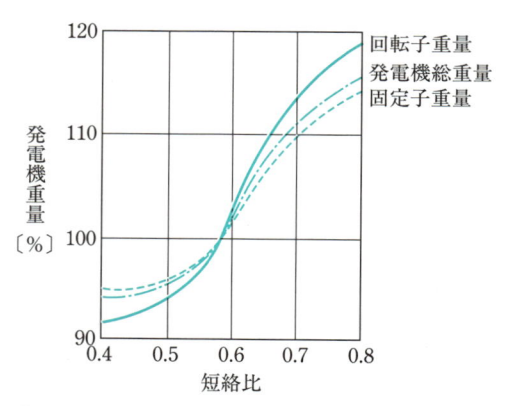

図 3.11　発電機短絡比・重量比率の関係の一例
（水素冷却タービン発電機）

3.5 同期電動機の V 曲線

例題 1

図は，同期電動機の電機子電流を縦軸に，界磁電流を横軸にとって，電機子電流と界磁電流の関係を示したもので，これらの曲線は ア と呼ばれている。

これらの曲線には最低点が存在し，その点は イ に相当する。負荷が増大すると，この曲線は上方に移動し，最低点はある曲線を描いて変化する。最低点が描く曲線（破線）の右側の部分は ウ ，左側の部分は エ の範囲である。

上記の記述中の空白箇所（ア），（イ），（ウ）および（エ）に記入する字句として，正しいものを組み合わせたのは次のうちどれか。

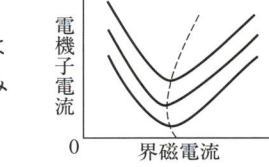

	（ア）	（イ）	（ウ）	（エ）
(1)	速度特性曲線	最小速度	加速	減速
(2)	電流特性曲線	最小電流	遅れ電流	進み電流
(3)	飽和特性曲線	磁気飽和	不飽和	飽和
(4)	位相特性曲線	平衡点	増磁作用	減磁作用
(5)	位相特性曲線	力率 1	進み力率	遅れ力率

[平成 10 年 A 問題]

答 (5)

考え方 同期電動機はリアクタンスの大きい負荷と考えることができる。そして，その無効分電流は，同期電動機の界磁電流を変えることで，電動機内部誘導起電力を変え，系統側に対し進み電流にも遅れ電流にも調整できる。

解き方 同期電動機の電機子電流を縦軸に，界磁電流を横軸にとって電機子電流と界磁電流の関係を表した曲線を位相特性曲線といい，その形から通称 V 曲線と呼ばれている。

力率 1 となる点においては，無効分電流がなくなるため電機子電流は最小値を示す。最低点より右側の界磁電流の大きい部分の電機子電流は進み電流，左側の界磁電流の小さい部分の電機子電流は遅れ電流の範囲

となる。

曲線は負荷が上昇すると，有効分電流が増加するため上方へ移動する。

例題 2

　　(ア)　電動機を無負荷で運転し，その　(イ)　を調整すると，力率　(ウ)　に近い電機子電流の大きさを変えることができる。例えば，これを　(エ)　励磁で運転すると，送電線路より進み電流をとって，遅れ力率の送電線電流の力率を　(オ)　に近づけ，電圧降下を減少させることができる。

上記の記述中の空白箇所（ア），（イ），（ウ），（エ）および（オ）に記入する字句として，正しいものを組み合わせたのは次のうちどれか。

	（ア）	（イ）	（ウ）	（エ）	（オ）
(1)	同期	界磁電流	零	過	1
(2)	同期	負荷電流	零	過	1
(3)	直流	界磁電流	1	過	零
(4)	誘導	回転速度	零	不足	零
(5)	誘導	界磁電流	1	不足	1

[平成 6 年 A 問題]

答 (1)

考え方　同期電動機を無負荷で運転すると，有効電流が流れないので無効電流のみ流れる。すなわち，力率はほぼゼロとなる。

解き方　同期電動機を無負荷で運転するものを同期調相機という。同期調相機の界磁電流を調整すると，有効電流がほとんどないため，力率がゼロに近い電機子電流の大きさを変えることができる。たとえば，図 3.12 に示すように，同期調相機の励磁を大きくして（過励磁）運転すると，電機子電流は線路電圧に対し進み電流となり，遅れ力率の送電線電流の力率を 1 に近づけることができる。

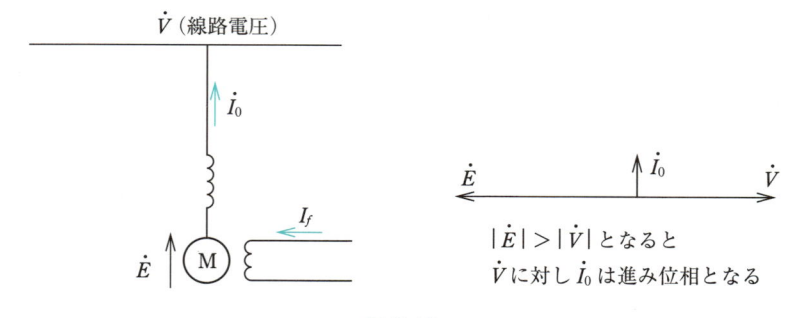

図 3.12

3.6 同期機の入出力とトルク

例題 1

同期発電機が定格電圧 6 600 V の三相母線に接続され，力率 100 %，電流 800 A で運転されている。励磁を増して電機子電流を 1 000〔A〕にしたときの無効電力〔Mvar〕の値として，正しいのは次のうちどれか。ただし，抵抗は無視するものとする。

(1) 6.9　　(2) 8.0　　(3) 9.2　　(4) 10.3　　(5) 11.4

[平成 4 年 A 問題]

答 (1)

考え方　同期発電機の励磁電流を変えても，有効電流は変化しない。また，力率 100% のときの電機子電流はすべて有効電流である。

解き方　有効電流は，力率 100 % のとき 800 A とあるので，800 A である。励磁を増しても有効電流は変化しないので無効電流が増加し，電機子電流が 1 000 A になったことになる。

したがって，有効電流 $\dot{I}_r$，無効電流 $\dot{I}_x$，電機子電流 $\dot{I}_a$ のベクトル関係は，図 3.13 のようになる。

これより I_x は，
$$I_x = \sqrt{I_a{}^2 - I_r{}^2} = \sqrt{1\,000^2 - 800^2} = 600 \text{〔A〕}$$

よって，発生する無効電力 Q は，
$$Q = \sqrt{3}\,V_l I_x = \sqrt{3} \times 6\,600 \times 600 = 6\,858\,720 \text{〔var〕}$$
$$\fallingdotseq 6.9 \text{〔Mvar〕}$$

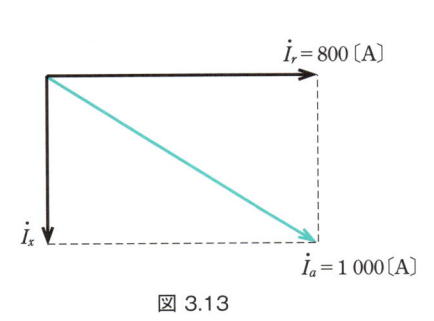

図 3.13

例題 2

定格出力 5 000 kV·A,定格電圧 6 600 V,定格力率 0.8(遅れ),同期リアクタンス 7.26 Ω の非突極三相同期発電機において,電機子抵抗が無視できるとき

(a) 定格負荷時の発電機誘導起電力〔V〕の値として,正しいものは次うちどれか。

 (1) 6 600 (2) 7 600 (3) 8 660 (4) 9 860 (5) 10 830

(b) 定格負荷時の内部相差角(負荷角)の値として,正しいのは次のうちどれか。

 (1) $\tan^{-1} 0.42$ (2) $\tan^{-1} 0.44$ (3) $\tan^{-1} 0.46$
 (4) $\tan^{-1} 0.48$ (5) $\tan^{-1} 0.50$

[平成 4 年 B 問題]

答 (a)-(5),(b)-(2)

考え方 発電機誘導起電力(1 相分)E_g は,発電機端子電圧(相電圧)E_0 に発電機の同期インピーダンスによる電圧降下をベクトル的に加えて求める。発電機端子電圧 $\dot{E}_0$ を基準にベクトル図を描くことによって,内部相差角の求め方を見つける。

解き方 図 3.14 に 1 相分の回路図を,図 3.15 に発電機端子電圧(相電圧)を基準にしたベクトル図を示す。

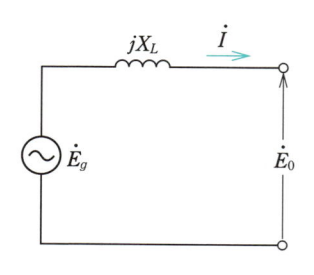

図 3.14 1 相分等価回路 図 3.15 ベクトル図

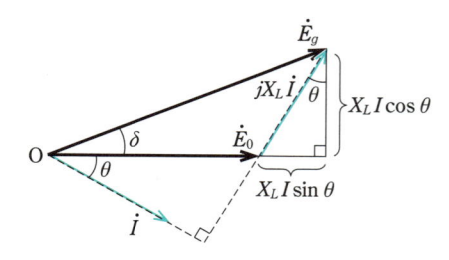

ここで,
$\dot{E}_g$:発電機誘導起電力〔V〕 $\dot{E}_0$:発電機端子電圧〔V〕
X_L:発電機同期リアクタンス〔Ω〕
I:負荷電流〔A〕
$\cos\theta$:定格力率 δ:内部相差角〔rad〕

(a) 発電機誘導起電力 V_g（線間）

定格電流 I は，定格出力 $P_n = 5\,000$ 〔kV·A〕，定格電圧 $V_n = 6\,600$ 〔V〕であるので，

$$I = \frac{P_n \times 10^3}{\sqrt{3}\,V_n} = \frac{5\,000 \times 10^3}{\sqrt{3} \times 6\,600} \fallingdotseq 437 \text{ 〔A〕}$$

よって，$X_L = 7.26$ 〔Ω〕 より $X_L I = 7.26 \times 437 \fallingdotseq 3\,173$ 〔V〕
図 3.15 のベクトル図および負荷力率 $\cos\theta = 0.8$ より，

$$\begin{aligned}
E_g &= \sqrt{(E_0 + X_L I \sin\theta)^2 + (X_L I \cos\theta)^2} \\
&= \sqrt{\left(\frac{6\,600}{\sqrt{3}} + 3\,173 \times 0.6\right)^2 + (3\,176 \times 0.8)^2} \\
&= \sqrt{5\,714^2 + 2\,538^2} \fallingdotseq 6\,252 \text{ 〔V〕}
\end{aligned}$$

よって発電機誘導起電力 V_g（線間）は，

$$V_g = \sqrt{3}\,E_g = \sqrt{3} \times 6\,252 \fallingdotseq 10\,830 \text{ 〔V〕}$$

(b) 内部相差角 δ

ベクトル図より，

$$\tan\delta = \frac{X_L I \cos\theta}{E_0 + X_L I \sin\delta} = \frac{3\,173 \times 0.8}{\dfrac{6\,600}{\sqrt{3}} + 3\,173 \times 0.6} = \frac{2\,538}{5\,714}$$

$$\fallingdotseq 0.44$$

よって，

$$\delta = \tan^{-1} 0.44$$

例題 3

定格電圧 200 V，定格周波数 60 Hz，6 極の三相同期電動機があり，力率 0.9（進み），効率 80 % で運転し，トルク 72 N·m を発生している。この電動機について，次の(a)及び(b)に答えよ。

(a) このときの出力〔kW〕の値として，最も近いのは次のうちどれか
 (1) 0.92　(2) 1.4　(3) 5.2　(4) 7.5　(5) 9.0

(b) このときの線電流〔A〕の値として，最も近いのは次のうちどれか
 (1) 3.7　(2) 19　(3) 30　(4) 36　(5) 63

〔平成 14 年 B 問題〕

答 (a)-(5)，(b)-(4)

考え方 同期電動機の出力 P_0〔W〕は，発生トルク T〔N·m〕と回転角速度 ω〔rad/s〕がわかれば，$P_0 = T\omega$ にて求められる。
また，同期電動機の入力を P_i〔kW〕，力率 $\cos\theta$，定格線間電圧を

V_n〔V〕とすれば,線電流 I〔A〕は,

$$I = \frac{P_i \times 10^3}{\sqrt{3}\, V_n \cos\theta}$$

にて求められる。

解き方 (a) 電動機の出力 P_0〔kW〕

定格周波数 $f = 60$〔Hz〕,極数 $p = 6$ のとき,回転角速度 ω は,

$$\omega = 2\pi \frac{2f}{p} = 2\pi \times \frac{2 \times 60}{6} = 125.6 \text{〔rad/s〕}$$

となる。電動機の発生トルク $T = 72$〔N·m〕であるので,電動機の出力 P_0〔kW〕は,

$$P_0 = T\omega = 72 \times 125.6 \times 10^{-3} \fallingdotseq 9.0 \text{〔kW〕}$$

(b) 線電流 I〔A〕

この同期電動機の効率 $\eta = 0.8$ であるので入力 P_i〔kW〕は,

$$P_i = \frac{P_0}{\eta} = \frac{9.0}{0.8} = 11.25 \text{〔kW〕}$$

となる。定格線間電圧 $V_n = 200$〔V〕,力率 $\cos\theta = 0.9$ であるので,線電流 I〔A〕は,

$$I = \frac{P_i}{\sqrt{3}\, V_n \cos\theta} = \frac{11\,250}{\sqrt{3} \times 200 \times 0.9} \fallingdotseq 36 \text{〔A〕}$$

となる。

例題 4

6極,定格周波数 60〔Hz〕,電機子巻線が Y 結線の円筒形三相同期電動機がある。この電動機の一相当たりの同期リアクタンスは 3.52〔Ω〕であり,また,電機子抵抗は無視できるものとする。端子電圧(線間)440〔V〕,定格周波数の電源に接続し,励磁電流を一定に保ってこの電動機を運転したとき,次の(a)及び(b)に答えよ。

(a) この電動機の同期速度を角速度〔rad/s〕で表した値として,最も近いのは次のうちどれか。
　　(1) 12.6　(2) 48　(3) 63　(4) 126　(5) 253

(b) 無負荷誘導起電力(線間)が 400〔V〕,負荷角が 60〔°〕のとき,この電動機のトルク〔N·m〕の値として,最も近いのは次のうちどれか。
　　(1) 115　(2) 199　(3) 345　(4) 597　(5) 1 034

〔平成 19 年 B 問題〕

答 (a)-(4),(b)-(3)

考え方　定格周波数を f〔Hz〕，極数を p とするとき，同期速度 N_s〔min^{-1}〕との間には次の関係がある。

$$N_s = \frac{120f}{p}$$

このとき，角速度 ω は，

$$\omega = 2\pi \times \frac{N_s}{60}$$

となる。

同期電動機の無負荷誘導起電力（線間）を V_m〔V〕，端子線間電圧を V_i〔V〕，負荷角を δ〔°〕，1相あたりの同期リアクタンスを X_L〔Ω〕とすると，電動機の出力 P_0〔W〕は，

$$P_0 = \frac{V_m V_i}{X_L} \sin \delta$$

となる。また，発生トルク T〔N·m〕は，$T = P_0/\omega$ となる。

解き方　(a)　角速度 ω〔rad/s〕

定格周波数 $f = 60$〔Hz〕，極数 $p = 6$ より，同期速度 N_s〔min^{-1}〕は，

$$N_s = \frac{120f}{p} = \frac{120 \times 60}{6} = 1\,200 \text{〔min}^{-1}\text{〕}$$

となる。よって，角速度 ω〔rad/s〕は，

$$\omega = 2\pi \frac{N_s}{60} = 2\pi \times \frac{1\,200}{60} \fallingdotseq 126 \text{〔rad/s〕}$$

となる。

(b)　電動機のトルク

電動機の無負荷誘導起電力（線間）$V_m = 400$〔V〕，端子電圧（線間）$V_i = 440$〔V〕，同期リアクタンス $X_L = 3.52$〔Ω〕，負荷角 $\delta = 60°$ のとき，電動機の出力 P_0〔W〕は，

$$P_0 = \frac{V_m \times V_i}{X_L} \sin \delta = \frac{400 \times 440}{3.52} \times \sin 60°$$

$$= 50\,000 \times \frac{\sqrt{3}}{2} = 43\,300 \text{〔W〕}$$

となる。よって，発生トルク T〔N·m〕は，

$$T = \frac{P_0}{\omega} = \frac{43\,300}{126} \fallingdotseq 345 \text{〔N·m〕}$$

となる。

第3章 章末問題

3-1 定格出力 2 000〔kW〕，定格電圧 3.3〔kV〕，定格周波数 60〔Hz〕，力率 80〔%〕，回転速度 240〔min^{-1}〕と銘板に記載された同期電動機がある。この電動機の極対数として，正しいのは次のうちどれか。

(1) 15 　 (2) 20 　 (3) 30 　 (4) 60 　 (5) 120

［平成 17 年 A 問題］

3-2 図は，三相同期発電機が負荷を負って遅れ力率角 ϕ で運転しているときの，電機子巻線 1 相についてのベクトル図である。ベクトル（ア），（イ），（ウ）及び（エ）が表すものとして，正しいものを組み合わせたのは次のうちどれか。

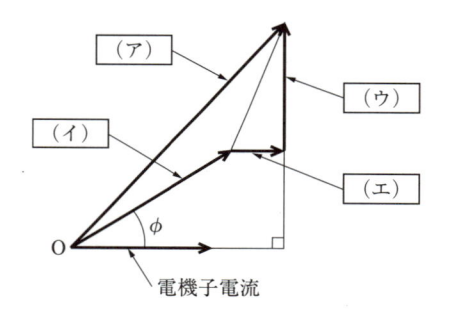

	（ア）	（イ）	（ウ）	（エ）
(1)	誘導起電力	端子電圧	同期リアクタンス降下	電機子巻線抵抗降下
(2)	誘導起電力	端子電圧	電機子巻線抵抗降下	同期インピーダンス降下
(3)	端子電圧	誘導起電力	同期リアクタンス降下	電機子巻線抵抗降下
(4)	誘導起電力	端子電圧	同期インピーダンス降下	同期リアクタンス降下
(5)	端子電圧	誘導起電力	電機子巻線抵抗降下	同期リアクタンス降下

［平成 16 年 A 問題］

3-3 回転界磁形同期電動機が停止している状態で，固定子巻線に対称三相交流電圧を印加すると回転磁界が生じる。しかし，励磁された回転子磁極が受けるトルクは，同じ大きさで向きが交互に変わるので，その平均トルクは零になり電動機は起動しない。これを改善するために，回転子の磁極面に

（ア）を施す。これは，（イ）と同じ起動原理を利用したもので，誘導トルクによって電動機を起動させる。

起動時には，回転磁界によって誘導される高電圧によって絶縁が破壊するおそれがあるので，（ウ）を抵抗で短絡して起動する。回転子の回転速度が同期速度に近づくと，この短絡を切り放し（エ）で励磁すると，回転子は同期速度に引き込まれる。

上記の記述中の空白箇所（ア），（イ），（ウ）および（エ）に記入する語句として，正しいものを組み合わせたのは次のうちどれか。

	（ア）	（イ）	（ウ）	（エ）
(1)	補償巻線	巻線形誘導電動機	界磁巻線	交流
(2)	制動巻線	かご形誘導電動機	固定子巻線	直流
(3)	制動巻線	巻線形誘導電動機	界磁巻線	交流
(4)	制動巻線	かご形誘導電動機	界磁巻線	直流
(5)	補償巻線	かご形誘導電動機	固定子巻線	直流

［平成 17 年 A 問題］

3-4 定格出力 5 MV·A，定格電圧 6.6 kV，定格回転速度 1 800 min^{-1} の三相同期発電機がある。この発電機の同期インピーダンスが 7.26 Ω のとき，短絡比の値として，正しいのは次のうちどれか。

(1) 0.14 (2) 0.83 (3) 1.0 (4) 1.2 (5) 1.5

［平成 18 年 A 問題］

3-5 1 相当たりの同期リアクタンスが 1〔Ω〕の三相同期発電機が無負荷電圧 346〔V〕（相電圧 200〔V〕）を発生している。そこに抵抗器負荷を接続すると電圧が 300〔V〕（相電圧 173〔V〕）に低下した。次の(a)及び(b)に答よ。

ただし，三相同期発電機の回転速度は一定で，損失は無視するものとする。

(a) 電機子電流〔A〕の値として，最も近いのは次のうちどれか。

(1) 27 (2) 70 (3) 100 (4) 150 (5) 173

(b) 出力〔kW〕の値として，最も近いのは次のうちどれか。

(1) 24 (2) 30 (3) 52 (4) 60 (5) 156

［平成 22 年 B 問題］

3-6 次の文章は，三相同期発電機の特性曲線に関する記述である。

a. 無負荷飽和曲線は，同期発電機を　(ア)　で無負荷で運転し，界磁電流を零から徐々に増加させたときの端子電圧と界磁電流との関係を表したものである。端子電圧は，界磁電流が小さい範囲では界磁電流に　(イ)　するが，界磁電流がさらに増加すると，飽和特性を示す。

b. 短絡曲線は，同期発電機の電機子巻線の三相の出力端子を短絡し，定格速度で運転して，界磁電流を零から徐々に増加させたときの短絡電流と界磁電流との関係を表したものである。この曲線は　(ウ)　になる。

c. 外部特性曲線は，同期発電機を定格速度で運転し，　(エ)　を一定に保って，　(オ)　を一定にして負荷電流を変化させた場合の端子電圧と負荷電流との関係を表したものである。この曲線は　(オ)　によって形が変わる。

上記の記述中の空白箇所(ア)，(イ)，(ウ)，(エ)及び(オ)に当てはまる語句として，正しいものを組み合わせたのは次のうちどれか。

	(ア)	(イ)	(ウ)	(エ)	(オ)
(1)	定格速度	ほぼ比例	ほぼ双曲線	界磁電流	残留磁気
(2)	定格電圧	ほぼ比例	ほぼ直線	電機子電流	負荷力率
(3)	定格速度	ほぼ反比例	ほぼ双曲線	電機子電流	残留磁気
(4)	定格速度	ほぼ比例	ほぼ直線	界磁電流	負荷力率
(5)	定格電圧	ほぼ反比例	ほぼ双曲線	界磁電流	残留磁気

[平成20年A問題]

第 4 章

変圧器

Point 重要事項のまとめ

1 変圧器の誘導起電力 E〔V〕

変圧器の誘導起電力 E〔V〕は，次式で表される。

$$E = 4.44 f \phi_m N$$

ここで，
f：周波数〔Hz〕
ϕ_m：磁束の最大値〔Wb〕
N：巻数

2 巻数比，電圧比，変流比

巻数比を a とするとき，次式が成立する。

$$a = \frac{N_1}{N_2} = \frac{E_1}{E_2} = \frac{I_2}{I_1}$$

ここで，
N_1：変圧器の1次巻数
N_2：変圧器の2次巻数
E_1：変圧器の1次誘導起電力
E_2：変圧器の2次誘導起電力
I_1：変圧器の1次側電流
I_2：変圧器の2次側電流

変流比は，

$$\frac{I_1}{I_2} = \frac{1}{a}$$

となる。

3 変圧器の電圧変動率

変圧器の電圧変動率 ε は，次式で表される。

$$\varepsilon = \frac{V_{20} - V_{2n}}{V_{2n}} \times 100 〔\%〕$$

ここで，
V_{20}：無負荷2次電圧
V_{2n}：定格2次端子電圧

また，百分率抵抗降下 p，百分率リアクタンス降下 q において，負荷力率が $\cos\theta$ のとき，

$$\varepsilon \fallingdotseq p\cos\theta + q\sin\theta$$

4 変圧器の出力 P_0〔kW〕

$$P_0 = W\cos\theta \times \alpha$$

ここで，
W：変圧器容量〔kV·A〕
$\cos\theta$：負荷の力率
α：負荷率

5 変圧器の損失

鉄損：負荷の大きさに関係なく一定
銅損：負荷電流の2乗に比例

6 変圧器の効率が最大となる負荷

全負荷銅損を P_c，負荷率を α とするとき銅損は $P_c\alpha^2$ となる。鉄損が P_i のとき，$P_i = P_c\alpha^2$ にて効率が最大となる。

$$\alpha = \sqrt{\frac{P_i}{P_c}}$$

4.1 変圧器の理論

例題1

鉄心に磁気飽和やヒステリシスがなく，巻線に抵抗もないと考えた理想的な変圧器において，一次側に周波数 f〔Hz〕の正弦波交流を加えたとき，鉄心の主磁束の最大値が $\sqrt{2}\,\Phi$〔Wb〕であったという。二次側を開路としたときの二次側の誘導起電力の実効値 E〔V〕を表す式として，正しいのは次のうちどれか。ただし，一次巻線の巻線を N_1，二次巻線の巻数を N_2 とし，また，巻数比 $a = N_1/N_2$ とする。

(1) $2\pi f a N_1 \Phi$
(2) $42\pi f a N_1 \Phi$
(3) $\sqrt{2}\,\pi f N_1 \Phi / a$
(4) $2\pi f N_1 \Phi / a$
(5) $42\pi f N_1 \Phi / a$

［平成4年A問題］

答 (4)

考え方

鉄心に磁気飽和やヒステリシスがないことから，1次側に正弦波電圧を加えると，鉄心内に正弦波の磁束が生じる。この正弦波の磁束によって，2次巻線には，ファラデーの法則に基づく誘導起電力が発生する。

誘導起電力の実効値は，瞬時値の最大値を $\sqrt{2}$ で除することで求める。

解き方

2次側の誘導起電力の瞬時値 e_2 は，

$$e_2 = N_2 \frac{d\phi}{dt} \tag{1}$$

となる。
ここで，

N_2：2次巻数

ϕ：1次側に周波数 f〔Hz〕の正弦波交流を加えたときの主磁束

である。題意より，ϕ は $\phi_m = \sqrt{2}\,\Phi$ を最大値とする正弦波として表されるので，

$$\phi = \sqrt{2}\,\Phi \sin \omega t \tag{2}$$

式(1)，(2)より，

$$e_2 = N_2 \frac{d}{dt}(\sqrt{2}\,\Phi\sin\omega t) = N_2 \times \sqrt{2}\,\Phi\times\omega\cos\omega t \quad (3)$$

実効値 E_2 は，最大値の $1/\sqrt{2}$ であるので，

$$E_2 = \frac{N_2\times\sqrt{2}\,\Phi\omega}{\sqrt{2}} = N_2\Phi\omega$$

$\omega = 2\pi f$ であるので，

$$E_2 = N_2\times\Phi\times 2\pi f$$

また，巻数比 $a = N_1/N_2$ であるので，

$$E_2 = 2\pi f\Phi N_1/a$$

となる。

例題 2

一次巻線抵抗，二次巻線抵抗，漏れリアクタンスや鉄損を無視した磁気飽和のない理想的な単相変圧器を考える。この変圧器の鉄心中の磁束の最大値を Φ_m〔Wb〕，一次巻線の巻数を N_1，この変圧器に印加される正弦波電圧の (ア) を V_1〔V〕，周波数を f〔Hz〕とすると，Φ_m は次式から求められる。

$$\Phi_m = \boxed{(イ)} \cdot \frac{V_1}{fN_1} \text{〔Wb〕}$$

この磁束により変圧器の二次端子に二次誘導起電力 V_2〔V〕が生じる。

一次巻線の巻数 N_1，二次巻線の巻数 N_2 がそれぞれ 2 550，85 の場合，この変圧器の一次側に 6 300〔V〕の電圧を印加すると，二次側に誘起される電圧は (ウ) 〔V〕となる。

変圧器二次端子に 7〔Ω〕の抵抗負荷を接続した場合の一次電流 I_1，二次電流 I_2 は，励磁電流を無視できるものとすると，それぞれ $I_1 = $ (エ) 〔A〕，$I_2 = $ (オ) 〔A〕である。

上記の記述中の空白箇所（ア），（イ），（ウ），（エ）及び（オ）に当てはまる語句又は数値として，正しいものを組み合わせたのは次のうちどれか。

	（ア）	（イ）	（ウ）	（エ）	（オ）
(1)	実効値	$\frac{\sqrt{2}}{2\pi}$	210	30	1.0
(2)	最大値	$\frac{2\pi}{\sqrt{2}}$	105	1.0	0.25
(3)	実効値	$\frac{\sqrt{2}}{2\pi}$	210	1.0	30
(4)	最大値	$\frac{1}{2\pi}$	105	15	30
(5)	実効値	$\frac{2\pi}{\sqrt{2}}$	105	1.0	0.25

変圧器

(注) $\dfrac{\sqrt{2}}{2\pi} \fallingdotseq \dfrac{1}{4.44}$，$\dfrac{2\pi}{\sqrt{2}} \fallingdotseq 4.44$，$\dfrac{1}{2\pi} \fallingdotseq 0.159$ として計算する場合が多い。

[平成20年A問題]

答 (3)

考え方 理想的な変圧器では，変圧器の1次側に印加される電圧と1次巻線で発生する誘導起電力 e_1 は等しい。1次側印加電圧の周波数が f 〔Hz〕で，主磁束の最大値が Φ_m のとき，ファラデーの法則により次式が成立する。

$$e_1 = N_1 \dfrac{d}{dt}(\Phi_m \sin 2\pi ft) = N_1 \times \Phi_m \times 2\pi f \cos \omega t \qquad (1)$$

これより e_1 の最大値 E_{1m} は，

$$E_{1m} = \Phi_m \times 2\pi f N_1 \qquad (2)$$

となる。

巻数比 (N_1/N_2) を a とすると，2次側に誘起される電圧 E_2 は，1次側電圧を E_1 とすると $E_2 = E_1/a$ にて求められる。また，1次電流 I_1 と2次電流 I_2 には，$I_2 = aI_1$ の関係がある。

解き方 図4.1のような回路において，変圧器鉄心中の主磁束 ϕ が $\phi = \Phi_m \sin 2\pi ft$ 〔wb〕で表されるとき，1次側巻線の誘導起電力 e_1 は，式(1)のようになる。したがって，e_1 の最大値 E_{1m} と主磁束の関係は式(2)のようになる。これより，

$$\Phi_m = \dfrac{1}{2\pi} \cdot \dfrac{E_{1m}}{fN_1}$$

となる。

したがって，(ア)，(イ) の組合せとしては，

(ア) 最大値 (イ) $1/2\pi$ または，(ア) 実効値 (イ) $\sqrt{2}/2\pi$

が成立する。

次に，$N_1 = 2\,550$，$N_2 = 85$ にて，1次側に 6 300〔V〕の電圧を印加したときの2次側電圧 V_2 は，

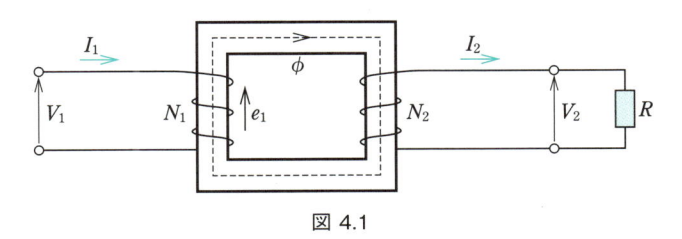

図4.1

4.1 変圧器の理論

$$V_2 = \frac{N_2}{N_1}V_1 = \frac{85}{2\,550} \times 6\,300 = 210 \text{ [V]}$$

となる。このとき，2次側に抵抗 $R = 7$ [Ω] を接続したときに流れる2次側電流 I_2 は，

$$I_2 = \frac{V_2}{R} = \frac{210}{7} = 30 \text{ [A]}$$

よって，1次側に流れる電流 I_1 は，

$$I_1 = I_2 \times \frac{N_2}{N_1} = 30 \times \frac{85}{2\,550} = 1 \text{ [A]}$$

となる。

例題 3

単相変圧器の二次側端子間に 0.5 Ω の抵抗を接続して一次側端子に電圧 450 V を印加したところ，一次電流は 1 A となった。この変圧器の変圧比として，正しいのは次のうちどれか。ただし，変圧器の励磁電流，インピーダンスおよび損失は無視するものとする。

(1) 28.6　(2) 30.0　(3) 31.4　(4) 32.9　(5) 34.3

[平成 8 年 A 問題]

答 (2)

考え方　題意の単相変圧器の回路図を図 4.2 に示す。この変圧器の 1 次側と 2 次側のボルトアンペアが等しいことに注目する。

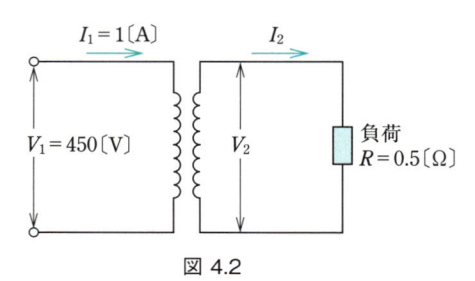

図 4.2

解き方　図 4.2 において，1次側，2次側のボルトアンペアは等しくなるので，

$$V_1 I_1 = V_2 I_2 \tag{1}$$

題意より，$V_1 = 450$ [V]，$I_1 = 1$ [A] であるから，

$$V_1 I_1 = V_2 I_2 = 450 \text{ [V·A]}$$

負荷は，純抵抗負荷であるので，

$$V_2 I_2 = 450 \text{ [V·A]} = 450 \text{ [W]}$$

また，抵抗 R と電圧を用いて，

$$V_2 I_2 = V_2 \cdot \frac{V_2}{R} = \frac{{V_2}^2}{R} = 450 \,[\text{W}]$$

題意より $R = 0.5 \,[\Omega]$ であるので,
$$V_2 = \sqrt{450 \times R} = \sqrt{450 \times 0.5} = 15 \,[\text{V}]$$

よって変圧比 a は,
$$a = \frac{V_1}{V_2} = \frac{450}{15} = 30$$

例題 4

定格容量 20 [kV·A],定格一次電圧 6 600 [V],定格二次電圧 220 [V] の単相変圧器がある。この変圧器の一次側に定格電圧の電源を接続し,二次側に力率が 0.8,インピーダンスが 2.5 [Ω] である負荷を接続して運転しているときの一次巻線に流れる電流を I_1 [A] とする。定格運転時の一次巻線に流れる電流を I_{1r} [A] とするとき,$\frac{I_1}{I_{1r}} \times 100$ [％] の値として,最も近いのは次のうちどれか。

ただし,一次・二次巻線の銅損,鉄心の鉄損,励磁電流及びインピーダンス降下は無視できるものとする。

(1) 89 (2) 91 (3) 93 (4) 95 (5) 97

[平成 18 年 A 問題]

答 (5)

考え方

変圧器 2 次側電圧と負荷インピーダンスより,2 次側電流 I_2 を求める。そして,変流比 $(1/a)$ を用いて,1 次側の電流 I_1 を求める。

また,定格運転時の 1 次側電流 I_{1r} は,定格容量を P_n [V·A],定格 1 次電圧を V_{1n} [V] とすれば,
$$I_{1r} = \frac{P_n}{V_{1n}} \,[\text{A}]$$
となる。

解き方

問題の回路図を図 4.3 に示す。

2 次電圧 $V_2 = 220$ [V],負荷インピーダンス $Z = 2.5$ [Ω] より,2 次側電流 I_2 は,
$$I_2 = \frac{220}{2.5} = 88 \,[\text{A}]$$
となる。変圧比 $a = 6\,600/220 = 30$ であるので,1 次電流 I_1 は,
$$I_1 = \frac{I_2}{a} = \frac{88}{30} = 2.93 \,[\text{A}]$$

4.1 変圧器の理論

一方，変圧器の定格容量 $P_n = 20 \times 10^3$ [V·A]，定格1次電圧 $V_1 = 6\,600$ [V] より，定格一次電流 I_{1r} は，

$$I_{1r} = \frac{P_n}{V_1} = \frac{20 \times 10^3}{6\,600} \fallingdotseq 3.03 \text{ [A]}$$

となる。

これより，

$$\frac{I_1}{I_{1r}} \times 100 = \frac{2.93}{3.03} \times 100 \fallingdotseq 96.7 \fallingdotseq 97 \text{ [\%]}$$

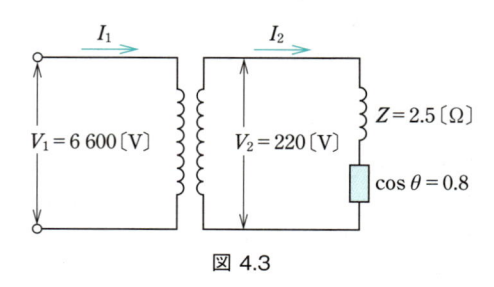

となる。

図 4.3

4.2 変圧器の等価回路

例題 1

変圧器の一次側（巻数 N_1）を二次側（巻数 N_2）に換算した場合の簡易等価回路の換算係数に関する次の記述のうち，誤っているのはどれか。ただし，この変圧器の巻数比（N_1/N_2）は a とする。
(1) 一次側の電圧は $1/a$ 倍　(2) 一次側の電流は a 倍
(3) 励磁電流は a 倍　(4) 一次側のインピーダンスは $1/a^2$ 倍
(5) 励磁アドミタンスは $1/a^2$ 倍

[平成 9 年 A 問題]

答 (5)

考え方　1 次側を 2 次側に換算するためには，1 次，2 次の巻数を等しいものとして考える。そのために 1 次巻数を $1/a$ とすることから，1 次電圧は $1/a$ 倍，1 次電流は a 倍，インピーダンスは電圧と電流の比であるから $1/a^2$ 倍する。励磁電流は，（電圧）×（励磁アドミタンス）として求める。

解き方　図 4.4 に変圧器の 2 次側換算等価回路を示す。
1 次側の電圧を 2 次側に合わせるためには，巻数比 $a = N_1/N_2$ より電圧比は，$E_1/E_2 = a$ となるから，

$$E_2 = \frac{E_1}{a}$$

よって，1 次電圧は $1/a$ 倍する。
また，変圧器の入出力は等しいと考えて，

$$E_1 I_1 = E_2 I_2$$

よって，

$$I_2 = \frac{E_1}{E_2} \times I_1 = a I_1$$

となるので，1 次電流は a 倍する。
1 次側インピーダンス $\dot{Z}_1$ は，1 次電圧が $1/a$ 倍，1 次電流が a 倍となるので，（電圧）/（電流）の比として，$1/a^2$ 倍となる。
励磁アドミタンス $\dot{Y}_0$ は，アドミタンスがインピーダンスの逆数となるから a^2 倍する。

励磁電流 $\dot{I}_0$ は，端子電圧が $1/a$ 倍，励磁アドミタンスが a^2 倍となるため，

$$\frac{\dot{E}_1}{a} \times (a^2 \dot{Y}_0) = a\dot{I}_0$$

と a 倍する。よって(5)が誤っている。

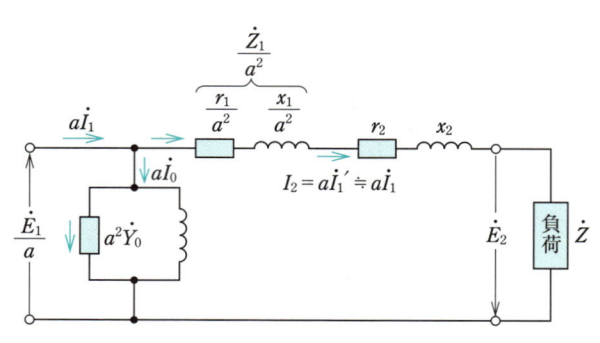

図 4.4　2次側換算等価回路

例題 2

定格容量 12 000 kV·A，定格電圧 154/22 kV の三相変圧器の無負荷試験をした結果，一次電圧 154 kV，一次電流 0.814 A，一次電力 54.5 kW の測定値が得られた。

ただし，一次巻線の結線は，Y 結線であるものとする。

(a) この測定結果から算定される一次1相あたりの励磁アドミタンス $\dot{Y}_0$ 〔S〕の値として正しいものは次のうちどれか。
 (1) 5.29×10^{-6}　(2) 6.39×10^{-6}　(3) 8.15×10^{-6}
 (4) 9.16×10^{-6}　(5) 9.85×10^{-6}

(b) 励磁サセプタンス b_0〔S〕の値として正しいのは次のうちどれか。
 (1) 8.86×10^{-6}　(2) 7.86×10^{-6}　(3) 6.86×10^{-6}
 (4) 9.16×10^{-6}　(5) 2.30×10^{-6}

［平成2年B問題］

答　(a)-(4)，(b)-(1)

考え方　三相変圧器の1相分の励磁回路は，図 4.5 のようになる。これより，励磁アドミタンス $\dot{Y}_0$〔S〕は，

$$Y_0 = \frac{I_0}{\frac{V_0}{\sqrt{3}}}$$

となる。また，1 次電力は，励磁コンダクタンス g_0 で消費されるので，1 次消費電力と印加電圧の関係から g_0 を求める。励磁サセプタンス b_0 は，
$$\dot{Y}_0 = g_0 - jb_0$$
の関係より求める。

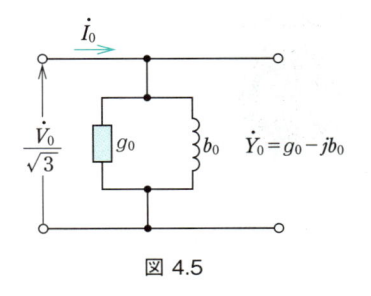

図 4.5

解き方 (a) 1 次 1 相あたりの励磁アドミタンス Y_0

図 4.5 に示す等価回路より，1 次 1 相あたりの励磁アドミタンス $\dot{Y}_0$ の大きさ Y_0 は，
$$Y_0 = \frac{I_0}{\frac{V_0}{\sqrt{3}}}$$
となる。題意より，$I_0 = 0.814$〔A〕，$V_0 = 154$〔kV〕であるので，
$$Y_0 = \frac{0.814}{\frac{154 \times 10^3}{\sqrt{3}}} \fallingdotseq 9.16 \times 10^{-6}\,〔\text{S}〕$$
となる。

(b) 励磁サセプタンス b_0

1 次電力 P_0 は，励磁コンダクタンス g_0 で消費される。よって，
$$P_0 = 3\left(\frac{V_0}{\sqrt{3}}\right)^2 \times g_0$$
$$\therefore \quad g_0 = \frac{P_0}{V_0^2}$$
題意より，$P_0 = 54.5$〔kW〕であるから，
$$g_0 = \frac{54.5 \times 10^3}{(154 \times 10^3)^2} \fallingdotseq 2.3 \times 10^{-6}\,〔\text{S}〕$$
励磁アドミタンス $\dot{Y}_0$ と励磁コンダクタンス g_0，励磁サセプタンス b_0 の間には，
$$\dot{Y}_0 = g_0 - jb_0$$
の関係があるので，
$$b_0 = \sqrt{Y_0^2 - g_0^2} = \sqrt{9.16^2 - 2.3^2} \times 10^{-6} \fallingdotseq 8.86 \times 10^{-6}\,〔\text{S}〕$$
となる。

4.3 変圧器の電圧変動率

例題1
百分率抵抗降下が 1.5%,百分率リアクタンス降下が 3.0% の変圧器があり,遅れ力率 0.8 の負荷に定格電流の 70% の電流を供給して,二次電圧 200 V で運転している。一次電圧の値を変えることなくこの変圧器を無負荷にした場合の二次電圧〔V〕の値として,正しいのは次のうちどれか。

(1) 202 (2) 204 (3) 206 (4) 208 (5) 210

［平成元年 A 問題］

答 (2)

考え方
百分率抵抗降下 p および百分率リアクタンス降下 q は,定格負荷電流に対して定義されている。負荷電流が,定格電流の α 倍であった場合は,それらも α 倍される。したがって,定格電流の α 倍の負荷電流での電圧変動率 ε は,負荷の力率が $\cos\theta$ のとき,

$$\varepsilon = (p\cos\theta + q\sin\theta) \times \alpha$$

となる。

変圧器が無負荷になったときの 2 次電圧の値は,電圧変動率 ε の定義から求める。

解き方
題意より,百分率抵抗降下 $p = 1.5$〔%〕,百分率リアクタンス降下 $q = 3.0$〔%〕,負荷の力率 0.8 で,定格電流の 70% の負荷電流を供給しているので,電圧変動率 ε は,

$$\varepsilon = (p\cos\theta + q\sin\theta) \times 0.7$$
$$= (1.5 \times 0.8 + 3.0 \times 0.6) \times 0.7 = 2.1\,〔\%〕$$

となる。また,電圧変動率 ε は,次式で表される。

$$\varepsilon = \frac{V_{20} - V_{2n}}{V_{2n}} \times 100\,〔\%〕 \quad (1)$$

ここで,
V_{20}:変圧器無負荷時の 2 次電圧
V_{2n}:変圧器の定格 2 次電圧
式(1)より,

$$V_{20} = \left(\frac{\varepsilon}{100} + 1\right) V_{2n}$$

題意より，$V_{2n} = 200$〔V〕であるので，

$$V_{20} = \left(\frac{2.1}{100} + 1\right) \times 200 = 204.2 \fallingdotseq 204 \text{〔V〕}$$

となる。

例題 2

変圧器があり，負荷の力率が1のときの電圧変動率は2.4〔%〕であり，負荷の力率が零（遅れ）のときの電圧変動率は3.2〔%〕である。負荷の力率が0.8（遅れ）のときの電圧変動率〔%〕の値として，最も近いのは次のうちどれか。

(1) 2.6　　(2) 3.2　　(3) 3.8　　(4) 4.5　　(5) 5.6

[平成13年A問題]

答 (3)

考え方　負荷の力率が1の場合と，ゼロ（遅れ）の場合の電圧変動率が与えられているので，この条件より百分率抵抗降下 p と百分率リアクタンス降下 q を求める。

そして，この p と q をもとに負荷力率0.8（遅れ）のときの電圧変動率 ε を求める。

解き方　百分率抵抗降下 p〔%〕，百分率リアクタンス降下 q〔%〕，負荷の力率 $\cos\theta$ のとき，定格負荷における電圧変動率 ε は，

$$\varepsilon = p\cos\theta + q\sin\theta \text{〔\%〕} \quad (1)$$

で表される。

題意より，$\cos\theta = 1$ のとき，$\varepsilon_1 = 2.4$〔%〕，$\cos\theta = 0$ のとき $\varepsilon_2 = 3.2$〔%〕であるので，式(1)より次式が成立する。

$$\varepsilon_1 = 2.4 = p \times 1.0 + q \times 0 = p$$
$$\varepsilon_2 = 3.2 = p \times 0 + q \times 1.0 = q$$

よって，$\cos\theta = 0.8$ のときの電圧変動率 ε_3 は，

$$\varepsilon_3 = p\cos\theta + q\sin\theta = 2.4 \times 0.8 + 3.2 \times 0.6 = 3.84 \fallingdotseq 3.8 \text{〔\%〕}$$

となる。

4.3 変圧器の電圧変動率

例題 3

電圧比が無負荷時には 14.5：1，定格負荷で，ある力率のとき 15：1 の変圧器がある。この変圧器のこの力率における電圧変動率〔％〕はいくらか。正しい値を次のうちから選べ。

(1)　1.75　　(2)　2.25　　(3)　2.29　　(4)　3.42　　(5)　3.45

［平成 5 年 A 問題］

答　(5)

考え方　電圧変動率 ε の定義に戻って考える。電圧変動率 ε は，

$$\varepsilon = \frac{V_{20} - V_{2n}}{V_{2n}} \times 100 \tag{1}$$

で表される。

ここで，

V_{20}：無負荷 2 次端子電圧

V_{2n}：定格 2 次電圧

電圧比が無負荷時と，定格負荷時について与えられているので，変圧器の 1 次電圧を基準にすると，2 次電圧が求まる。

解き方　変圧器の 1 次電圧を V_1 とすると，無負荷時の 2 次端子電圧 V_{20} は，電圧比が 14.5：1 であることから，

$$V_{20} = \frac{V_1}{14.5} \ \text{［V］}$$

また，定格負荷時の電圧比が 15：1 であることから，定格負荷時の 2 次端子電圧（定格 2 次電圧）V_{2n} は，

$$V_{2n} = \frac{V_1}{15} \ \text{［V］}$$

となる。よって，式(1)より電圧変動率 ε は，

$$\varepsilon = \frac{V_{20} - V_{2n}}{V_{2n}} \times 100 = \frac{\dfrac{V_1}{14.5} - \dfrac{V_1}{15}}{\dfrac{V_1}{15}} \times 100$$

$$= \frac{15 - 14.5}{14.5} \times 100 \fallingdotseq 3.45 \ \text{［\%］}$$

となる。

例題 4

定格容量 500 kV·A の単相変圧器について，次の(a)及び(b)に答えよ。

(a) 定格時の銅損は 7 kW であった。この変圧器の百分率抵抗降下 p〔%〕の値として，正しいものは次のうちどれか。

(1) 1.38　(2) 1.40　(3) 1.42　(4) 2.42　(5) 4.20

(b) 定格時において，負荷の力率が $\cos\theta = 0.6$ のとき，電圧変動率 $\varepsilon = 4\%$ であった。この変圧器の百分率インピーダンス降下 z〔%〕の値として，最も近いのは次のうちどれか。

ただし，百分率リアクタンス降下を q〔%〕とするとき，$\varepsilon = p\cos\theta + q\sin\theta$ の近似式が成り立つものとする。

(1) 4.00　(2) 4.19　(3) 4.59　(4) 5.35　(5) 5.45

[平成 17 年 B 問題]

答　(a)-(2)，(b)-(2)

考え方　変圧器の百分率抵抗降下 p は，定格電圧を V_2，定格電流を I_n，抵抗を R とするとき，

$$p = \frac{I_n R}{V_2} \times 100 \ 〔\%〕 \tag{1}$$

にて表される。式(1)の分母，分子に I_n をかけると，

$$p = \frac{I_n{}^2 R}{V_2 I_n} \times 100 = \frac{銅損}{定格容量} \times 100 \ 〔\%〕 \tag{2}$$

となる。

解き方　(a) 百分率抵抗降下 p〔%〕

定格容量 $P_n = 500$〔kV·A〕，定格時の銅損 $P_c = 7$〔kW〕であるので，式(2)より，

$$p = \frac{銅損}{定格容量} \times 100 = \frac{7 \times 10^3}{500 \times 10^3} \times 100 = 1.4 \ 〔\%〕$$

(b) 百分率インピーダンス降下 z〔%〕

定格負荷時において，負荷の力率が 0.6 のとき，電圧変動率 ε が 4% であることから，百分率リアクタンス降下を q とすると，

$$\varepsilon = p\cos\theta + q\sin\theta = 1.4 \times 0.6 + q \times 0.8 = 4 \ 〔\%〕$$

よって，

$$q = 3.95 \ 〔\%〕$$

したがって，百分率インピーダンス降下 z〔%〕は，

$$z = \sqrt{p^2 + q^2} = \sqrt{1.4^2 + 3.95^2} \fallingdotseq 4.19 \ 〔\%〕$$

となる。

4.3 変圧器の電圧変動率

4.4 変圧器の出力，損失，効率

例題 1

定格一次電圧 400 V，定格一次電流 200 A，定格力率 0.9（遅れ）の単相変圧器がある。定格一次電圧における無負荷試験時の一次電流は 8 A で，その力率は 0.2 であり，また，定格一次電流における短絡試験時の一次電圧は 16 V で，その力率は 0.3 であった。この変圧器の定格負荷状態における効率〔％〕の値として，正しいのは次のうちどれか。

 (1) 97.3   (2) 97.8   (3) 98.3   (4) 98.8   (5) 99.1

［平成 3 年 A 問題］

答 (2)

考え方
- 無負荷試験時の消費電力は，銅損を無視できるので鉄損と考える。
- 短絡試験時の消費電力は，鉄損を無視できるので銅損と考える。

効率 η は，P_0 を出力，P_i を鉄損，P_c を銅損とすると，

$$\eta = \frac{P_0}{P_0 + P_i + P_c} \times 100 \ [\%]$$

となる。

解き方
無負荷試験において，1 次電流が 8 A で力率が 0.2，また定格電圧 400 V が印加されているので，鉄損 P_i は，

$$P_i = 400 \times 8 \times 0.2 = 640 \ [\text{W}]$$

となる。また，定格 1 次電流 200 A における短絡試験時の 1 次電圧が 16 V で，力率が 0.3 であるから，全負荷時の銅損 P_c は，

$$P_c = 16 \times 200 \times 0.3 = 960 \ [\text{W}]$$

となる。

一方，定格 1 次電圧 400 V，定格 1 次電流 200 A，定格出力 0.9 であるので，定格時の変圧器出力 P_0 は，

$$P_0 = 400 \times 200 \times 0.9 = 72\,000 \ [\text{W}]$$

となる。したがって，このときの効率 η は，

$$\eta = \frac{P_0}{P_0 + P_i + P_c} \times 100$$

$$= \frac{72\,000}{72\,000+640+960} \times 100 \fallingdotseq 97.8 \,[\%]$$

となる。

> **例題 2**
>
> 単相変圧器がある。定格二次電圧 200〔V〕において，二次電流が 250〔A〕のときの全損失が 1 525〔W〕であり，また，二次電流が 150〔A〕のときの全損失が 1 125〔W〕であった。この変圧器の無負荷損〔W〕の値として，正しいのは次のうちどれか。
>
> (1) 400　　(2) 525　　(3) 576　　(4) 900　　(5) 1 005
>
> 〔平成 14 年 A 問題〕

答 (4)

考え方　変圧器の鉄損（無負荷損）を P_i〔W〕，全負荷時の銅損を P_c〔W〕，負荷率を α とすると，全損失 P_T〔W〕は，

$$P_T = P_i + \alpha^2 P_c$$

で与えられる。

解き方　題意より，定格 2 次電圧 200 V において 2 次電流が 250 A のとき，全損失が 1 525 W であることから，この時点を全負荷時と仮定すると，次式が成立する。

$$P_i + P_c = 1\,525 \tag{1}$$

一方，2 次電流が 150 A のときの負荷率 α は（150/250）となり，全損失が 1 125 W であるので次式が成立する。

$$P_i + \left(\frac{150}{250}\right)^2 P_c = 1\,125 \tag{2}$$

式(1)の両辺より式(2)の両辺を引くと，

$$0.64 P_c = 400$$

$$\therefore\ P_c = 625 \,[\text{W}]$$

式(1)に代入して，

$$P_i = 1\,525 - 625 = 900 \,[\text{W}]$$

となる。

4.4 変圧器の出力，損失，効率

例題 3

ある変圧器の負荷力率 100〔％〕における全負荷効率は 99.0〔％〕である。この変圧器の負荷力率 80〔％〕における全負荷効率〔％〕の値として，正しいのは次のうちどれか。

(1) 79.2　　(2) 84.2　　(3) 88.7　　(4) 93.8　　(5) 98.8

〔平成 11 年 A 問題〕

答 (5)

考え方　全負荷効率 η は，変圧器の出力 P_0〔V・A〕，鉄損 P_i〔W〕，全負荷銅損 P_c〔W〕，負荷の力率 $\cos\theta$ のとき，

$$\eta = \frac{P_0 \cos\theta}{P_0 \cos\theta + P_i + P_c} \times 100 \ [\%] \tag{1}$$

となる。

解き方　全負荷運転において，力率が変化した場合の全負荷効率を求める問題であるので，負荷損は全負荷銅損に等しく一定である。そこで，鉄損と合わせて，その損失を P_T とすると，次式が成立する。

$$\eta = \frac{P_0 \cos\theta}{P_0 \cos\theta + P_T} \tag{2}$$

また，題意より，$\cos\theta = 1$ のとき $\eta = 99.0$〔％〕であるから，

$$0.99 = \frac{P_0}{P_0 + P_T}$$

$$\therefore \ P_T = \frac{0.01}{0.99} P_0$$

$\cos\theta = 0.8$ のときの全負荷効率 η_{80} は，

$$\eta_{80} = \frac{0.8 P_0}{0.8 P_0 + \left(\frac{0.01}{0.99}\right) P_0} \times 100 \fallingdotseq 98.8 \ [\%]$$

となる。

例題 4

定格容量 50〔kV・A〕の単相変圧器がある。この変圧器を定格電圧，力率 100〔％〕，全負荷の $\frac{3}{4}$ の負荷で運転したとき，鉄損と銅損が等しくなり，そのときの効率は 98.2〔％〕であった。この変圧器について，次の(a)及び(b)に答えよ。

ただし，鉄損と銅損以外の損失は無視できるものとする。

(a) この変圧器の鉄損〔W〕の値として，最も近いのは次のうちどれか。
(1) 344　(2) 382　(3) 425　(4) 472　(5) 536

(b) この変圧器を全負荷，力率 100〔%〕で運転したときの銅損〔W〕の値として，最も近いのは次のうちどれか。
(1) 325　(2) 453　(3) 579　(4) 611　(5) 712

[平成 20 年 B 問題]

答　(a)-(1)，(b)-(4)

考え方　銅損は，負荷電流の 2 乗に比例することから，全負荷時の銅損を P_c〔W〕とすると，負荷率 α での銅損は，$\alpha^2 P_c$ となる。したがって，負荷率 α での銅損 $P_{c\alpha}$ がわかれば，P_c は，$P_c = P_{c\alpha}/\alpha^2$ にて求められる。

解き方　(a) 変圧器の鉄損 P_i〔W〕

変圧器の容量を P_n〔V·A〕，負荷力率を $\cos\theta$，鉄損を P_i〔W〕，全負荷銅損を P_c〔W〕とするとき，負荷率 α で運転した場合の効率 η は，

$$\eta = \frac{P_n \cos\theta \times \alpha}{P_n \cos\theta \times \alpha + P_i + \alpha^2 P_c} \times 100 \ [\%] \tag{1}$$

題意より，$P_n = 50$〔kV·A〕，$\cos\theta = 1$，$\alpha = 3/4$ で運転したとき，鉄損と銅損が等しくなり，その効率が 98.2 % となることから，式(1)により，

$$98.2 = \frac{50 \times 10^3 \times \dfrac{3}{4}}{50 \times 10^3 \times \dfrac{3}{4} + 2P_i} \times 100$$

$$\therefore \ \frac{37\,500}{37\,500 + 2P_i} = 0.982$$

よって，

$$P_i = \frac{1}{2}\left(\frac{37\,500}{0.982} - 37\,500\right) \fallingdotseq 344 \ [\text{W}]$$

(b) 銅損 P_c〔W〕

3/4 負荷時の銅損 $P_{c\,(3/4)}$ が鉄損に等しいことから次式が成立する。

$$\left(\frac{3}{4}\right)^2 P_c = P_i = 344 \tag{2}$$

よって，

$$P_c = 344 \times \left(\frac{4}{3}\right)^2 \fallingdotseq 611 \ [\text{W}]$$

4.4 変圧器の出力，損失，効率

例題 5

定格一次電圧 6 000 V, 定格一次電流 5 A の単相変圧器があり, その百分率抵抗電圧は 1.4%, 定格電圧時の鉄損は 300 W である。負荷の力率が 0.8 である場合,

(a) この変圧器の効率が最大となる負荷率 α の値として正しいのは次のうちどれか。

(1) 0.700　(2) 0.750　(3) 0.825　(4) 0.845　(5) 0.875

(b) この変圧器の最大効率〔%〕の値として, 正しいのは次のうちどれか。

(1) 96.6　(2) 97.1　(3) 97.6　(4) 98.0　(5) 98.6

[平成 3 年 B 問題]

答　(a)-(4), (b)-(2)

考え方　変圧器の百分率抵抗電圧 p は, 定格一次電圧を V_n, 定格 1 次電流を I_n, 変圧器の抵抗を R とするとき,

$$p = \frac{I_n R}{V_n} \times 100 \ [\%] \tag{1}$$

で与えられる。したがって, p, V_n, I_n がわかれば R が求まる。R が求まれば, 全負荷銅損 P_c は, $P_c = I_n^2 R$ にて求められる。

変圧器の効率が最大となるのは, 鉄損 P_i と銅損が等しくなる負荷であるので, 負荷率を α とすると,

$$P_i = \alpha^2 P_c \tag{2}$$

となる。

解き方　(a) 効率が最大となる負荷率 α

百分率抵抗電圧 $p = 1.4$ 〔%〕, 定格一次電圧 $V_n = 6\,000$ 〔V〕, 定格 1 次電流 $I_n = 5$ 〔A〕であるので, 式(1)より変圧器の抵抗 R は,

$$R = \frac{V_n}{I_n} \times \frac{p}{100} = \frac{6\,000}{5} \times 0.014 = 16.8 \ [\Omega]$$

よって, 全負荷銅損 P_c は,

$$P_c = I_n^2 R = 5^2 \times 16.8 = 420 \ [\text{W}]$$

負荷率 α のとき銅損は, $420\alpha^2$ となり, これが鉄損 $P_i = 300$ 〔W〕と等しいとき, 変圧器の効率が最大となるので,

$$420\alpha^2 = 300$$

$$\therefore \ \alpha = \sqrt{\frac{300}{420}} \fallingdotseq 0.845$$

(b) 変圧器の最大効率

負荷の力率 $\cos\theta = 0.8$ であるので，最大効率 η_m は，

$$\eta_m = \frac{出力}{出力+損失} \times 100$$

$$= \frac{6\,000 \times 5 \times 0.8 \times 0.845}{6\,000 \times 5 \times 0.8 \times 0.845 + 2 \times 300} \times 100 \fallingdotseq 97.1 \,[\%]$$

となる。

例題 6

定格容量 100 kV·A の変圧器があり，負荷が定格容量の 1/2 の大きさで力率 1 のときに，最大効率 98.5% が得られる。この変圧器について，次の(a)及び(b)に答えよ。

(a) 最大効率 98.5% が得られるときの銅損〔W〕の値として，最も近いのは次のうちどれか。ただし，変圧器の損失のうち，鉄損と銅損以外の損失は無視できるものとする。

(1) 190 　(2) 375 　(3) 381 　(4) 750 　(5) 761

(b) この変圧器を，1 日のうち 8 時間は力率 0.8 の定格容量で運転し，それ以外の時間は無負荷で運転したとき，全日効率〔%〕の値として，最も近いのは次のうちどれか。

(1) 93.8 　(2) 94.6 　(3) 95.5 　(4) 96.8 　(5) 97.7

［平成 16 年 B 問題］

答 (a)-(3)，(b)-(4)

考え方 変圧器の効率を求める式に，最大効率が得られる条件である鉄損＝銅損を適して解く。

全日効率 η は，

$$\eta = \frac{1日に発生した有効電力量}{1日に発生した有効電力量＋1日に発生した損失電力量} \times 100 \,[\%]$$

となる。鉄損は無負荷でも一定量発生するので 24 倍し，銅損は，負荷運転時のみ発生するので，運転時間をかけて損失電力量を求める。

解き方 (a) 銅損〔W〕

変圧器の定格容量を P_n〔V·A〕，鉄損を P_i〔W〕，負荷率を α，負荷力率を $\cos\theta$ とすると，最大効率を生じるのは，銅損＝鉄損のときであるので，最大効率 η_m は，

$$\eta_m = \frac{\alpha P_n \cos\theta}{\alpha P_n \cos\theta + 2P_i} \times 100 \;[\%] \tag{1}$$

題意より，$\alpha = 1/2$，$\cos\theta = 1$ で最大効率が得られるので，最大効率 $\eta_m\,[\%]$ は，

$$\eta_m = \frac{\frac{1}{2}P_n}{\frac{1}{2}P_n + 2P_i} \times 100 \;[\%]$$

よって，定格容量 $P_n = 100 \times 10^3$ [V·A]，$\eta_m = 98.5$ [%] であるので，上式を整理して，

$$\eta_m\left(\frac{1}{2}P_n + 2P_i\right) = \frac{1}{2}P_n \times 100$$

$$P_i = \frac{1}{2}\left\{\left(\frac{100}{\eta_m} - 1\right)\frac{1}{2}P_n\right\}$$

$$= \frac{1}{2}\left\{\left(\frac{100}{98.5} - 1\right) \times \frac{1}{2} \times 100 \times 10^3\right\} \fallingdotseq 381 \;[\text{W}]$$

最大効率が生じるときは鉄損 ＝ 銅損となるので，1/2 負荷時の銅損は 381 W となる。

(b) 全日効率 η

負荷率 $\alpha = 1/2$ のときに，銅損 ＝ 鉄損 ＝ 381 [W] となるので，全負荷銅損を P_c [W] とすると，

$$\left(\frac{1}{2}\right)^2 P_c = 381$$

$$P_c = 4 \times 381 = 1\,524 \;[\text{W}]$$

変圧器の運転時間を T [h]，負荷力率を $\cos\theta$ とすると，全日効率 η [%] は，

$$\eta = \frac{\alpha P_n \cos\theta \times T}{\alpha P_n \cos\theta \times T + 24P_i + \alpha^2 P_c \times T} \times 100 \;[\%]$$

となる。

1日のうち 8 時間，力率 0.8 の定格容量で運転し，それ以外は無負荷で運動することから，$\alpha = 1$，$\cos\theta = 0.8$，$T = 8$ となるので，これらを上式に代入して，

$$\eta = \frac{1 \times 100 \times 10^3 \times 0.8 \times 8}{1 \times 100 \times 10^3 \times 0.8 \times 8 + 24 \times 381 + 1^2 \times 1\,524 \times 8} \times 100$$

$$= 96.77 \fallingdotseq 96.8 \;[\%]$$

となる。

4.5 変圧器の結線方式

例題 1

三相回路に用いる単相変圧器の標準結線で，（ア）は二次線間電圧が一次線間電圧より π/6 だけ進むことになるが，第三調波による障害は少ない。また，（イ）は位相差はないものの，第三調波による障害が大きく，一般には使用されない。

上記の記述中の空白箇所（ア）および（イ）に記入する結線方法として，正しいものを組み合わせたのは次のうちどれか。

	（ア）	（イ）
(1)	Δ-Y	Y-Y
(2)	Y-Δ	Y-Y
(3)	Δ-Y	V-V
(4)	Y-Δ	Δ-Δ
(5)	Δ-Y	Δ-Δ

［平成3年A問題］

答 (1)

考え方　Y-Δ 線線図での電圧ベクトル図を描いてみる。ベクトル図より1次，2次線間電圧間の位相差を調べる。

（イ）にあげられている結線方式は，いずれも1次，2次線間電圧間の位相差はない。第三調波を流せる結線を考える。

解き方　Y-Δ 結線図と電圧のベクトル図を図 4.6 に示す。この結線では，2次側線間電圧は，1次側線間電圧より 30°（π/6〔rad〕）遅れることがわかる。逆に Δ-Y 結線とすると，2次線間電圧は1次線間電圧より 30° 進む。よって，（ア）には，Δ-Y が入る。

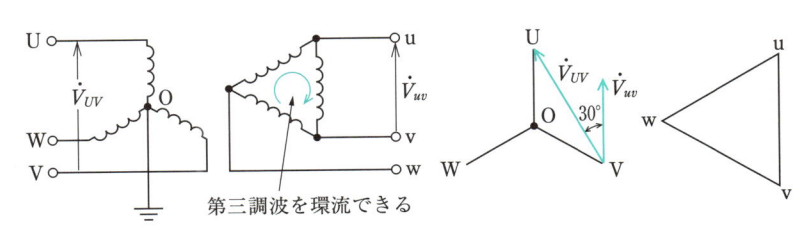

図 4.6　Y-Δ 回路の電圧とベクトル

第三調波は，同相分のみとなるため，線路側に出さないためには，Δ回路のような閉回路にて環流させる必要がある。Y-Y結線では第三調波が線路側に流出するため，誘導障害を発生させるので一般的に使用されない。よって，(イ)には，Y-Yが入る。

例題 2

単相変圧器3台を用いて，三相結線を行ったところ，表のような測定結果が得られた。

表中の空白箇所（ア），（イ）および（ウ）に記入する数値として，正しいものを組み合わせたのは次のうちどれか。ただし，各変圧器とも，一次側に200〔V〕を加えたときの二次側の電圧は100Vである。

結線方式	一次側		二次側	
	相電圧〔V〕	線間電圧〔V〕	相電圧〔V〕	線間電圧〔V〕
Y-Y	(ア)	200	(イ)	100
Δ-Y	200	200	100	(ウ)

	（ア）	（イ）	（ウ）
(1)	115	57.7	173
(2)	115	100	100
(3)	200	100	173
(4)	200	57.7	100
(5)	200	57.7	173

［平成7年A問題］

答 (1)

考え方　題意より，変圧比が2であること。Y結線では，線間電圧が相電圧の$\sqrt{3}$倍となること，またΔ結線では，相電圧と線間電圧は等しいことに注目する。

解き方

（ア）Y結線の相電圧は，線間電圧の$1/\sqrt{3}$となるので，

$$\frac{200}{\sqrt{3}} \fallingdotseq 115 〔V〕$$

（イ）（ア）と同様に相電圧は，

$$\frac{100}{\sqrt{3}} \fallingdotseq 57.7 〔V〕$$

（ウ）Y結線の線間電圧は，相電圧の$\sqrt{3}$倍となるので，

$$\sqrt{3} \times 100 \fallingdotseq 173 〔V〕$$

例題 3

定格容量 100〔kV·A〕，定格一次電圧 6.3〔kV〕で特性の等しい単相変圧器が2台あり，各変圧器の定格負荷時の負荷損は1600〔W〕である。この変圧器2台をV-V結線し，一次電圧6.3〔kV〕にて90〔kW〕の三相平衡負荷をかけたとき，2台の変圧器の負荷損の合計値〔W〕として，最も近いのは次のうちどれか。
ただし，負荷の力率は1とする。
(1) 324　　(2) 432　　(3) 648　　(4) 864　　(5) 1 440

［平成16年A問題］

答 (4)

考え方　V-V結線では，単相変圧器2台で，単相変圧器の容量の$\sqrt{3}$倍まで電力を供給できる。負荷損は，負荷の2乗に比例して増減する。

解き方　負荷電力P〔kV·A〕の三相負荷を V-V 結線で供給しているとき，各単相変圧器の分担電力をP_1〔kV·A〕とすると，次式が成立する。
$$\sqrt{3}\,P_1 = P \tag{1}$$
したがって，90 kW，力率1の負荷に電力を供給するときの変圧器1台あたりの分担電力P_1〔kV·A〕は，
$$P_1 = \frac{90}{1.0}\frac{1}{\sqrt{3}}\ 〔\mathrm{kV·A}〕$$
となる。単相変圧器の定格容量$P_n = 100$〔kV·A〕で，定格負荷時の負荷損$P_c = 1\,600$〔W〕であるので，2台の変圧器の合計負荷損は，
$$2\,(台)\times\left(\frac{90/\sqrt{3}}{100}\right)^2\times 1\,600 \fallingdotseq 864\ 〔\mathrm{W}〕$$

例題 4

同一仕様である3台の単相変圧器の一次側を星形結線，二次側を三角結線にして，三相変圧器として使用する。20〔Ω〕の抵抗器3個を星形に接続し，二次側に負荷として接続した。一次側を3 300〔V〕の三相高圧母線に接続したところ，二次側の負荷電流は12.7〔A〕であった。この単相変圧器の変圧比として，最も近いのは次のうちどれか。
ただし，変圧器の励磁電流，インピーダンス及び損失は無視するものとする。
(1) 4.33　　(2) 7.50　　(3) 13.0　　(4) 22.5　　(5) 39.0

［平成21年A問題］

答 (1)

4.5 変圧器の結線方式

考え方 回路図を描いて，変圧器1次側の相電圧 E_1 と2次側の相電圧 E_2 を求める。単相変圧器の変圧比 a は，$a = E_1/E_2$ にて求められる。

解き方 問題の回路図は，図4.7のようになる。

負荷の相電圧 E_L は，負荷電流 $I_L = 12.7$〔A〕，抵抗 $R = 20$〔Ω〕なので，

$$E_L = I_L \times R = 12.7 \times 20 = 254 \text{〔V〕}$$

よって，2次側の線間電圧 V_2 は，

$$V_2 = \sqrt{3}\, E_l = \sqrt{3} \times 254 \fallingdotseq 440 \text{〔V〕}$$

変圧器2次側の相電圧 E_2 は，Δ結線であるので線間電圧に等しい。
よって，

$$E_2 = V_2 = 440 \text{〔V〕}$$

一方，1次側の相電圧 E_1 は，線間電圧の $1/\sqrt{3}$ となるので，

$$E_1 = \frac{3\,300}{\sqrt{3}} \fallingdotseq 1\,905 \text{〔V〕}$$

これより，単相変圧器の変圧比 a は，

$$a = \frac{E_1}{E_2} = \frac{1\,905}{440} \fallingdotseq 4.33$$

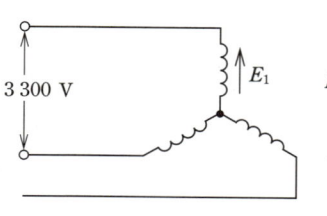

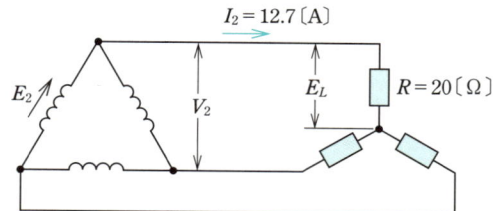

図4.7

例題5 単相変圧器3台が図に示すように6.6〔kV〕電路に接続されている。一次側は星形（Y）結線，二次側は開放三角結線とし，一次側中性点は大地に接続され，二次側開放端子には図のように抵抗 R_0 が負荷として接続されている。三相電圧が平衡している通常の状態では，各相が打ち消しあうため二次側開放端子には電圧は現れないが，電路のバランスが崩れ不平衡になった場合や電路に地絡事故などが発生した場合には，二次側開放端子に電圧が現れる。このとき，二次側の抵抗負荷 R_0 は各相が均等に負担することになる。

いま，各単相変圧器の定格一次電圧が $\frac{6.6}{\sqrt{3}}$〔kV〕，定格二次電圧が $\frac{110}{\sqrt{3}}$〔V〕で，二次接続抵抗 $R_0 = 10$〔Ω〕の場合，一次側に換算した1相当たり

の二次抵抗〔kΩ〕の値として，最も近いのは次のうちどれか。

ただし，変圧器は理想変圧器であり，一次巻線，二次巻線の抵抗及び損失は無視するものとする。

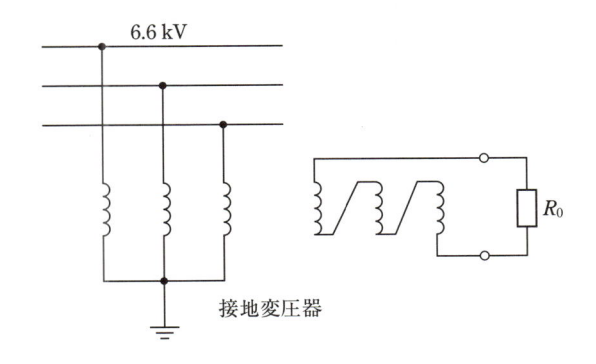

(1) 4.00　(2) 6.93　(3) 12.0　(4) 20.8　(5) 36.0

[平成 22 年 A 問題]

答 (3)

考え方　三相電源に対する接地変圧器の回路図を図 4.8 に示す。

三相電路のバランスが崩れたときに電源中性点に現れる対地電位を $\dot{V}_n$ とすると，

　　a 点の対地電位　$\dot{V}_a = \dot{E}_a + \dot{V}_n$　　　　　　　　　　　　　　(1)

　　b 点の対地電位　$\dot{V}_b = \dot{E}_b + \dot{V}_n$　　　　　　　　　　　　　　(2)

　　c 点の対地電位　$\dot{V}_c = \dot{E}_c + \dot{V}_n$　　　　　　　　　　　　　　(3)

となる。

これらより，巻数比から 2 次側の電圧がわかるので，2 次電流 $\dot{I}_2$ が求まる。次に巻数比を n とするとき，$\dot{I}_1 = \dot{I}_2/n$ の関係より 1 次側に換

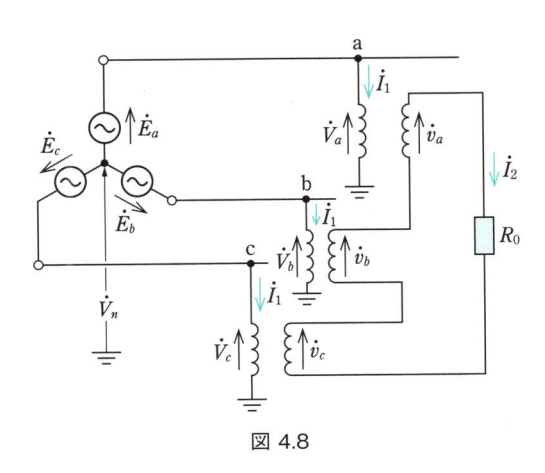

図 4.8

算した 1 相分 2 次抵抗 $R' = \left|\dfrac{\dot{V}_n}{\dot{I}_1}\right|$ を求める。

解き方　図 4.8 において，

巻数比 $n = V_a/v_a = V_b/v_b = V_c/v_c$ とすると，式 (1)，(2)，(3) より，

$$\dot{I}_2 = \frac{\dot{v}_a + \dot{v}_b + \dot{v}_c}{R_0} = \frac{(\dot{E}_a + \dot{E}_b + \dot{E}_c) + 3\dot{V}_n}{R_0} \times \frac{1}{n}$$

$\dot{E}_a + \dot{E}_b + \dot{E}_c = 0$ より，

$$\dot{I}_2 = \frac{3\dot{V}_n}{R_0 \cdot n}$$

となる。よって，

$$\dot{I}_1 = \frac{\dot{I}_2}{n} = \frac{3\dot{V}_n}{R_0 n^2}$$

となる。これより，1 次側に換算した 1 相あたりの 2 次抵抗 R_1' は，

$$R_1' = \left|\frac{\dot{V}_n}{\dot{I}_1}\right| = n^2 \frac{R_0}{3} \ [\Omega]$$

題意より，

$$n = \frac{\dfrac{6\,600}{\sqrt{3}}}{\dfrac{110}{\sqrt{3}}} = 60$$

$$R_0 = 10 \ [\Omega]$$

であるので，

$$R_1' = 60^2 \times \frac{10}{3} = 12 \times 10^3 \ [\Omega] = 12 \ [k\Omega]$$

となる。

4.6 変圧器の並行運転

例題1

下表は，電力用変圧器の並行運転を行うために必要とする条件と目的をまとめたものである。

必 要 条 件	目 的
各変圧器の　(ア)　が等しいこと。	各変圧器の　(イ)　電流を流さない。
各変圧器の百分率短絡インピーダンス(百分率インピーダンス降下)が等しいこと。	各変圧器の定格容量に比例して　(ウ)　電流を分担させる。
各変圧器の巻線抵抗と漏れリアクタンスの　(エ)　が等しいこと。	各変圧器の分担電流を同相とし，取り出せる出力を最大とする。

上表の記述中の空白箇所（ア），（イ），（ウ）および（エ）に記入する字句として，正しいものを組み合わせたのは次のうちどれか。

	（ア）	（イ）	（ウ）	（エ）
(1)	巻数比	循環	励磁	値
(2)	巻数比	循環	負荷	比
(3)	入力電圧	短絡	負荷	値
(4)	巻数比	短絡	負荷	値
(5)	入力電圧	循環	励磁	比

[平成11年A問題]

答　(2)

考え方　電力用変圧器を並列運転する場合，電力損失の発生をできるだけ少なくすること，また各変圧器から取出せる出力を最大にし，利用率を上げることが大切である。

解き方　変圧器の並列運転に必要な条件は，次のようである。
① 変圧器間に循環電流を流さないために，**各変圧器の巻数比が等しい**こと。
② 各変圧器の定格容量に比例して負荷電流を分担させるために，各変圧器の**百分率短絡インピーダンスが等しい**こと。
③ 各変圧器より取り出せる出力を最大とするために，各変圧器の**巻**

線抵抗 r と漏れリアクタンス x の比を等しくし，分担電流を同相とすること。

例題 2

定格電圧及び巻数比が等しい 2 台の変圧器 A, B がある。それらの変圧器の定格容量はそれぞれ 30 kV·A，20 kV·A であり，短絡インピーダンスはそれぞれ 5 Ω，10 Ω である。これら 2 台の変圧器を並列に接続して，いずれも過負荷にならないように稼動させるとき，二次側に加えることができる最大負荷〔kV·A〕の値として，正しいのは次のうちどれか。

ただし，各変圧器の巻線の抵抗と漏れリアクタンスの比は等しいものとする。

(1) 30 (2) 35 (3) 40 (4) 45 (5) 50

[平成 12 年 A 問題]

答 (4)

考え方 変圧器を並行運転すると，負荷は，変圧器のインピーダンスに逆比例して分担される。いずれかの変圧器の分担した負荷が，定格容量に達したときが，過負荷にならないで稼働できる最大負荷となる。

解き方 2 台の変圧器の並行運転を図 4.9 に示す。

図 4.9 において，各変圧器の分担する負荷 P_a, P_b は，それぞれの変圧器のインピーダンスに逆比例するので，

$$P_a = \frac{Z_B}{Z_A + Z_B} P_L = \frac{10}{5+10} P_L = \frac{2}{3} P_L$$

$$P_B = \frac{Z_A}{Z_A + Z_B} P_L = \frac{5}{5+10} P_L = \frac{1}{3} P_L$$

となる。P_a は最大 30 kV·A まで許容されるので，

$$30 = \frac{2}{3} P_L$$

$$\therefore \quad P_L = 45 \text{〔kV·A〕}$$

また，P_b は最大 20 kV·A まで許容されるので，

$$20 = \frac{1}{3} P_L$$

$$\therefore \quad P_L = 60 \text{〔kV·A〕}$$

よって，負荷は変圧器 A の容量で制限され，最大負荷は 45 kV·A となる。

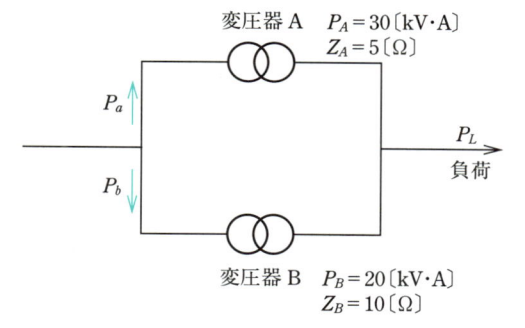

図 4.9　変圧器の並行運転

例題 3

定格電圧の等しい A, B 2 台の単相変圧器がある。A は，定格容量が 60 kV·A，百分率インピーダンス降下 3% である。A および B を並列にして 180 kV·A の負荷を接続すると，A は 60 kV·A の負荷を分担したという。

ここで，各変圧器の抵抗とリアクタンスの比は等しいものとする。

(a) 変圧器 B の百分率インピーダンス降下が 4% であった場合，変圧器 B の定格容量〔kV·A〕として正しいのは，次のうちどれか。
(1) 130　(2) 140　(3) 160　(4) 180　(5) 200

(b) 変圧器 B の定格容量が 120 kV·A であった場合，変圧器 B のインピーダンス降下〔%〕として正しいのは次のうちどれか。
(1) 2　(2) 3　(3) 4　(4) 5　(5) 6

［平成 4 年 B 問題］

答　(a)-(3), (b)-(2)

考え方　変圧器のインピーダンスが百分率インピーダンス降下として与えられているので，これよりインピーダンスを求める。百分率インピーダンス降下 %Z は，次式で表される。

$$\%Z = \frac{I_n Z}{V_n} \times 100 = \frac{I_n V_n Z}{V_n V_n} \times 100 = \frac{P_n Z}{V_n{}^2} \times 100 \quad (1)$$

ここで，
I_n：定格電流〔A〕
P_n：定格容量〔V·A〕
V_n：定格電圧〔V〕
Z：インピーダンス〔Ω〕

これより，

$$Z = \frac{V_n^2}{P_n}\left(\frac{\%Z}{100}\right) \tag{2}$$

変圧器の負荷分担は，変圧器のインピーダンスに反比例するので，式(2)より変圧器の定格容量に比例し，%Zに反比例することがわかる。

解き方 (a) 変圧器Bの定格容量

題意より，変圧器Aの定格容量 $P_A = 60$ 〔kV·A〕，$\%Z_A = 3$ 〔%〕であり，全体の負荷 $P_L = 180$ 〔kV·A〕である。また，変圧器Aの負荷分担 $P_a = 60$ 〔kV·A〕であるので，変圧器Bの負荷分担 $P_B = 120$ 〔kV·A〕となる。

変圧器の負荷分担は，インピーダンスに逆比例することおよびインピーダンスが式(2)で表されることから，変圧器Bの百分率インピーダンス降下 $\%Z_B = 4$ 〔%〕のとき，次式が成立する。

$$\frac{P_b}{P_a} = \frac{120}{60} = \frac{Z_A}{Z_B} = \frac{\dfrac{V_n^2}{P_A}\left(\dfrac{\%Z_A}{100}\right)}{\dfrac{V_n^2}{P_B}\left(\dfrac{\%Z_B}{100}\right)} = \frac{P_B(\%Z_A)}{P_A(\%Z_B)}$$

$$= \frac{P_B}{60} \times \frac{3}{4} \tag{3}$$

∴ $P_B = 160$ 〔kV·A〕

(b) 変圧器Bのインピーダンス降下

変圧器Bの定格容量が $P_B = 120$ 〔kV·A〕であった場合，次式が成立する。

$$\frac{P_b}{P_a} = \frac{120}{60} = \frac{Z_A}{Z_B} = \frac{P_B(\%Z_A)}{P_A(\%Z_B)} = \frac{120}{60} \times \frac{3}{\%Z_B}$$

よって，$\%Z_B = 3$ 〔%〕となる。

4.7 単巻変圧器

例題1

図に示すように，定格一次電圧 6 000 [V]，定格二次電圧 6 600 [V] の単相単巻変圧器がある。

消費電力 100 [kW]，力率 75 [%]（遅れ）の単相負荷に定格電圧で電力を供給するために必要な単巻変圧器の自己容量 [kV·A] として，最も近いのは次のうちどれか。

ただし，巻線の抵抗，漏れリアクタンス及び鉄損は無視できるものとする。

(1) 9.1
(2) 12.1
(3) 100
(4) 121
(5) 133

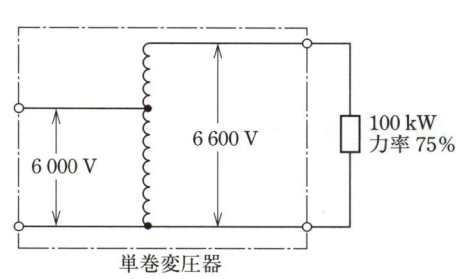

[平成 19 年 A 問題]

答 (2)

考え方

図 4.10 に示す単巻変圧器の自己容量は，（直列巻線の誘導起電力 E_2）×（2次電流 I_2）にて求められる。

2次電流 I_2 は，負荷の消費電力 P_L と力率 $\cos\theta$ および端子電圧 V_H より求める。

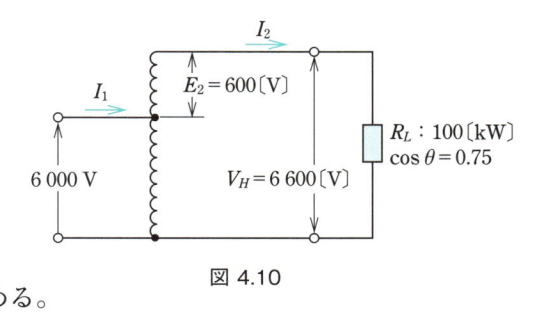

図 4.10

解き方

直列巻線の誘導起電力 E_2 は，
$$E_2 = 6\,600 - 6\,000 = 600 \text{ [V]}$$

変圧器の2次電流 I_2 は，負荷の消費電力 $P_L = 100$ [kW]，$\cos\theta = 0.75$，端子電圧 $V_H = 6\,600$ [V] であるから，

$$I_2 = \frac{P_L}{V_H \cos\theta} = \frac{100 \times 10^3}{6\,600 \times 0.75} \fallingdotseq 20.2 \text{ [A]}$$

よって，自己容量 $= 600 \times 20.2 = 12\,120$ [W] $\fallingdotseq 12.1$ [kW]

例題 2

図のような単巻変圧器において,分路巻線の巻数を N_1,直列巻線の巻数を N_2 とし,一次側に流れる電流を I_1,負荷側に流れる電流を I_2 としたときに,次の関係式のうち,正しいものはどれか。

ただし,励磁電流,巻線内の損失及び電圧降下は無視するものとする。

(1) $N_1 I_1 = (N_1 + N_2) I_2$
(2) $N_1 / N_2 = I_1 / I_2$
(3) $(N_2 - N_1) I_1 = N_2 I_2$
(4) $N_1 I_1 = N_2 I_2$
(5) $N_1 I_2 = (N_1 + N_2) I_1$

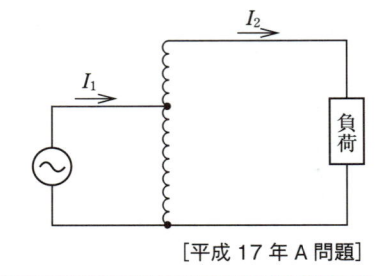

[平成 17 年 A 問題]

答 (1)

考え方 等アンペアターンの法則を適用して解く。

解き方 図 4.11 において,等アンペアターンの法則から,

分路巻線電流 $(I_1 - I_2)$ × 分路巻数 (N_1)
= 直列巻線電流 (I_2) × 直列巻数 (N_2)

が成立しなければならない。

よって,

$$(I_1 - I_2) N_1 = I_2 N_2$$
$$N_1 I_1 = (N_2 + N_1) I_2$$

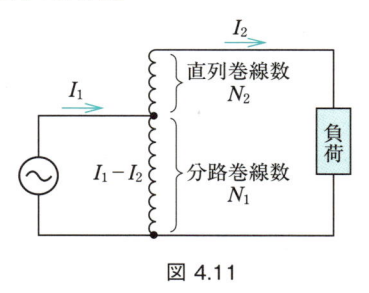

図 4.11

例題 3

図のような定格一次電圧 100 V，定格二次電圧 120 V の単相単巻変圧器があり，無負荷で一次側に 100 V の電圧を加えたときの励磁電流は 1 A であった。この変圧器の二次側に抵抗負荷を接続し，一次側を 100 V の電源に接続して二次側に大きさが 15 A の電流が流れたとき，分路巻線電流 $\dot{I}$ の大きさ $|\dot{I}|$〔A〕の値として，正しいのは次のうちどれか。

ただし，巻線の抵抗及び漏れリアクタンスならびに鉄損は無視できるものとする。

(1)　2
(2)　$2\sqrt{2}$
(3)　$\sqrt{10}$
(4)　5
(5)　$\sqrt{19}$

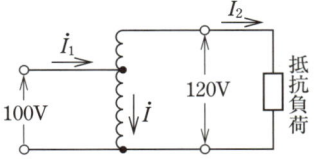

$\dot{I}_1$：一次電流　　$\dot{I}_2$：二次電流
$\dot{I}$：分路巻線電流

[平成 12 年 A 問題]

答　(3)

考え方　分路巻線には，負荷電流と励磁電流が流れる。負荷電流は，変圧器の入出力が等しくなることから求める。負荷電流は抵抗負荷であるため，1 次電圧と同相となるが，励磁電流は，π/2〔rad〕遅れの電流となる。よって，ベクトル的に加えて分路巻線の電流を求める。

解き方　変圧器の 2 次側に抵抗負荷を接続したときの 1 次電流 $\dot{I}_1$ は，1 次有効電流 $\dot{I}_{1R}$ と励磁電流 $\dot{I}_0$ の合成電流になる。

$$\dot{I}_1 = \dot{I}_{1R} + \dot{I}_0 \tag{1}$$

分路巻線電流 $\dot{I}$ は，問題図のように電流の方向を決めると，

$$\dot{I} = \dot{I}_1 - \dot{I}_2 \tag{2}$$

式(1)，(2)より，

$$\dot{I} = \dot{I}_{1R} + \dot{I}_0 - \dot{I}_2 \tag{3}$$

単巻変圧器の入出力の電力は等しいから，

$$100 \times I_{1R} = 120 \times 15 \qquad \therefore\ I_{1R} = 18\ 〔A〕$$

ここで，基準ベクトルを $\dot{I}_2$ とすると，$\dot{I}_{1R}$ は同相（有効分電流），励磁電流 $\dot{I}_0$ はほぼ π/2（rad）遅れ電流となり題意より 1 A であるので，

$$\dot{I}_2 = 15\ 〔A〕,\ I_{1R} = 18\ 〔A〕,\ \dot{I}_0 = -j1\ 〔A〕$$

となる。これらを式(3)に代入して，

$$\dot{I} = 18 - j1 - 15 = 3 - j1\ 〔A〕$$

よって，

$$|\dot{I}| = \sqrt{3^2 + 1^2} = \sqrt{10}$$

4.7 単巻変圧器

第4章 章末問題

4-1 単相変圧器の一次側に電流計，電圧計及び電力計を接続して，二次側を短絡し，一次側に定格周波数の電圧を供給し，電流計が40〔A〕を示すよう一次側の電圧を調整したところ，電圧計は80〔V〕，電力計は1 200〔W〕を示した。この変圧器の一次側からみた漏れリアクタンス〔Ω〕の値として，最も近いのは次のうちどれか。

ただし，電流計，電圧計及び電力計は理想的な計器であるものとする。

(1) 1.28 (2) 1.85 (3) 2.00 (4) 2.36 (5) 2.57

［平成19年A問題］

4-2 変圧器の騒音を低減する方法に関する次の記述のうち，誤っているのはどれか。

(1) 変圧器全体を建物内に入れ，建物を堅固に作る。
(2) 励磁電流を小さく設計する。
(3) 変圧器の外箱を共振しないよう強固に締め付ける。
(4) 磁束密度を高く設計する。
(5) 冷却用ファンの回転速度を低くする。

［平成5年A問題］

4-3 変圧器の異常を検出し，油入変圧器を保護・監視する装置としては，大別して電気的，機械的及び熱的な3種類の継電器（リレー）が使用される。これらは，遮断器の引き外し回路や警報回路と連動される。

電気的保護装置としては，　(ア)　継電器を用いるのが一般的である。この継電器の動作コイルは，変圧器の一次巻線側と二次巻線側に設置されたそれぞれの変流器の二次側　(イ)　で動作するように接続される。

機械的保護装置としては，変圧器内部の油圧変化率，ガス圧変化率，油流変化率で動作する継電器が用いられる。また，変圧器内部の圧力の過大な上昇を緩和するために，　(ウ)　が取り付けられている。

熱的保護・監視装置としては，　(エ)　温度や巻線温度を監視・測定するために，ダイヤル温度計や　(オ)　装置が用いられる。

上記の記述中の空白箇所（ア），（イ），（ウ），（エ）及び（オ）に当てはまる語句として，正しいものを組み合わせたのは次のうちどれか。

	（ア）	（イ）	（ウ）	（エ）	（オ）
(1)	過電圧	和電流	放圧装置	油	絶縁監視
(2)	比率差動	差電流	放圧装置	油	巻線温度指示
(3)	過電圧	差電流	コンサベータ	鉄心	巻線温度指示
(4)	比率差動	和電流	コンサベータ	鉄心	絶縁監視
(5)	電流平衡	和電流	放圧装置	鉄心	巻線温度指示

［平成 20 年 A 問題］

4-4 電力用単相二巻線変圧器に関する記述として，誤っているのは次のうちどれか。

(1) 定格容量とは，定格二次電圧，定格周波数及び定格力率において，指定された温度上昇の限度を超えることなく，二次端子間に得られる皮相電力である。

(2) 定格負荷状態において，二次端子電圧が定格二次電圧になるように一次端子に加える電圧は，定格一次電圧に等しい。

(3) 変圧比とは，二次巻線を基準とした，二つの巻線の無負荷時における電圧の比である。

(4) 全損失は，無負荷損と負荷損の和である。

(5) 巻数比が等しく定格容量の異なる 2 台の変圧器を並行運転する場合，2 台の百分率短絡インピーダンスが等しければ，負荷はそれぞれの変圧器の定格容量の比で配分される。

［平成 15 年 A 問題］

4-5 変圧器の電圧変動率とは，指定された電流および力率ならびに定格周波数において二次巻線の端子電圧を定格値に保ったとき，その （ア） 電圧を変えることなく，変圧器を （イ） とした場合の （ウ） 電圧の変動の （エ） 電圧に対する比をいい，これを百分率で表す。

上記の記述中の空白箇所（ア），（イ），（ウ）および（エ）に記入する字句として，正しいものを組み合わせたのは次のうちどれか。

	（ア）	（イ）	（ウ）	（エ）
(1)	二次端子	無負荷	一次端子	定格一次
(2)	二次端子	全負荷	一次端子	定格一次
(3)	一次端子	軽負荷	二次端子	定格二次
(4)	一次端子	無負荷	二次端子	定格二次
(5)	一次端子	全負荷	二次端子	定格二次

［平成 3 年 A 問題］

4-6　単相変圧器があり，負荷 86〔kW〕，力率 1.0 で使用したときに最大効率 98.7〔％〕が得られる。この変圧器について，次の(a)及び(b)に答えよ。

(a) この変圧器の無負荷損〔W〕の値として，最も近いのは次のうちどれか。
　(1) 466　(2) 566　(3) 667　(4) 850　(5) 1 133

(b) この変圧器を負荷 20〔kW〕，力率 1.0 で使用したときの効率〔％〕の値として，最も近いのは次のうちどれか。
　(1) 94.4　(2) 95.7　(3) 96.6　(4) 97.1　(5) 97.6

［平成 15 年 B 問題］

4-7　ある単相変圧器の負荷が，全負荷の $\frac{1}{2}$ のときに効率が最大になるという。この変圧器の負荷が全負荷の $\frac{3}{4}$ のときの銅損 P_c と鉄損 P_i の比 $\left(\frac{P_c}{P_i}\right)$ の値として，正しいのは次のうちどれか。ただし，二次電圧及び負荷力率は一定とする。
　(1) 0.56　(2) 1.13　(3) 1.50　(4) 2.25　(5) 3.00

［平成 13 年 A 問題］

4-8　定格容量 500〔kV・A〕の単相変圧器 3 台を Δ−Δ 結線 1 バンクとして使用している。ここで，同一仕様の単相変圧器 1 台を追加し，V-V 結線 2 バンクとして使用するとき，全体として増加させることができる三相容量〔kV・A〕の値として，最も近いのは次のうちどれか。
　(1) 134　(2) 232　(3) 500　(4) 606　(5) 634

［平成 15 年 A 問題］

第5章 パワーエレクトロニクスと電動機応用

Point 重要事項のまとめ

1 サイリスタ
- 順電圧が加わってもゲートに信号を与えるまで導通を阻止する。
- オン状態になったら，ゲート電流がなくても保持電流以上の順方向電流が流れているとオン状態を維持する。
- 逆電圧がかかるとオフ状態になる。

2 GTO
- 正式にはゲートターンオフトランジスタという。
- ゲート信号によって，ターンオンおよびターンオフできる。

3 パワートランジスタ
- 順方向ベース電流の供給と停止にてターンオン，ターンオフを行う。

4 単相ブリッジ整流回路
直流電圧平均値 E_{d0} は，E を交流側電圧の実効値とするとき，
- 制御角 $\alpha = 0$ のとき，
  $E_{d0} = 0.9\,E$
- 制御角 α のとき，
  $E_{d0} = 0.9\,E\dfrac{1+\cos\alpha}{2}$

5 三相半波整流回路
直流電圧平均値 E_{d0} は，E を交流側相電圧の実効値とするとき
- 制御角 $\alpha = 0$ のとき，
  $E_{d0} = 1.17\,E$
- 制御角 α のとき，
  $E_{d0} = 1.17\,E\cos\alpha$

6 三相ブリッジ整流回路
直流電圧平均値 E_{d0} は，V_l を交流側線間電圧実効値とするとき，
- 制御角 $\alpha = 0$ のとき，
  $E_{d0} = 1.35\,V_l$
- 制御角 α のとき，
  $E_{d0} = 1.35\,V_l\cos\alpha$

7 インバータ（逆変換回路）
直流電力を電力用半導体素子のスイッチング作用を利用して交流電力に変換する。

8 チョッパ回路
交流を介さない，直接直流変換装置で，直流電流を高速度で通電，しゃ断を行う装置。

9 周波数変換装置（サイクロコンバータ）
一定の周波数の交流電源から異なった周波数の交流電力を得るもの。

10 ポンプ用電動機の所要動力 P

$$P = \frac{9.8\,kqH}{\eta} \; [\text{kW}]$$

ここで,

k：余裕を見込む係数
q：ポンプの揚水量〔m³/s〕
H：全揚程〔m〕
η：ポンプ効率（小数）

11 エレベータ用電動機の所要動力 P

$$P = \frac{9.8\,kMv}{\eta} \; [\text{W}]$$

ここで,

k：加速に必要な係数
M：電動機に実質的にかかる荷重〔kg〕（エレベータにかかる荷重-つり合い荷重）
v：昇降速度〔m/s〕
η：機械効率（小数）

12 電車の所要動力 P

$$P = \frac{9.8\,GRv}{\eta} \; [\text{W}]$$

ここで,

G：乗客を含めた車両の重量〔t〕
R：走行抵抗〔kg/t〕
v：走行速度〔m/s〕
η：機械効率（小数）

13 回生制動

- 直流電動機：界磁を強め，誘導起電力を電源電圧より大きくし，発電機として作用させる。
- 誘導電動機：同期速度を超えて回転させると発電機として作用する。

14 送風機の風量，トルク，所要動力と回転速度の関係

- 風量：回転速度に比例
- トルク：回転速度の2乗に比例
- 所要動力：回転速度の3乗に比例

15 回転体が保有するエネルギー

質量 G〔kg〕の物体が，角速度 ω〔rad/s〕で半径 R〔m〕の回転運動をしているとき，運動エネルギー E〔J〕は，

$$E = \frac{1}{2}Gv^2 = \frac{1}{2}G(R\omega)^2$$
$$= \frac{1}{2}(GR^2)\omega^2 = \frac{1}{2}J\omega^2$$

で表される。

$J = GR^2$ を慣性モーメントという。

5.1 電力用半導体素子

例題 1

ターンオフサイリスタ (GTO) 素子に関する次の記述のうち，誤っているのはどれか。ただし，Pゲートの素子であるものとする。
(1) インバータにおけるスイッチング素子として用いることができる。
(2) ターンオン動作は，ゲートに正の電圧を与えて行う。
(3) ターンオフ動作は，ゲートに負の電圧を与えて行う。
(4) 素子間のターンオフ時間のばらつきを小さくすれば，直列に接続することができる。
(5) 自己消弧機能を有するので，大容量素子となっても冷却する必要がない。

［平成7年A問題］

答 (5)

考え方　ターンオフサイリスタは，一種の逆阻止3端子サイリスタであり，ターンオン時と逆極性のゲート信号でターンオフできる点が最大の特徴である。

サイリスタの損失は，接合部の温度上昇に影響し，劣化要因となるので冷却は重要である。冷却媒体としては，空気，水，油，ガスなどが用いられている。

解き方　ターンオフサイリスタのターンオフ特性は，トランジスタのターンオフ特性に類似しており，高速ターンオフができる。したがって，問題の
(1)のインバータにおけるスイッチング素子として用いることができる。
(2)のターンオン動作は，ゲートに正の電圧を与えて行う。
(3)のターンオフ動作は，ゲートに負の電圧を与えて行う。
は，正しい。
(4)は，次の理由により正しい。

素子間のターンオフ時間のばらつきが大きければ，回復電荷の相違により，直列接続した場合，先にターンオフした素子に全電圧が印加され，過電圧となり破損するおそれがある。したがって，直列接続には，素子間のターンオフ時間のばらつきが小さいことが必要である。

(5)の「自己消弧機能」と「冷却」とは，直接的因果関係がないので誤りである。大容量素子になるほど大電流が流れることから，発生熱量も大きくなるので，効果的な冷却方法が必要となる。

例題 2

電力用半導体素子（半導体バルブデバイス）に関する次の記述のうち，誤っているのはどれか。
(1) 逆阻止3端子サイリスタは，ゲート信号によりターンオンできるが，自己消弧能力はない。
(2) ゲートターンオフサイリスタ（GTO）は，ゲート信号によりオンおよびオフできる素子である。
(3) 光トリガサイリスタは，光でオンおよびオフできるサイリスタである。
(4) ダイオードは，方向性を持つ素子で，交流を直流に変換できる。
(5) トライアックは，2方向性サイリスタである。

［平成10年A問題］

答　(3)

考え方　電力用半導体素子である逆阻止3端子サイリスタ（SCR），GTO，光トリガサイリスタ，ダイオード，トライアックについて，その特徴を整理する。

解き方　(3)以外は正しい。

光トリガサイリスタは，普通のサイリスタのように電気的な信号でターンオンさせるデバイスではなく，光の照射によって**トリガ（点弧）のみ行う機能**を備えた逆阻止2端子サイリスタである。サイリスタの主回路と点弧用光発生回路を電気的に完全に分離できる利点がある。光でオフできないので誤りである。

光トリガサイリスタは，大電力用で，直流送電や電力系統などに採用されている。

5.1 電力用半導体素子

例題 3

パワーエレクトロニクスのスイッチング素子として，逆阻止 3 端子サイリスタは，素子のカソード端子に対し，アノード端子に加わる電圧が （ア） のとき，ゲートに電流を注入するとターンオンする。同様に，npn 形のバイポーラトランジスタでは，素子のエミッタ端子に対し，コレクタ端子に加わる電圧が （イ） のとき，ベースに電流を注入するとターンオンする。

なお，オンしている状態をターンオフさせる機能がある素子は （ウ） である。

上記の記述中の空白箇所（ア），（イ）および（ウ）に記入する語句として，正しいものを組み合わせたのは次のうちどれか。

	（ア）	（イ）	（ウ）
(1)	正	正	npn 形バイポーラトランジスタ
(2)	正	正	逆阻止 3 端子サイリスタ
(3)	正	負	逆阻止 3 端子サイリスタ
(4)	負	正	逆阻止 3 端子サイリスタ
(5)	負	負	npn 形バイポーラトランジスタ

[平成 16 年 A 問題]

答 (1)

考え方

逆阻止 3 端子サイリスタには，ターンオフ機能はなく，npn 形バイポーラトランジスタにはターンオフ機能がある。

解き方

逆阻止 3 端子サイリスタは，カソード端子に対し，アノード端子に加わる電圧が正のとき，すなわち順方向電圧が加わるときに，ゲートに電流を注入することによりターンオンさせる。ターンオフさせる機能はない。

npn 形バイポーラトランジスタは，以下のように動作する。

① ベース・エミッタ間に順方向バイアスを加えてベース電流を流す。
② これにより，エミッタからベースに電子（キャリア）が供給される。
③ コレクタ電圧を正にすることで，ベース領域内の電子がコレクタに集められる。
④ 電子がエミッタからベースを通ってコレクタに到着することにより，電流がコレクタからエミッタに流れる。
⑤ ベース電流の増減に従い，エミッタからの電子の量，すなわちコレクタ電流が増減する。

以上から，ベース電流がゼロになれば，コレクタ電流もゼロになる。すなわちターンオフ機能を有する。

例題 4

電力用半導体素子（半導体バルブデバイス）である IGBT（絶縁ゲートバイポーラトランジスタ）に関する記述として，正しいのは次のうちどれか。

(1) ターンオフ時の駆動ゲート電力が GTO に比べて大きい。
(2) 自己消弧能力がない。
(3) MOS 構造のゲートとバイポーラトランジスタとを組み合わせた構造をしている。
(4) MOS 形 FET パワートランジスタより高速でスイッチングできる。
(5) 他の大電力用半導体素子に比べて，並列接続して使用することが困難な素子である。

［平成 20 年 A 問題］

答 (3)

考え方 IGBT（Insulated Gate Bipolar Transistor）は，MOSFET とバイポーラトランジスタを複合化したスイッチングデバイスであり，両者の特徴を活かして，バイポーラトラジスタ並の低オン電圧と MOSFET の高速スイッチング特性をもたせている。また，複数のチップを並列接続して大容量化を行っている。

解き方 ターンオン，オフは，バイポーラトランジスタ並であるので(1)は誤り。自己消弧能力もあるので(2)は誤り。高速スイッチングは，MOSFET のほうが優れているので(4)は誤り。並列接続は容易であるので(5)は誤り。

5.1 電力用半導体素子

5.2 整流回路

例題 1

　三相ブリッジ整流回路の結線として，正しいものは下図のうちどれか。ただし，U，V および W は三相電源に接続される端子とし，(+) および (-) は直流出力端子とする。

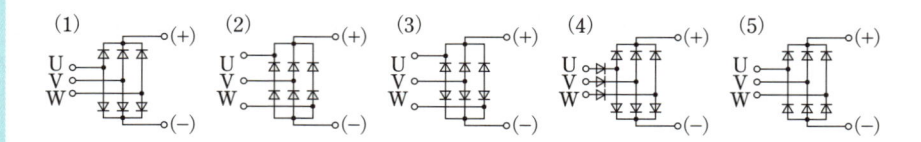

(1)　(2)　(3)　(4)　(5)

［平成 8 年 A 問題］

答　(5)

考え方　三相ブリッジ整流回路の結線は，図 5.1 に示すように，三相半波整流回路を 2 段重ね（直列接続）したものに等しい。

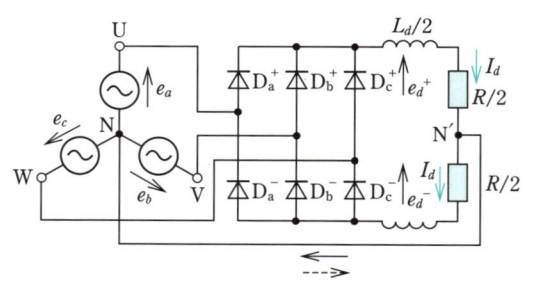

図 5.1　三相ブリッジ整流回路

解き方　問題の (1)〜(4) は下記の理由から誤りである。

(1)　下方の整流器が逆になっている。
(2)　U，W が交流側と直流側で直結されている。
(3)　下方の整流器の向きが逆であるとともに，U，W が交流側と直流側で直結されている。
(4)　下方の整流器の向きが逆で，かつ余分な整流器がある。

例題 2

図に示す出力電圧波形 v_R を得ることができる電力変換回路として，正しいのは次のうちどれか。

ただし，回路中の交流電源は正弦波交流電圧源とする。

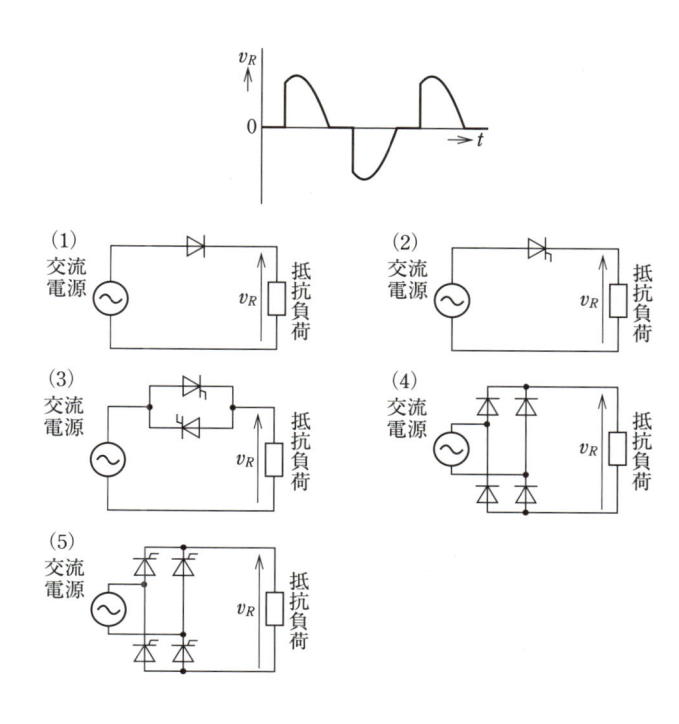

(1) 交流電源 — ダイオード — 抵抗負荷 v_R
(2) 交流電源 — ダイオード — 抵抗負荷 v_R
(3) 交流電源 — サイリスタ2個逆並列 — 抵抗負荷 v_R
(4) 交流電源 — ダイオードブリッジ — 抵抗負荷 v_R
(5) 交流電源 — サイリスタブリッジ — 抵抗負荷 v_R

［平成 18 年 A 問題］

答 (3)

考え方　図に示す出力電圧波形 v_R は，制御角をもって出力されていること，また，負側の電圧の出力もあることに注目する。

解き方　出力電圧波形 v_R は，制御角 (α) で制御された正，負の波形となっている。よって，

- 波形の制御のできないダイオードで回路が構成されている (1)，(4) は誤り。
- (2) は正方向のみの半波整流であるので誤り。
- (5) は全波整流となっているので，この場合，負の波形とはならないので誤り。

である。

(3) の回路は，正，負の半波制御が行われており，正しい電力変換回

例題 3

　図1は整流素子としてのサイリスタを使用した単相半波整流回路で，図2は，図1において負荷が (ア) の場合の電圧と電流の関係を示す。電源電圧 v が $\sqrt{2}\,V\sin\omega t$ [V] であるとき，ωt が0から π [rad] の間においてサイリスタ Th を制御角 α [rad] でターンオンさせると，電流 i_d [A] が流れる。このとき，負荷電圧 v_d の直流平均値 V_d [V] は，次式で示される。ただし，サイリスタの順方向電圧降下は無視できるものとする。

$$V_d = 0.450\,V \times \boxed{(イ)}$$

　したがって，この制御角 α が (ウ) [rad] のときに V_d は最大となる。

　上記の記述中の空白箇所が（ア），（イ）および（ウ）に記入する語句，式または数値として，正しいものを組み合わせたのは次のうちどれか。

	(ア)	(イ)	(ウ)
(1)	抵抗	$(1+\cos\alpha)/2$	0
(2)	誘導性	$(1+\cos\alpha)$	$\pi/2$
(3)	抵抗	$(1-\cos\alpha)$	0
(4)	抵抗	$(1-\cos\alpha)/2$	$\pi/2$
(5)	誘導性	$(1+\cos\alpha)$	0

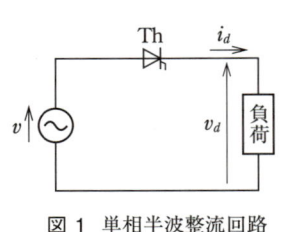

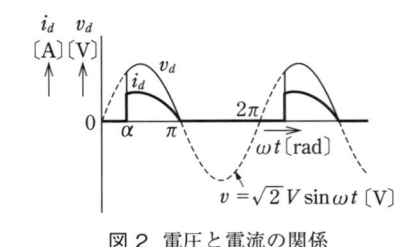

図1　単相半波整流回路

図2　電圧と電流の関係

[平成17年A問題]

答 (1)

考え方　負荷に加わる電圧 v_d と負荷電波 i_d の位相差がないことに注目する。また，負荷電圧 v_d の直流平均値 V_d [V] は，波形を $0\sim2\pi$ で積分し，2π で除することにより求める。

解き方 本問の図は，サイリスタによる単相半波整流回路で，電圧波形と電流波形を比較すると同相になっている。したがって負荷は純抵抗負荷である。

制御角 α での負荷電圧 v_d の直流平均値 V_d は，$\theta = \alpha \sim \pi$ まで積分し，2π で除することで求められるので，

$$V_d = \frac{1}{2\pi}\int_\alpha^\pi \sqrt{2}\,V\sin\theta\,d\theta = \frac{\sqrt{2}\,V}{2\pi}\Bigl[-\cos\theta\Bigr]_\alpha^\pi$$

$$= \frac{\sqrt{2}\,V}{2\pi}(1+\cos\alpha) \fallingdotseq 0.45\,V\frac{(1+\cos\alpha)}{2} \qquad (1)$$

となる。

よって，V_d が最大になるのは，$\alpha = 0$ 〔rad〕，$\cos\alpha = 1$ のときであり，V_d の最大値 V_{dm} は，

$$V_{dm} = 0.45\,V \text{〔V〕}$$

となる。

式(1)は暗記しておくとよい。

5.3 半導体電力変換装置

例題 1

　図1は，降圧チョッパの基本回路である．オンオフ制御バルブデバイスQは，IGBTを用いており，$\frac{T}{2}$〔s〕の期間はオン，残りの$\frac{T}{2}$〔s〕の期間はオフで，周期T〔s〕でスイッチングし，負荷抵抗Rには図2に示す波形の電流i_R〔A〕が流れているものとする．

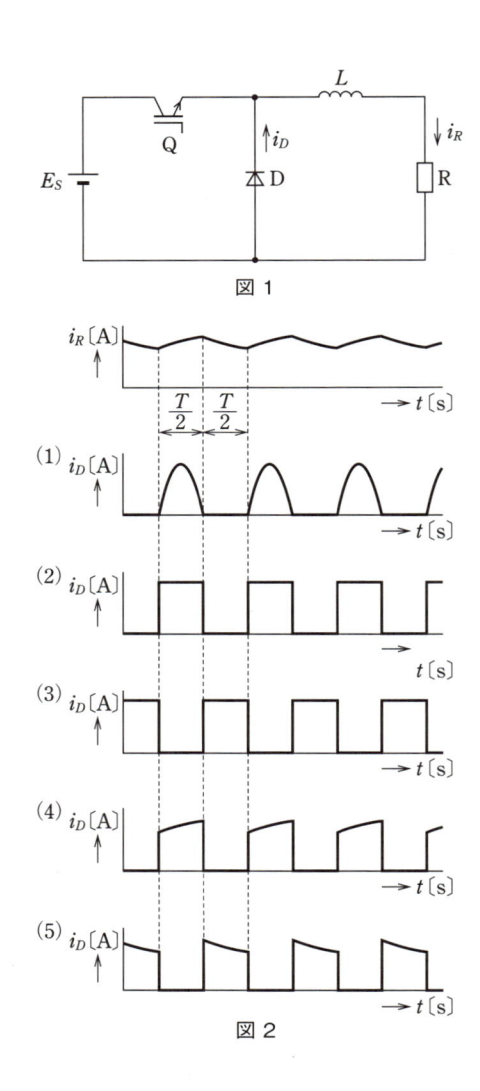

図1

図2

このとき，ダイオード D に流れる電流 i_D〔A〕の波形に最も近い波形は，図 2 の(1)から(5)のうちのどれか。

［平成 22 年 A 問題］

答 (5)

考え方
- オンオフ制御デバイス Q は直流の電圧を「入」，「切」していることに注目する。
- i_R の電流が増加している $\frac{T}{2}$〔s〕の期間においては，Q は「オン」状態となっているので i_D は流れない。
- Q が「オフ」の状態では，リアクトルに蓄えられたエネルギーが抵抗で徐々に消費される。

解き方
ダイオード D に流れる電流は形は，i_R の波形のうち Q が「オフ」の部分，つまり後半の $\frac{T}{2}$〔s〕を切りとったもので図 5.2 のようになる。

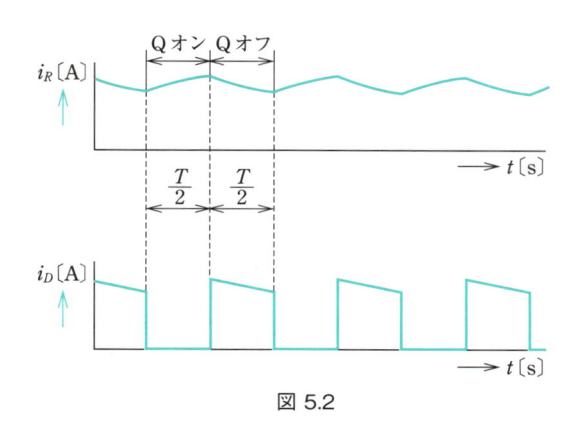

図 5.2

例題 2

図 1 は，IGBT を用いた単相ブリッジ接続の電圧形インバータを示す。直流電圧 E_d〔V〕は，一定値と見なせる。出力端子には，インダクタンス L〔H〕で抵抗値 R〔Ω〕の誘導性負荷が接続されている。

図 2 は，このインバータの動作波形である。時刻 $t = 0$〔s〕で IGBT Q_3 及び Q_4 のゲート信号をオフにするとともに Q_1 及び Q_2 のゲート信号をオンにすると，出力電圧 v_a〔V〕は E_d〔V〕となる。$t = \frac{T}{2}$〔s〕で Q_1 及び Q_2 のゲート信号をオフにするとともに Q_3 及び Q_4 のゲート信号をオンにすると，v_a〔V〕は $-E_d$〔V〕となる。これを周期 T〔s〕で繰り返して方形波電圧を

出力する。

出力電流 i_a〔A〕は，$t=0$〔s〕で $-I_p$〔A〕になっているものとする。負荷の時定数は $\tau = \dfrac{L}{R}$〔s〕である。$t=0 \sim \dfrac{T}{2}$〔s〕では，時間の関数 $i_a(t)$ は次式となる。

$$i_a(t) = -I_p e^{-\frac{t}{\tau}} + \frac{E_d}{R}\left(1-e^{-\frac{t}{\tau}}\right)$$

定常的に動作しているときには，周期条件から $t = \dfrac{T}{2}$〔s〕で出力電流は I_p〔A〕となり，次式が成り立つ。

$$i_a\left(\frac{T}{2}\right) = -I_p e^{-\frac{T}{2\tau}} + \frac{E_d}{R}\left(1-e^{-\frac{T}{2\tau}}\right) = I_p$$

このとき，次の(a)及び(b)に答えよ。

ただし，バルブデバイス（IGBT 及びダイオード）での電圧降下は無視するものとする。

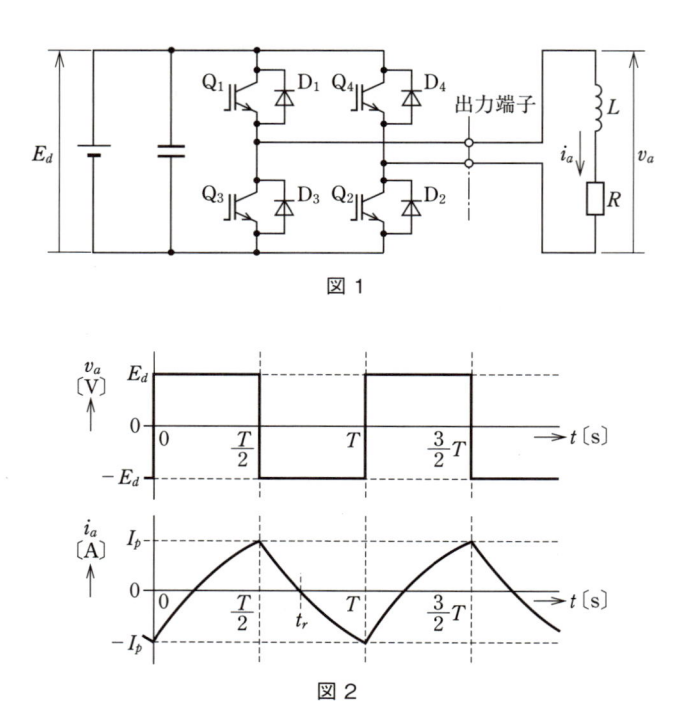

図 1

図 2

(a) 時刻 $t = \dfrac{T}{2}$〔s〕の直前では Q_1 及び Q_2 がオンしており，出力電流は直流電源から $Q_1 \to$ 負荷 $\to Q_2$ の経路で流れている。$t = \dfrac{T}{2}$〔s〕で IGBT Q_1 及び Q_2 のゲート信号をオフにするとともに Q_3 及び Q_4 のゲート信号をオンにした。その直後（図 2 で，$t = \dfrac{T}{2}$〔s〕から，出力電流が 0〔A〕に

なる $t = t_r$〔s〕までの期間），出力電流が流れるバルブデバイスとして，正しいものを組み合わせたのは次のうちどれか。

(1) Q_1, Q_2 (2) Q_3, Q_4 (3) D_1, D_2 (4) D_3, D_4
(5) Q_3, Q_4, D_1, D_2

(b) $E_d = 200$〔V〕，$L = 10$〔mH〕，$R = 2.0$〔Ω〕，$T = 10$〔ms〕としたとき，I_p〔A〕の値として，最も近いのは次のうちどれか。
ただし，$e = 2.718$ とする。
(1) 32 (2) 46 (3) 63 (4) 76 (5) 92

[平成 21 年 B 問題]

答 (a)-(4)，(b)-(2)

考え方 (a) 誘導性負荷であるため，半導体スイッチを切り換えても，出力電流がゼロになるまでの期間は，負荷の誘導起電力の影響をうけて同じ方向に流れ続ける。この間，半導体スイッチには電流は流れない。
(b) I_p の電流値は，与えられた式に，題意の条件を適用して求める。

解き方 (a) 時刻 $t = T/2$ から $t = t_r$ になるまでの期間，負荷電流は（＋）であるので，Q_3, Q_4 に対して逆方向となるため Q_3, Q_4 には流れず，D_3, D_4 に流れる。
(b) 題意より I_p は，

$$I_p = i_a\left(\frac{T}{2}\right) = -I_p e^{-\frac{T}{2\tau}} + \frac{E_d}{R}\left(1 - e^{-\frac{T}{2\tau}}\right) \tag{1}$$

となる。ここで，$E_d = 200$〔V〕，$L = 10$〔mH〕，$R = 2.0$〔Ω〕であるので，

$$\tau = \frac{L}{R} = \frac{10 \times 10^{-3}}{2.0} = 5 \times 10^{-3} \text{〔s〕}$$

$$\frac{E_d}{R} = \frac{200}{2.0} = 100 \text{〔A〕}$$

となる。また $T = 10$〔ms〕であるから，I_p は，式(1)より，

$$I_p = -I_p e^{-\frac{10 \times 10^{-3}}{2 \times 5 \times 10^{-3}}} + 100\left(1 - e^{-\frac{10 \times 10^{-3}}{2 \times 5 \times 10^{-3}}}\right)$$

$$= -I_p e^{-1} + 100(1 - e^{-1})$$

$$I_p(1 + e^{-1}) = 100(1 - e^{-1})$$

$$\therefore I_p = 100 \times \frac{1 - e^{-1}}{1 + e^{-1}} \fallingdotseq 46 \text{〔A〕}$$

となる。

例題 3

図は，2個のサイリスタを逆並列に接続し，位相制御により負荷電力を制御する回路を示す。次の(a)及び(b)に答えよ。

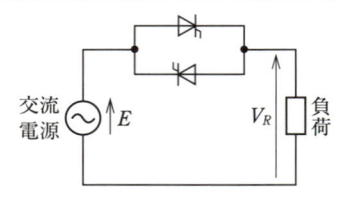

(a) 負荷が抵抗負荷であるとき，制御角 α が 90〔°〕のときの発熱量は，30〔°〕のときの発熱量の何倍か。最も近い値は次のうちどれか。

ただし，負荷の抵抗値は一定とする。また，制御角 α〔rad〕のときの負荷電圧の実効値 V_R は，電源電圧の実効値を E とすると，

$$V_R = E \cdot \sqrt{1 - \frac{\alpha}{\pi} + \frac{\sin 2\alpha}{2\pi}}$$

で与えられるものとする。

(1) 0.515　(2) 0.717　(3) 0.866　(4) 0.912　(5) 0.986

(b) 負荷が抵抗値 R〔Ω〕，インダクタンス L〔H〕との直列回路からなる誘導性負荷である場合の記述として，誤っているのは次のうちどれか。

ただし，電源の角周波数を ω〔rad/s〕とし，負荷の基本波力率角を

$$\phi = \tan^{-1} \frac{\omega L}{R}$$

とする。

(1) 定常運転時に $\alpha < \phi$ としたとき，サイリスタにオン指令を与えてもサイリスタを毎サイクルターンオン制御できない。
(2) 負荷が純インダクタンスとみなされる場合は，サイリスタ制御リアクトル方式無効電力補償装置（TCR）と呼ばれ，図の回路を一相分として，無効電力補償装置に使用される。
(3) 電流の通流幅は，制御角 α と基本波力率角 ϕ の関数になる。
(4) 負荷の基本波力率角（遅れ）が大きくなるほどターンオフ直後のサイリスタに印加される電圧の絶対値は小さくなる。
(5) 電流高調波成分は，第3次成分が最も大きい。

〔平成 19 年 B 問題〕

答 (a)-(1)，(b)-(4)

考え方 (a) 負荷の発熱量 Q は，負荷電圧の実効値を V_R〔V〕，負荷抵抗値を R〔Ω〕とすると，

$$Q = \frac{V_R^2}{R}$$

となる。制御角 $\alpha = 90°$，$\alpha = 30°$ におけるおのおのの V_R の値を題意の式より求めて，発熱量 Q の比較を行う。

(b) 負荷の基本波力率角 ϕ の場合，制御角 α での負荷電圧 V_R および負荷電流 i の波形は，図 5.3 のようになる。

図 5.3

解き方 (a) 制御角 α [rad] のときの負荷電圧の実効値 V_R は題意より，

$$V_R = E\sqrt{1 - \frac{\alpha}{\pi} + \frac{\sin 2\alpha}{2\pi}} \tag{1}$$

で与えられる。$\alpha = 90°$ のときの負荷電圧実効値 V_{R90} は，式(1) より，

$$V_{R90} = E\sqrt{1 - \frac{\frac{\pi}{2}}{\pi} + \frac{\sin 2 \times \left(\frac{\pi}{2}\right)}{2\pi}} = E\sqrt{1 - \frac{1}{2} + 0} = E\sqrt{0.5}$$

同様に $\alpha = 30°$ のときの負荷電圧実効値 V_{R30} は，

$$V_{R30} = E\sqrt{1 - \frac{\frac{\pi}{6}}{\pi} + \frac{\sin 2 \times \left(\frac{\pi}{6}\right)}{2\pi}}$$

$$= E\sqrt{1 - \frac{1}{6} + \frac{\frac{\sqrt{3}}{2}}{2\pi}} \fallingdotseq E\sqrt{0.97}$$

$\alpha = 90°$ のときの発熱量 Q_{90} [J] は，負荷抵抗を R [Ω] とすると，

$$Q_{90} = \frac{V_{R90}^2}{R} = \frac{E^2}{R} \times 0.5 \text{ [J]}$$

同様に $\alpha = 30°$ のときの発熱量 Q_{30} [J] は，

$$Q_{30} = \frac{V_{R30}^2}{R} = \frac{E^2}{R} \times 0.97 \text{ [J]}$$

よって，

$$\frac{Q_{90}}{Q_{30}} = \frac{0.5}{0.97} \fallingdotseq 0.515$$

(b) 負荷の基本波力率角 ϕ の場合，制御角を α とすると，負荷電圧 V_R と負荷電流 i の波形は，図 5.3 のようになる。したがって，ϕ が大きくなるほど，ターンオフ直後のサイリスタに印加される電圧の絶対値は大きくなる。

(1)，(2)，(3)，(5) は正しい。

5.3 半導体電力変換装置

例題4

交流電動機を駆動するとき，電動機の鉄心の (ア) を防ぎトルクを有効に発生させるために，駆動する交流基本波の電圧と周波数の比がほぼ (イ) になるようにする方法が一般的に使われている。この方法を実現する整流器とインバータによる回路とその制御の組み合わせの例には，次の二つがある。

一つの方法は，一定電圧の交流電源から直流電圧を得る整流器に (ウ) などを使用して，インバータ出力の周波数に対して目標の比となるように直流電圧を可変制御し，この直流電圧を交流に変換するインバータでは出力の周波数の調整を行う方法である。

また，別の方法は，一定電圧の交流電源から整流器を使ってほぼ一定の直流電圧を得て，インバータでは出力パルス波形を制御することによって，出力の電圧と周波数を同時に調整する方法である。

一定の直流電圧から可変の交流電圧を得るインバータの代表的な制御として， (エ) 制御が知られている。

上記の記述中の空白箇所（ア），（イ），（ウ）及び（エ）に当てはまる語句として，正しいものを組み合わせたのは次のうちどれか。

	（ア）	（イ）	（ウ）	（エ）
(1)	磁気飽和	一定	ダイオード	PWM
(2)	振動	2乗	ダイオード	PLL
(3)	磁気飽和	2乗	サイリスタ	PLL
(4)	振動	一定	サイリスタ	PLL
(5)	磁気飽和	一定	サイリスタ	PWM

［平成20年A問題］

答 (5)

考え方 かご形誘導電動機の回転数制御を電源周波数を変えることによって行う方法を述べている。電動機に電圧を印加したときに発生する1次側の誘導起電力 e は，ファラデーの法則により，

$$e \propto \frac{d\phi}{dt} \propto \phi \cdot f \quad \therefore \quad \phi \propto \frac{e}{f}$$

の関係が成立する。誘導起電力 e は，電源の印加電圧 V に比例するので，V/f を一定に制御すると，電動機鉄心の磁気飽和を防ぐことができる。

解き方 直流電圧の値を可変制御するには，サイリスタを使用した整流器が必要である。ダイオードは，整流はできるが大きさを変えることはできない。一定の直流電源から可変の交流電圧を得るインバータ制御の方法として，パルス幅変調（PWM）が多く用いられている。

5.4 ポンプ，巻上機などの所要動力

例題 1

ポンプによって毎分 Q〔m³〕の水を全揚程 H〔m〕の場所に揚水する場合の所要動力〔kW〕として，正しいのは次のうちどれか。ただし，ポンプの効率を η〔%〕とする。

(1) $\dfrac{0.163\,QH}{\eta}$ (2) $\dfrac{0.326\,QH}{\eta}$ (3) $\dfrac{1.63\,QH}{\eta}$

(4) $\dfrac{3.26\,QH}{\eta}$ (5) $\dfrac{16.3\,QH}{\eta}$

［平成 4 年 A 問題］

答 (5)

考え方

ポンプの揚水量 q〔m³/s〕，全揚程 H〔m〕，ポンプ効率 η のとき，ポンプの所要動力 P〔kW〕は，

$$P = \frac{9.8\,qH}{\eta} \tag{1}$$

にて表される。

解き方

題意よりポンプの揚水量は毎分 Q〔m³〕であるので，これを毎秒の揚水量 q に換算すると，

$$q = \frac{Q}{60} \;\text{〔m}^3\text{/s〕}$$

となる。よって，全揚程 H〔m〕，ポンプ効率 η〔%〕のとき，ポンプの所要動力 P〔kW〕は，式(1)より，

$$P = \frac{9.8\,qH}{\dfrac{\eta}{100}} = \frac{9.8 \times \left(\dfrac{Q}{60}\right)H}{\dfrac{\eta}{100}} \fallingdotseq \frac{16.3\,QH}{\eta}$$

となる。

例題 2

電動機で駆動するポンプを用いて，毎時 100 m³ の水を揚程 50 m の高さに持ち上げる。ポンプの効率は 74%，電動機の効率は 92% で，パイプの損失水頭は 0.5 m であり，他の損失水頭は無視できるものとする。このとき必要な電動機入力〔kW〕の値として，最も近いのは次のうちどれか。

(1) 18.4　　(2) 18.6　　(3) 20.2　　(4) 72.7　　(5) 74.1

[平成 18 年 A 問題]

答　(3)

考え方　揚水量 q を〔m³/s〕の単位で求める。次に，全揚程 H は，揚程 H_0 にパイプの損失水頭 H_l を加えて求める。ポンプ効率を η_p，電動機の効率を η_m とすれば，必要な電動機入力 P〔kW〕は，

$$P = \frac{9.8\, qH}{\eta_p \cdot \eta_m} \tag{1}$$

にて求められる。

解き方　題意より揚水量 q〔m³/s〕は，

$$q = \frac{100}{3\,600} \fallingdotseq 0.0278 \;〔\mathrm{m^3/s}〕$$

また，全揚程 H は，揚程 $H_0 = 50$〔m〕，パイプ損失 $H_l = 0.5$〔m〕であるので，

$$H = H_0 + H_l = 50 + 0.5 = 50.5 \;〔\mathrm{m}〕$$

ポンプ効率 $\eta_p = 0.74$，電動機効率 $\eta_m = 0.92$ であるので，必要な電動機入力 P〔kW〕は式(1)より，

$$P = \frac{9.8\, qH}{\eta_p \cdot \eta_m} = \frac{9.8 \times 0.0278 \times 50.5}{0.74 \times 0.92} \fallingdotseq 20.2 \;〔\mathrm{kW}〕$$

となる。

例題3

定格積載荷重が1 200 kg，昇降速度が毎分120 mのエレベーター用電動機の出力kWとして，正しいのは次のうちどれか。ただし，つり合いおもりの重量は，かごの重量に定格積載荷重の50%を加えたものとし，機械効率は70%，加速に要する動力は無視するものとする。

(1) 8.4　　(2) 16.8　　(3) 25.2　　(4) 33.6　　(5) 50.0

[平成2年A問題]

答 (2)

考え方　エレベータの動力に作用する荷重は，実際の荷重からつり合いおもりの重量を引いて求める。エレベータに実質的に作用する重量を M 〔kg〕，昇降速度を v 〔m/s〕，重力加速度を g 〔m/s²〕とすると，エレベータの所要動力 P 〔W〕は，

$$P = Mgv \tag{1}$$

となり，機械効率 η であると，電動機に必要な出力 P_m 〔W〕は，

$$P_m = Mgv/\eta \tag{2}$$

となる。

解き方　題意より定格積載荷重が1 200 kg，つり合いおもりの重量はかごの重量に定格積載荷重の50%を加えたものとするとあるので，かごの重量を M_k 〔kg〕とすると，実質的にエレベータ用電動機に作用する重量 M は，

$$M = (1\,200 + M_k) - (1\,200 \times 0.5 + M_k) = 600 \text{ 〔kg〕}$$

昇降速度が毎分120 mであるので，所要動力 P は，式(1)より，

$$P = Mgv = 600 \times 9.8 \times \frac{120}{60} = 11\,760 \text{ 〔W〕}$$

機械効率 η が70%であるので，電動機に必要な出力 P_m は，

$$P_m = \frac{P}{\eta} = \frac{11\,760}{0.7} = 16\,800 \text{ 〔W〕} = 16.8 \text{ 〔kW〕}$$

となる。

5.4 ポンプ，巻上機などの所要動力

5.5 電動機のトルク，動力および制動

例題 1

誘導電動機を VVVF（可変電圧可変周波数）インバータで駆動するものとする。このときの一般的な制御方式として (ア) が用いられる。いま，このインバータが 60 Hz 電動機用として，60 Hz のときに 100 % 電圧で運転するように調整されていたものとする。このインバータを用いて，50 Hz 用電動機を 50 Hz にて運転すると電圧は約 (イ) 〔%〕となる。トルクは電圧のほぼ (ウ) に比例するので，この場合の最大発生トルクは，定格電圧印加時の最大発生トルクの約 (エ) 〔%〕となる。

ただし，両電動機の定格電圧は同一である。

上記の記述中の空白箇所（ア），（イ），（ウ）および（エ）に当てはまる語句または数値として，正しいものを組み合わせたのは次のうちどれか。

	（ア）	（イ）	（ウ）	（エ）
(1)	V/f 一定制御	83	2 乗	69
(2)	V/f 一定制御	83	3 乗	57
(3)	電流一定制御	120	2 乗	144
(4)	電圧位相制御	120	3 乗	173
(5)	電圧位相制御	83	2 乗	69

〔平成 18 年 A 問題〕

答 (1)

考え方　誘導電動機を VVVF（可変電圧可変周波数）インバータで駆動する場合，鉄心の磁気飽和を避けるために，V/f 一定制御が行われる。

電動機の発生トルクは，入力電圧の 2 乗に比例する。

解き方
（ア）一般的制御方式として V/f 一定制御が行われる。
（イ）周波数 f を 60 Hz から 50 Hz にすると，V/f 一定制御により入力電圧も 100 % から，$100 \times (50/60) \fallingdotseq 83$〔%〕となる。
（ウ）トルクは入力電圧のほぼ 2 乗に比例する。
（エ）入力電圧が 83 % となるので，トルクは，$0.83^2 \fallingdotseq 0.69 = 69$〔%〕となる。

例題 2

送風機の運転において，吐出される空気に対する機械的な抵抗を無視すれば，風速は送風機の回転速度に比例する。その結果，風量は回転速度の （ア） 乗に比例し，単位体積あたりの風の運動エネルギーは回転速度の （イ） 乗に比例することとなり，送風機駆動用電動機の所要動力は回転速度の （ウ） 乗に比例することとなる。

上記の記述中の空白箇所（ア），（イ）および（ウ）に記入する数値として，正しいものを組み合わせたのは次のうちどれか。

	（ア）	（イ）	（ウ）		（ア）	（イ）	（ウ）
(1)	1	1	2	(4)	2	1	3
(2)	1	2	3	(5)	2	2	4
(3)	1	3	4				

［平成 7 年 A 問題］

答 (2)

考え方

- 風量 Q〔m³/s〕は，ダクトの断面積を A〔m²〕，風速を v〔m/s〕とすれば，
$$Q = Av$$
となる。

- 単位体積あたりの風の運動エネルギー W は，気体の密度を ρ〔kg/m³〕，風速を v〔m/s〕とすると，
$$W = \left(\frac{1}{2}\right)\rho v^2$$
となる。

- 送風機の所要動力 P〔W〕は，
$$P = QW$$
となる。

解き方

（ア）題意より，風速 v は送風機の回転速度 n に比例することから，風量 Q は，
$$Q = Av \propto n$$
となり，回転速度の 1 乗に比例する。

（イ）風の運動エネルギー W は，
$$W = \frac{1}{2}\rho v^2 \propto n^2$$
となり，回転速度の 2 乗に比例する。

（ウ）送風機の所要動力 P は，

$$P = QW = Av \times \left(\frac{1}{2}\right)\rho v^2 \propto n^3$$

となり，回転速度の3乗に比例する。

例題 3

誘導電動機によって回転する送風機のシステムで消費される電力を考える。

誘導電動機が商用交流電源で駆動されているときに送風機の風量を下げようとする場合，通風路にダンパなどを追加して流路抵抗を上げる方法が一般的である。ダンパの種類などによって消費される電力の減少量は異なるが，流路抵抗を上げ風量を下げるに従って消費される電力は若干減少する。このとき，例えば風量を最初の50〔％〕に下げた場合に，誘導電動機の回転速度は　(ア)　。

一方，商用交流電源で直接駆動するのではなく，出力する交流の電圧 V と周波数 f との比 $\left(\dfrac{V}{f}\right)$ をほぼ一定とするインバータを用いて，誘導電動機を駆動する周波数を変化させ風量を調整する方法もある。この方法では，ダンパなどの流路抵抗を調整する手段は用いないものとする。このとき，機械的・電気的な損失などが無視できるとすれば，風量は回転速度の　(イ)　乗に比例し，消費される電力は回転速度の　(ウ)　乗に比例する。したがって，周波数を変化させて風量を最初の50〔％〕に下げた場合に消費される電力は，計算上で　(エ)　〔％〕まで減少する。

商用交流電源で駆動し，ダンパなどを追加して風量を下げた場合の消費される電力の減少量はこれほど大きくはなく，インバータを用いると大きな省エネルギー効果が得られる。

上記の記述中の空白箇所（ア），（イ），（ウ）及び（エ）に当てはまる語句又は数値として，正しいものを組み合わせたのは次のうちどれか。

	（ア）	（イ）	（ウ）	（エ）
(1)	トルク変動に相当する滑り周波数分だけ変動する	1	3	12.5
(2)	風量に比例して減少する	$\frac{1}{2}$	3	12.5
(3)	風量に比例して減少する	1	3	12.5
(4)	トルク変動に相当する滑り周波数分だけ変動する	$\frac{1}{2}$	2	25
(5)	風量に比例して減少する	1	2	25

［平成20年A問題］

答 (1)

考え方
- 通風路にダンパを設置し，流路抵抗を増加させて風量を調整する場合，誘導電動機の1次周波数は変わらないので，電動機の回転速度はほとんど変らない。

- 風量 Q〔m³/s〕は，流路の断面積を A〔m²〕，流速を v〔m/s〕とすると，$Q = Av$ となり，流速 v は，一般的に送風機の回転速度 n に比例する。
- 送風機で消費される電力 P は，風量と風圧の積に比例する。また，風圧は単位体積あたりの風のもつ運動エネルギーに等しいので，風速 v の2乗に比例する。

解き方

(ア) 風量をダンパを閉じる方向で調整し最初の50％に低下させると，電動機の負荷は軽くなるので，つり合うように発生トルクが減少し，トルク変動に相当する滑り周波数分だけ誘導電動機の回転速度は変動する。

(イ) 風量は，流路断面積が変わなければ風速に比例し，風速は回転速度に比例する。よって，風量は回転速度の1乗に比例する。

(ウ) 消費電力 P は，風量と風圧の積に比例する。風量は回転速度の1乗に比例し，風圧は回転速度の2乗に比例するので，消費電力は回転速度の3乗に比例する。

(エ) 回転速度が50％に下がると，消費電力は，

$$\left(\frac{1}{2}\right)^3 = 0.125$$

すなわち，12.5％まで減少する。

例題 4

図に示すように，電動機が減速機と組み合わされて負荷を駆動している。このときの電動機の回転速度 n_m が 1150〔min⁻¹〕，トルク T_m が 100〔N·m〕であった。減速機の減速比が8，効率が0.95 のとき，負荷の回転速度 n_L〔min⁻¹〕，軸トルク T_L〔N·m〕及び軸入力 P_L〔kW〕の値として，最も近いものを組み合わせたのは次のうちどれか。

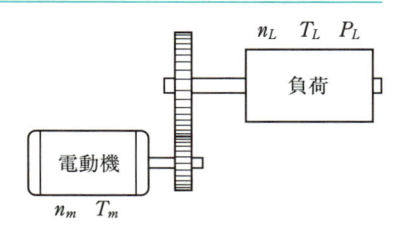

	n_L〔min⁻¹〕	T_L〔N·m〕	P_L〔kW〕
(1)	136.6	11.9	11.4
(2)	143.8	760	11.4
(3)	9 200	760	6 992
(4)	143.8	11.9	11.4
(5)	9 200	11.9	6 992

［平成20年A問題］

答 (2)

考え方
- 負荷の回転速度は，電動機の回転速度と減速比より求める。
- 電動機の出力を P_m，減速機の入力を P_s，減速機の効率を η とすると，

$$P_m \times \eta = P_s \tag{1}$$

となる。また，電動機のトルクを T_m〔N·m〕，電動機の回転速度を n_m〔min^{-1}〕，軸トルクを T_L〔N·m〕，負荷の回転速度を n_L〔min^{-1}〕とすると，減速機の入力 $P_s =$ 軸入力 P_L になるので次式が成立する。

$$P_m = T_m \omega_m = T_m \times 2\pi \left(\frac{n_m}{60}\right) \tag{2}$$

$$P_s = P_L = T_L \omega_L = T_L \times 2\pi \left(\frac{n_L}{60}\right) \tag{3}$$

式(1)〜(3)より，

$$T_m \times n_m \times \eta = T_L \times n_L$$

よって，

$$T_L = \frac{n_m}{n_L} T_m \eta \tag{4}$$

となる。
- 軸入力 P_L は，式(3)で求められる。

解き方
(ア) 負荷の回転速度 n_L〔min^{-1}〕

電動機の回転速度 $n_m = 1\,150$〔min^{-1}〕，減速機の減速比 $a = 8$ であるので，

$$n_L = \frac{n_m}{a} = \frac{1\,150}{8} \fallingdotseq 143.8 \,\text{〔min}^{-1}\text{〕}$$

(イ) 軸トルク T_L〔N·m〕

電動機のトルク $T_m = 100$〔N·m〕，減速機の効率 $\eta = 0.95$ であるので，式(4)より，

$$T_L = \frac{n_m}{n_L} T_m \eta = 8 \times 100 \times 0.95 = 760 \,\text{〔N·m〕}$$

(ウ) 軸入力 P_L〔kW〕

軸トルク $T_L = 760$〔N·m〕，負荷の回転速度 $n_L = 143.8$〔min^{-1}〕であるので，

$$P_L = T_L \omega_L = T_L \times 2\pi \left(\frac{n_L}{60}\right) = 760 \times 2\pi \times \frac{143.8}{60}$$

$$\fallingdotseq 11\,400 \,\text{〔W〕} = 11.4 \,\text{〔kW〕}$$

5.6 動力の伝達と慣性モーメント

例題1

はずみ車効果を GD^2 とすれば，慣性モーメントとして，正しいのは次のうちどれか。

(1) $GD^2/8$　(2) $GD^2/4$　(3) $GD^2/2$　(4) GD^2
(5) $2GD^2$

［平成2年A問題］

答 (2)

考え方　図5.4のように質量 G〔kg〕の物体が，角速度 ω〔rad/s〕で半径 R〔m〕の回転運動をしているとき，運動エネルギー E〔J〕は，周辺速度 v〔m/s〕が，$v = R\omega$ となるので，

$$E = \frac{1}{2}Gv^2 = \frac{1}{2}G(R\omega)^2 = \frac{1}{2}(GR^2)\omega^2 = \frac{1}{2}J\omega^2$$

となる。ここで，$J = GR^2$ を慣性モーメントという。

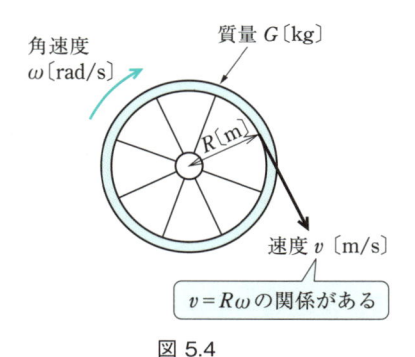

図5.4

解き方　はずみ車効果を GD^2 とするとき，D は直径であるので，$D = 2R$ となる。

よって，慣性モーメント J は，

$$J = GR^2 = G\left(\frac{D}{2}\right)^2 = \frac{GD^2}{4}$$

となる。

例題 2

図のように，慣性モーメントが J_d 〔kg·m²〕，半径が r 〔m〕の巻胴を使い，ワイヤロープによって荷重 W 〔kg〕を巻き上げようとする。並進運動をする慣性体 W を巻胴軸の慣性モーメントに換算して加えた全慣性モーメント J 〔kg·m²〕の値として，正しいのは次のうちどれか。

(1) $J_d + W$　　(2) $J_d + W/r^2$　　(3) $J_d + W/r$　　(4) $J_d + Wr^2$
(5) $J_d + Wr$

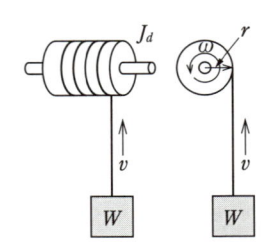

〔平成元年 A 問題〕

答 (4)

考え方　回転運動と直進運動の全運動エネルギーを求め，$v = r\omega$ の関係より回転体のもつエネルギーの式に変換する。

解き方　巻胴のもつ運動エネルギー E_1 は，

$$E_1 = \frac{1}{2}J_d\omega^2$$

であり，荷重 W の運動エネルギー E_2 は，$v = r\omega$ の関係があるので，

$$E_2 = \frac{1}{2}Wv^2 = \frac{1}{2}W(r\omega)^2 = \frac{1}{2}Wr^2\omega^2$$

となる。

よって，全運動エネルギー E_T は，

$$E_T = E_1 + E_2 = \frac{1}{2}J_d\omega^2 + \frac{1}{2}Wr^2\omega^2 = \frac{1}{2}\{J_d + Wr^2\}\omega^2$$

となる。これより，全慣性モーメントは，

$$J = J_d + Wr^2$$

となる。

例題 3

慣性モーメントが 15〔kg·m²〕の電動機が，5：1 の減速歯車を介して慣性モーメントが 500〔kg·m²〕の負荷を駆動しているとき，電動機軸に換算された全慣性モーメント〔kg·m²〕はいくらになるか。正しい値を次のうちか

ら選べ。
(1) 22　　(2) 25　　(3) 30　　(4) 35　　(5) 40

[平成4年A問題]

答　(4)

考え方　図5.5に示す負荷Lの慣性モーメントを$G_LR_L{}^2$，電動機側の慣性モーメントを$G_mR_m{}^2$とし，電動機の回転角速度をω_m，負荷の回転角速度をω_Lとするときの全運動エネルギーE_Tは，

$$E_T = \frac{1}{2}(G_mR_m{}^2)\omega_m{}^2 + \frac{1}{2}(G_LR_L{}^2)\omega_L{}^2 \quad (1)$$

となる。減速歯車の比が$m:1$のとき，$\omega_L = \omega_m/m$の関係があるので，これを式(1)に代入して，電動機軸に換算した全慣性モーメントを求める。

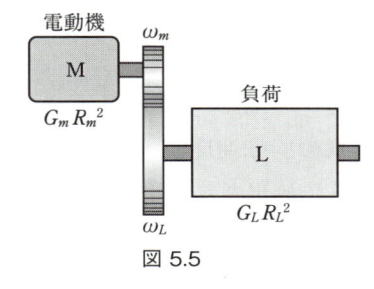

図5.5

解き方　減速歯車の比が$5:1$であるので，$\omega_L = \omega_m/5$となる。これを式(1)に代入して，

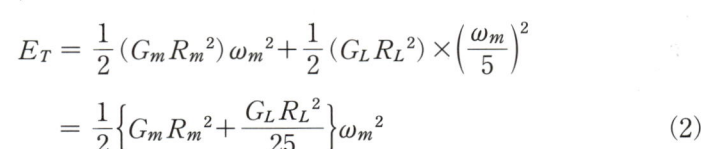

$$E_T = \frac{1}{2}(G_mR_m{}^2)\omega_m{}^2 + \frac{1}{2}(G_LR_L{}^2) \times \left(\frac{\omega_m}{5}\right)^2$$

$$= \frac{1}{2}\left\{G_mR_m{}^2 + \frac{G_LR_L{}^2}{25}\right\}\omega_m{}^2 \quad (2)$$

よって，電動機軸に換算された全慣性モーメントJ_Tは，

$$J_T = G_mR_m{}^2 + \frac{G_LR_L{}^2}{25}$$

題意より，$G_mR_m{}^2 = 15$〔kg·m²〕，$G_LR_L{}^2 = 500$〔kg·m²〕であるので，

$$J_T = 15 + \frac{500}{25} = 35 \text{〔kg·m²〕}$$

となる。

例題 4

慣性モーメント 100 kg·m² のはずみ車が 1 200 min⁻¹ で回転している。このはずみ車について，次の(a)及び(b)に答えよ。

(a) このはずみ車が持つ運動エネルギー〔kJ〕の値として，最も近いのは次のうちどれか。

　(1) 6.28　(2) 20.0　(3) 395　(4) 790　(5) 1 580

(b) このはずみ車に負荷が加わり，4 秒間で回転速度が 1 200 min⁻¹ から 1 000 min⁻¹ まで減速した。この間にはずみ車が放出する平均出力〔kW〕の値として，最も近いのは次のうちどれか。

　(1) 1.53　(2) 30.2　(3) 60.3　(4) 121　(5) 241

[平成 15 年 B 問題]

答　(a)-(4)，(b)-(3)

考え方

● はずみ車がもつ運動エネルギー E〔J〕は，はずみ車の慣性モーメントを J〔kg·m²〕，回転速度を n〔min⁻¹〕とするとき，

$$E = \frac{1}{2}J\left(2\pi \times \frac{n}{60}\right)^2 \tag{1}$$

● はずみ車の回転速度が t 秒間に n_1〔min⁻¹〕から n_2〔min⁻¹〕に変化したときに放出される平均エネルギー P_0〔W〕は，

$$P_0 = \frac{E_1 - E_2}{t} = \frac{1}{t}\left\{\frac{1}{2}J\left(2\pi \times \frac{n_1}{60}\right)^2 - \frac{1}{2}J\left(2\pi \times \frac{n_2}{60}\right)^2\right\}$$

$$= \frac{1}{t} \times \frac{J}{2} \times \left(\frac{2\pi}{60}\right)^2 (n_1^2 - n_2^2) \tag{2}$$

解き方

(a) はずみ車のもつ運動エネルギー

題意より，はずみ車の慣性モーメント $J = 100$〔kg·m²〕，回転速度 $n = 1 200$〔min⁻¹〕であるので，はずみ車のもつエネルギーは，式(1)より，

$$E = \frac{1}{2}J\left(2\pi \times \frac{n}{60}\right)^2 = \frac{1}{2} \times 100 \times \left(2\pi \times \frac{1 200}{60}\right)^2$$

$$\fallingdotseq 790 000 \text{〔J〕} = 790 \text{〔kJ〕}$$

(b) はずみ車が放出する平均エネルギー P_0〔kW〕

題意より，4 秒間に回転速度が 1 200 min⁻¹ から 1 000 min⁻¹ まで低下するので，式(2)より，

$$P_0 = \frac{1}{t} \times \frac{J}{2} \times \left(\frac{2\pi}{60}\right)^2 (n_1^2 - n_2^2)$$

$$= \frac{1}{4} \times \frac{100}{2} \times \left(\frac{2\pi}{60}\right)^2 (1 200^2 - 1 000^2) \fallingdotseq 60.3 \times 10^3 \text{〔W〕}$$

$$= 60.3 \text{〔kW〕}$$

第5章 章末問題

5-1 単相整流回路の出力電圧に含まれる主な脈動成分（脈流）の周波数は，半波整流回路では入力周波数と同じであるが，全波整流回路では入力周波数の （ア） 倍である。

単相整流回路に抵抗負荷を接続したとき，負荷端子間の脈動成分を減らすために，平滑コンデンサを整流回路の出力端子間に挿入する。この場合，その静電容量が （イ） ，抵抗負荷電流が （ウ） ほど，コンデンサからの放電が緩やかになり，脈動成分は小さくなる。

上記の記述中の空白箇所（ア），（イ）及び（ウ）に記入する語句又は数値として，正しいものを組み合わせたのは次のうちどれか。

	（ア）	（イ）	（ウ）
(1)	1/2	大きく	小さい
(2)	2	小さく	大きい
(3)	2	大きく	大きい
(4)	1/2	小さく	大きい
(5)	2	大きく	小さい

［平成16年A問題］

5-2 図のようなサイリスタ Th とダイオード D_F を用いた単相半波整流回路がある。この回路で，Th が点弧した後，電源電圧 v_{ac} が正の半サイクルにあって負荷電流 i_d が増加中は，負荷のインダクタンス L にエネルギーが蓄えられる。i_d が最大値を過ぎると蓄えられたエネルギーの放出が始まる。v_{ac} が負の半サイクルに入った後は，負荷に蓄えられたエネルギーは D_F を通って環流する。

この回路の負荷電流 i_d の波形として，正しいのは次のうちどれか。

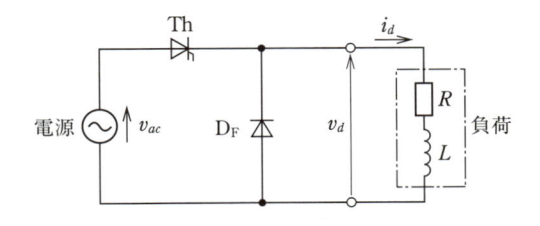

(1)　(2)　(3)

(4)　(5)

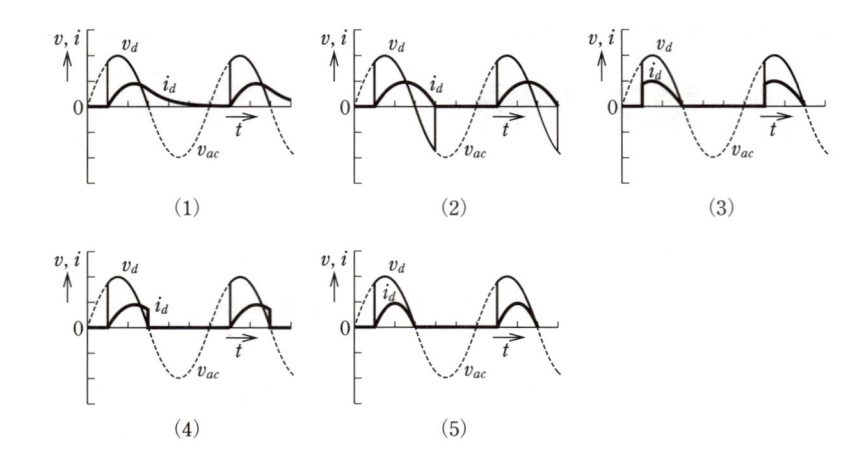

［平成 11 年 A 問題］

5-3　入力交流電圧波形 v_s に対し，図のような入力電流波形 i_s となる電力変換回路として，正しいのは次のうちどれか。

ただし，交流電源のインピーダンスは無視できるものとし，電力変換回路における平滑リアクトルは十分に大きなインダクタンスを持っているものとする。

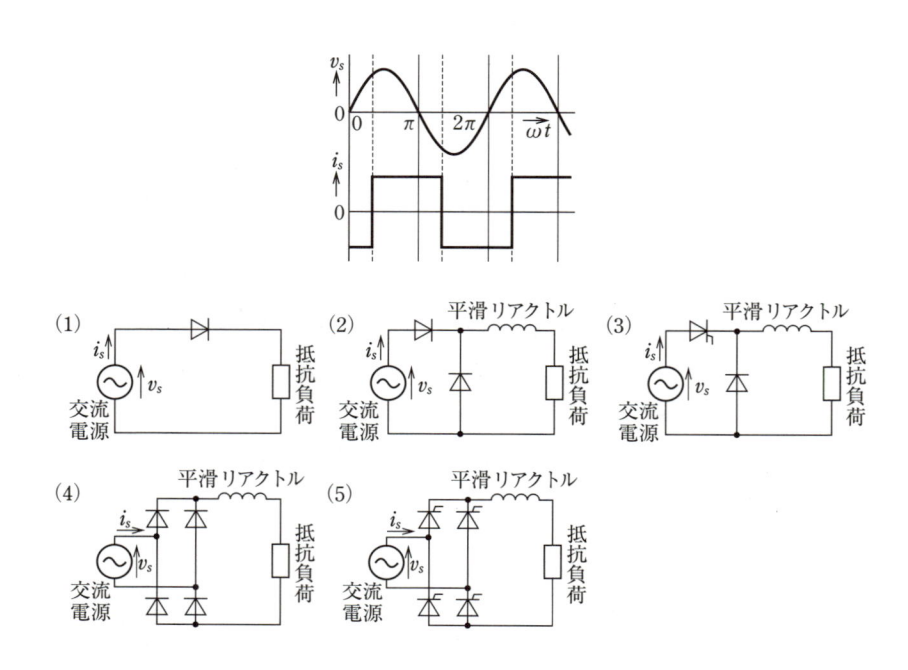

(1)　(2)　(3)
(4)　(5)

［平成 19 年 A 問題］

5-4 図は無停電電源装置の回路構成の一例を示す。常時は，交流電源から整流回路を通して得た直流電力を　(ア)　と呼ばれる回路Bで交流に変換して負荷に供給するが，交流電源が停電あるいは電圧低下した場合には，　(イ)　の回路Dから半導体スイッチ及び回路Bを介して交流電力を供給する方式である。主にコンピュータシステムや　(ウ)　などの電源に用いられる。

運転状態によって直流電圧が変動するので，回路BはPWM制御などの電圧制御機能を利用して，出力に　(エ)　の交流を得ることが一般的である。

上記の記述中の空白箇所(ア)，(イ)，(ウ)及び(エ)に当てはまる語句として，正しいものを組み合わせたのは次のうちどれか。

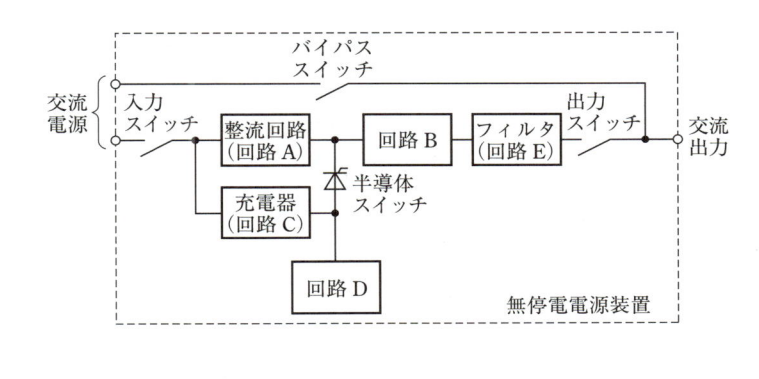

	(ア)	(イ)	(ウ)	(エ)
(1)	インバータ	二次電池	放送・通信用機器	定電圧・定周波数
(2)	DC/DCコンバータ	一次電池	家庭用空調機器	定電圧・定周波数
(3)	DC/DCコンバータ	二次電池	放送・通信用機器	可変電圧・可変周波数
(4)	インバータ	二次電池	家庭用空調機器	定電圧・定周波数
(5)	インバータ	一次電池	放送・通信用機器	可変電圧・可変周波数

［平成19年A問題］

5-5 　電気車を駆動する電動機として，直流電動機が広く使われてきた。近年，パワーエレクトロニクス技術の発展によって，電気車用駆動電動機の電源として，可変周波数・可変電圧の交流を発生することができるインバータを搭載する電気車が多くなった。そのシステムでは，構造が簡単で保守が容易な (ア) 三相誘導電動機をインバータで駆動し，誘導電動機の制御方法として滑り周波数制御が広く採用されていた。電気車の速度を目標の速度にするためには，誘導電動機が発生するトルクを調節して電気車を加減速する必要がある。誘導電動機の回転周波数はセンサで検出されるので，回転周波数に滑り周波数を加算して得た (イ) 周波数で誘導電動機を駆動することで，目標のトルクを得ることができる。電気車を始動・加速するときには (ウ) の滑りで運転し，回生制動によって減速するときには (エ) の滑りで運転する。最近はさらに電動機の制御技術が進展し，誘導電動機のトルクを直接制御することができる (オ) 制御の採用が進んでいる。また，電気車用駆動電動機のさらなる小形・軽量化を目指して，永久磁石同期電動機を適用しようとする技術的動向がある。

　上記の記述中の空白箇所（ア），（イ），（ウ），（エ）及び（オ）に当てはまる語句として，正しいものを組み合わせたのは次のうちどれか。

	（ア）	（イ）	（ウ）	（エ）	（オ）
(1)	かご形	一次	正	負	ベクトル
(2)	かご形	一次	負	正	スカラ
(3)	かご形	二次	正	負	スカラ
(4)	巻線形	一次	負	正	スカラ
(5)	巻線形	二次	正	負	ベクトル

［平成 21 年 A 問題］

5-6 パワーエレクトロニクス回路で使われる部品としてのリアクトルとコンデンサ，あるいは回路成分としてのインダクタンス成分，キャパシタンス成分と，バルブデバイスの働きに関する記述として，誤っているのは次のうちどれか。

(1) リアクトルは電流でエネルギーを蓄積し，コンデンサは電圧でエネルギーを蓄積する部品である。

(2) 交流電源の内部インピーダンスは，通常，インダクタンス成分を含むので，交流電源に流れている電流をバルブデバイスで遮断しても，遮断時に交流電源の端子電圧が上昇することはない。

(3) 交流電源を整流した直流回路に使われる平滑用コンデンサが交流電源電圧のピーク値近くまで充電されていないと，整流回路のバルブデバイスがオンしたときに，電源及び整流回路の低いインピーダンスによって平滑用コンデンサに大きな充電電流が流れる。

(4) リアクトルに直列に接続されるバルブデバイスの電流を遮断したとき，リアクトルの電流が環流する電流路ができるように，ダイオードを接続して使用することがある。その場合，リアクトルの電流は，リアクトルのインダクタンス値〔H〕とダイオードを通した回路内の抵抗値〔Ω〕とで決まる時定数で減少する。

(5) リアクトルとコンデンサは，バルブデバイスがオン，オフすることによって断続する瞬時電力を平滑化する部品である。

[平成 21 年 A 問題]

5-7 面積 1〔km²〕に降る 1 時間当たり 60〔mm〕の降雨を貯水池に集め，これを 20 台の同一仕様のポンプで均等に分担し，全揚程 12〔m〕を揚水して河川に排水する場合，各ポンプの駆動用電動機の所要出力〔kW〕の値として，最も近いのは次のうちどれか。ただし，1 時間当たりの排水量は降雨量に等しく，ポンプの効率は 0.82，設計製作上の余裕係数は 1.2 とする。

(1) 96.5　　(2) 143　　(3) 492　　(4) 600　　(5) 878

[平成 14 年 A 問題]

5-8

エレベータの昇降に使用する電動機の出力 P を求めるためには，昇降する実質の質量を M〔kg〕，一定の昇降速度を v〔m/min〕，機械効率を η〔%〕とすると，

$$P = 9.8 \times M \times \frac{v}{60} \times \boxed{(ア)} \times 10^{-3}$$

となる。ただし，出力 P の単位は〔$\boxed{(イ)}$〕であり，加速に要する動力及びロープの質量は無視している。

昇降する実質の質量 M〔kg〕は，かご質量 M_C〔kg〕と積載質量 M_L〔kg〕とのかご側合計質量と，釣合いおもり質量 M_B〔kg〕との $\boxed{(ウ)}$ から決まる。定格積載質量を M_n〔kg〕とすると，平均的に電動機の必要トルクが $\boxed{(エ)}$ なるように，釣合いおもり質量 M_B〔kg〕は，

$$M_B = M_C + \alpha \times M_n$$

とする。ただし，α は $\frac{1}{3} \sim \frac{1}{2}$ 程度に設計されることが多い。

電動機は，負荷となる質量 M〔kg〕を上昇させるときは力行運転，下降させるときは回生運転となる。したがって，乗客がいない（積載質量がない）かごを上昇させるときは $\boxed{(オ)}$ 運転となる。

上記の記述中の空白箇所（ア），（イ），（ウ），（エ）及び（オ）に当てはまる語句，式又は単位として，正しいものを組み合わせたのは次のうちどれか。

	（ア）	（イ）	（ウ）	（エ）	（オ）
(1)	$\frac{100}{\eta}$	kW	差	小さく	力行
(2)	$\frac{\eta}{100}$	kW	和	大きく	力行
(3)	$\frac{100}{\eta}$	kW	差	小さく	回生
(4)	$\frac{\eta}{100}$	W	差	小さく	力行
(5)	$\frac{100}{\eta}$	W	和	大きく	回生

〔平成 22 年 A 問題〕

第6章

照明と電熱

Point 重要事項のまとめ

1 立体角と平面角

立体角 ω と平面角 θ が図 6.1 のような関係にある場合，立体角 ω は，

$$\omega = \frac{S}{r^2} \text{ [sr]}$$

であり，θ との間に，

$$\omega = 2\pi(1-\cos\theta)$$

の関係がある。

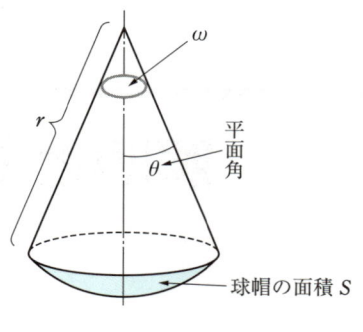

図 6.1

2 光度 I

図 6.2 に示されるように，点光源から立体角 ω [sr] に対して均一に光束 F [lm] が放射されている場合，光度 I [cd] は，

$$I = \frac{F}{\omega}$$

として定義される。

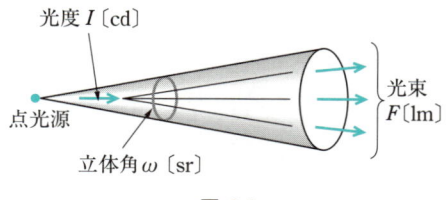

図 6.2

3 光束発散度 M

発光面の単位面積あたりから発散する光束を光束発散度 M [lm/m^2] という。表面積 S [m^2] から光束 F [lm] が発散しているとき，

$$M = \frac{F}{S} \text{ [lm/m}^2\text{]}$$

となる。

4 輝度 L

発光面のある方向への光度 I [cd] を，その方向から見た見かけの面積 S [m^2] で割った，

$$L = \frac{I}{S} \text{ [cd/m}^2\text{]}$$

で定義される。

5 完全拡散面の光束発散度 R と輝度 L

完全拡散面とは，どの方向から見ても輝度が等しい表面をいう。完全拡散面では，

$$R = \pi L \text{ [lm/m}^2\text{]}$$

の関係がある。

6 照度 E

図 6.3 のように照射面 S [m^2] に一様に光束 F [lm] が入射する場合，照度 E は，

$$E = \frac{F}{S} \text{ [lx]}$$

となる。

図 6.3

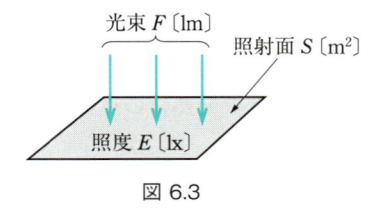

7 距離の逆2乗の法則

点光源の光度を I〔cd〕，光源と照射される面との距離を l〔m〕とするとき，法線照度 E_n は，

$$E_n = \frac{I}{l^2} \text{〔lx〕}$$

となる。

8 入射角余弦の法則

水平面照度 E_h は，入射角を θ とするとき，法線照度 E_n の $\cos\theta$ 倍となる。

$$E_h = E_n \cos\theta \text{〔lx〕}$$

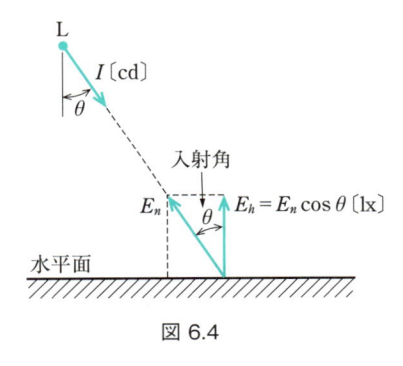

図 6.4

9 照明率 U

照明率 U は，光源の全光束がどれだけ作業面に達するかの割合を示す数値で，次式で表される。

$$U = \frac{\text{作業面の光束}}{\text{光源の光束}}$$

10 保守率 M

保守率 M は，光源の光束が時間の経過とともに減衰し，また汚損によって減光することから，設計当初に見込んでおく係数である。

11 部屋の照度 E

部屋の照度 E は，次式で求められる。

$$E = \frac{FNUM}{A}$$

ここで，

F：光源の1つあたりから発する全光束〔lm〕

N：光源の数

U：照明率

M：保守率

A：部屋の面積〔m²〕

12 蛍光ランプ

電源電圧が定格電圧より変動するとき，ランプ電圧，ランプ電流，光束および寿命は図 6.5 のようになる。

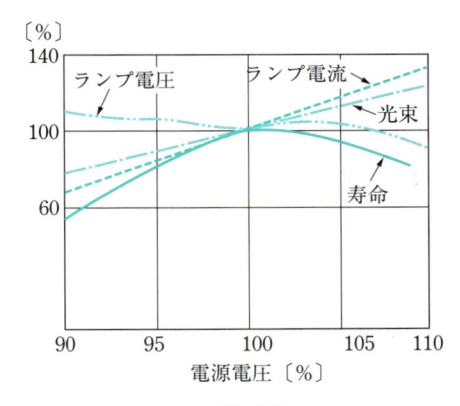

図 6.5

13 低圧ナトリウムランプ
- ランプ効率が 140～200 lm/W と高い。
- 単色光で煙，霧などをよく透過するという特徴があり，トンネルや高速道路で使用されている。

14 熱回路のオームの法則
熱回路でも電気回路と同様に，その相似性から次式に示すオームの法則が成立する。

$$\text{熱流 } I\,[\text{W}] = \frac{\text{温度差 } \theta\,[℃]}{\text{熱抵抗 } R_h\,[℃/\text{W}]}$$

15 熱抵抗 R_h と熱伝導率 λ
熱抵抗 R_h は次式で与えられる。

$$R_h = \frac{1}{\lambda} \times \frac{l}{S}$$

ここで，
R_h：熱抵抗 [℃/W]
λ：熱伝導率 [W/cm・℃]
l：長さ [m]
S：断面積 [m²]

16 水の蒸発に必要な電力 P [kW]
- 水の比熱とは 4.186 [kJ/kg・℃] である。
- 大気圧での蒸発潜熱は 2 256 [kJ/kg] である。
- θ [℃] 温度上昇させると 100 [℃] に達する水 m [kg] の蒸発に必要な熱量 Q [kJ] は，

$$Q = m\,(4.186\,\theta + 2\,256)$$

となる。
- 効率 η（小数）の電熱装置により T [h] で蒸発させる場合に必要な電力 P [kW] は，

$$P = \frac{Q}{60 \times 60 \times T \times \eta}$$

となる。

17 発熱体の設計
- 加熱電力 P [W]，印加電圧 E [V] のとき，必要な発熱体の抵抗 R_1 は，

$$R_1 = \frac{E^2}{P}$$

となる。
- 図 6.6 に示す発熱体の抵抗 R_2 は，

$$R_2 = \rho \frac{l}{\pi\left(\dfrac{d}{2}\right)^2}\,[\Omega]$$

となる。

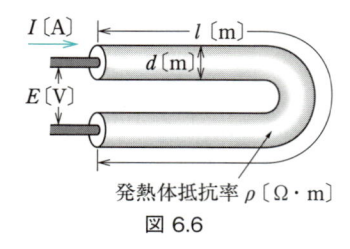

図 6.6

- $R_1 = R_2$ となるように ρ，l，d を設計する。

18 抵抗加熱
- クリーンな熱源であり，清浄な雰囲気で処理できる。
- 温度の利用範囲が広い。
- 正確かつ容易にエネルギー管理ができる。
- 熱効率が高い。
- 騒音がない。

19 赤外線加熱
- 低公害で危険が少なく，温度制御と保守が容易
- 赤外線放射の供給・遮断が瞬時に行えるので，エネルギー損失が少なくてすむ。
- たいていの物質は，内部まで透過せず，表面加熱に限られる。

20 高周波誘導加熱

- うず電流によるジュール熱を利用するので，短時間で加熱でき，量産が可能である。
- うず電流は，周波数が高くなるほど内部までいきわたって流れない。
- 真空中の加熱も容易である。
- 高周波電源設備を要するので，設備費が高くなる。

21 誘電加熱

- 急速加熱ができる。
- 真空中の加熱ができる。
- 均一加熱ができる。
- 熱効率がよい。
- 直接加熱ができる。
- 選択（重点）加熱ができる。
- 温度制御が容易。
- 起動時間が短い。
- 占有面積が小さい。

6.1 照明計算の基礎

例題 1

立体角 0.125 sr 中に 120 lm の光束を放射しているとすれば，光源のその方向光度〔cd〕はいくらか。正しい値を次のうちから選べ。

(1) 15　　(2) 60　　(3) 100　　(4) 480　　(5) 960

[平成 5 年 A 問題]

答　(5)

考え方

光束 F〔lm〕，立体角 ω〔sr〕，光源の光度 I〔cd〕の間には，

$$F = \omega I \tag{1}$$

の関係が成立する。その関係を図 6.7 に示す。

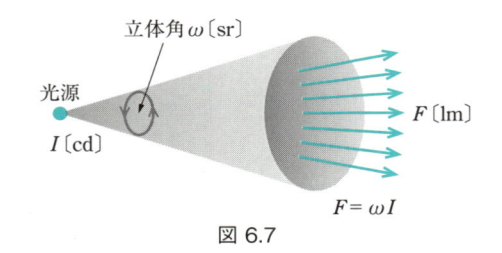

図 6.7

解き方

$F = \omega I$ より，

$$I = \frac{F}{\omega}$$

題意より，$F = 120$〔lm〕，$\omega = 0.125$〔sr〕であるので，これらを代入して，

$$I = \frac{120}{0.125} = 960 \text{〔cd〕}$$

例題 2

作業面上 3 m の高さに，非常に長い直線光源が作業面に平行に設置されている。作業面上で直線光源直下の点の照度を 200 lx にするためには，単位長さ〔m〕あたり何 lm の光束を出す光源を必要とするか。正しい値を次のうちから選べ。

　(1) 2 250　　(2) 2 570　　(3) 3 140　　(4) 3 770　　(5) 4 130

[平成 2 年 A 問題]

答 (4)

考え方

問題の状況を図 6.8 に示す。

光源を中心に，半径 H〔m〕，長さ 1 m の円筒を考えると，表面積 S は，

$$S = 2\pi H \times 1 \ \text{[m}^2\text{]}$$

となる。

直線光源より単位長さあたり F〔lm〕の光束を出しているとすると，円筒面の照度 E は，

$$E = \frac{F}{S} = \frac{F}{2\pi H} \ \text{[lx]} \tag{1}$$

となる。

図 6.8

解き方

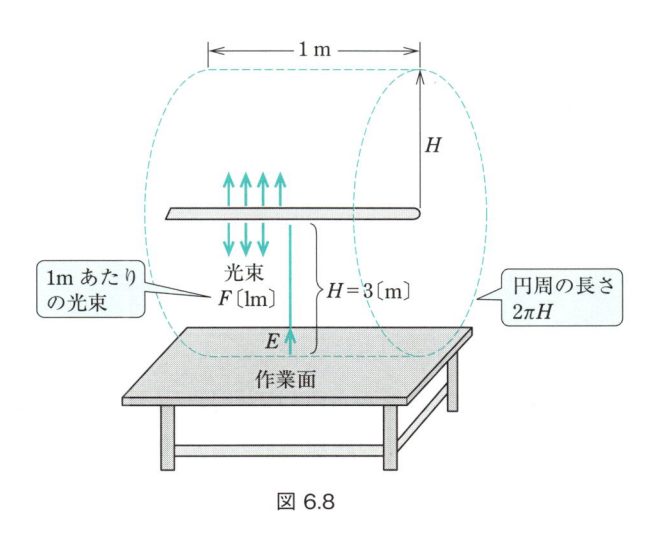

作業面上の照度は，式(1)にて表される。題意より $E = 200$〔lx〕，$H = 3$〔m〕であるので，必要な光束 F は，

$$F = E \times 2\pi H = 200 \times 2\pi \times 3 \fallingdotseq 3\,770 \ \text{[lm]}$$

となる。

6.1 照明計算の基礎

例題 3

図のような，標準電球と試験電球との距離が 1.5 m の光度計で，光度計頭部が 20 cd の標準電球から 0.6 m の点で照度のバランスがとれた。試験電球の光度〔cd〕として，正しいのは次のうちどれか。

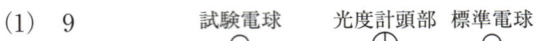

(1) 9
(2) 13
(3) 30
(4) 45
(5) 60

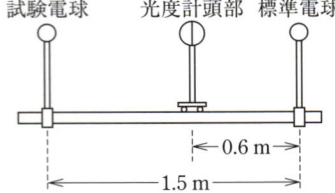

［平成 4 年 A 問題］

答 (4)

考え方　球光源の光度を I〔cd〕とするとき，この光源より発生している全光束 F〔lm〕は，

$$F = I\omega = 4\pi I$$

であり，球光源を中心とした半径 R〔m〕の球の表面積 S〔m²〕は，

$$S = 4\pi R^2$$

となる。よって，半径 R の球の表面上照度 E〔lx〕は，

$$E = \frac{F}{S} = \frac{4\pi I}{4\pi R^2} = \frac{I}{R^2} \qquad (1)$$

となる。

標準電球から受ける照度と試験電球から受ける照度が等しくなることを式(1)に適用して，試験電球の光度 I_x を求める。

解き方　標準電球から受ける照度 E_s は，標準電球の光度 $I_s = 20$〔cd〕，光度計との距離 $R_s = 0.6$〔m〕であるので，

$$E_s = \frac{20}{0.6^2} \text{〔lx〕}$$

となる。

一方，試験電球から受ける照度 E_x は，試験電球の光度を I_x〔cd〕とすると，光度計との距離 $R_x = 1.5 - 0.6 = 0.9$〔m〕であるので，

$$E_x = I_x/0.9^2 \text{〔lx〕}$$

となる。$E_s = E_x$ であるので，

$$\frac{20}{0.6^2} = \frac{I_x}{0.9^2} \qquad \therefore\ I_x = \frac{0.9^2}{0.6^2} \times 20 = 45 \text{〔cd〕}$$

となる。

6.2 輝度，照度

例題 1

光束 5 000 lm の均等放射光源がある。その全光束の 60% で面積 4 m² の完全拡散性白色紙の片方の面（A 面）を一様に照射して，その透過光により照明を行った。これについて，次の(a)および(b)に答えよ。ただし，白色紙は平面で，その透過率は 0.40 とする。

(a) 透過して白色紙の他の面（B 面）から出る面積 1 m² 当たりの光束（光束発散度）〔lm/m²〕の値として，正しいのは次のうちどれか。
 (1) 150 (2) 300 (3) 500 (4) 750 (5) 1 200

(b) 白色紙の B 面の輝度〔cd/m²〕の値として，正しいのは次のうちどれか。
 (1) 23.9 (2) 47.8 (3) 95.5 (4) 190 (5) 942

〔平成 14 年 B 問題〕

答 (a)-(2)，(b)-(3)

考え方

光束発散度 M は，単位面積より発散する光束であり，表面積 S〔m²〕から，F〔lm〕の光束が発散しているとき，

$$M = \frac{F}{S}$$

となる。

完全拡散面では，光束発散度 M〔lm/m²〕と輝度 L〔cd/m²〕の間には，

$$M = \pi L$$

の関係がある。

解き方

(a) B 面の光束発散度 M

完全拡散性白色紙の A 面に照射される光束 F_A は，全光束 5 000 lm のうち 60 % であるので，

$$F_A = 5\,000 \times 0.6 = 3\,000 \text{〔lm〕}$$

B 面から出る光束 F_B は，透過率が 0.40 であるので，

$$F_B = 3\,000 \times 0.4 = 1\,200 \text{ [lm]}$$

よって，B 面の光束発散度 M は，白色紙の面積 $S = 4$ $[m^2]$ であるので，

$$M = \frac{F}{S} = \frac{1\,200}{4} = 300 \text{ [lm/m}^2\text{]}$$

となる。

(b) B 面の輝度 L

白色紙は完全拡散性であるので，輝度 L と光束発散度 M との間には，

$$M = \pi L$$

の関係が成立する。

よって，

$$L = \frac{M}{\pi} = \frac{300}{\pi} \fallingdotseq 95.5 \text{ [cd/m}^2\text{]}$$

となる。

例題 2

図に示すように，床面上の直線距離 3 [m] 離れた点 O 及び点 Q それぞれの真上 2 [m] のところに，配光特性の異なる 2 個の光源 A，B をそれぞれ取り付けたとき，$\overline{OQ}$ 線上の中点 P の水平面照度に関して，次の(a)及び(b)に答えよ。

ただし，光源 A は床面に対し平行な方向に最大光度 I_0 [cd] で，この I_0 の方向と角 θ をなす方向に $I_A(\theta) = 1\,000 \cos\theta$ [cd] の配光をもつ。光源 B は全光束 5 000 [lm] で，どの方向にも光度が等しい均等放射光源である。

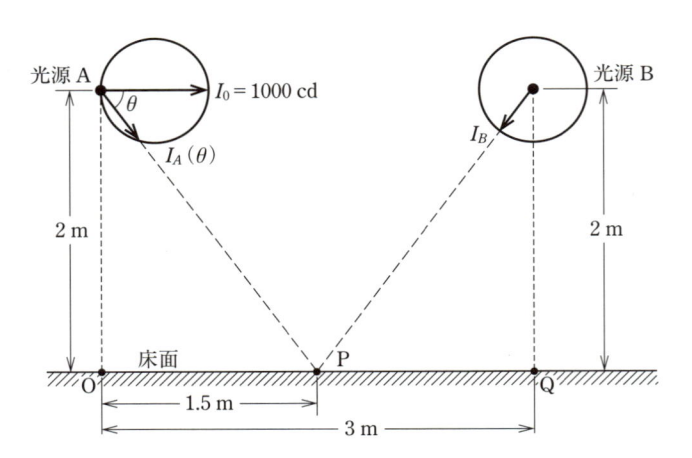

(a) まず，光源 A だけを点灯したとき，点 P の水平面照度〔lx〕の値として，最も近いのは次のうちどれか。

　　(1)　57.6　　(2)　76.8　　(3)　96.0　　(4)　102　　(5)　192

(b) 次に，光源 A と光源 B の両方を点灯したとき，点 P の水平面照度〔lx〕の値として，最も近いのは次のうちどれか。

　　(1)　128　　(2)　141　　(3)　160　　(4)　172　　(5)　256

[平成 22 年 B 問題]

答　(a)-(2), (b)-(1)

考え方　水平面照度 E_h は，入射角を α とすると，法線照度 E_n の $\cos\alpha$ 倍となる。また，法線照度 E_n は，光源の光度を I〔cd〕，光源との距離を l〔m〕とするとき，

$$E_n = \frac{I}{l^2}$$

となる。

また，全光束 F〔lm〕の均等放射光源の光度 I は，

$$I = \frac{F}{4\pi} \text{〔cd〕}$$

となる。

解き方　(a)　光源 A だけ点灯したときの点 P の水平面照度 E_{hA}〔lx〕

点 P に対する光の入射角を α とすると，点 P の法線照度 E_{nA} 水平面照度 E_{hA} は図 6.9 のようになる。したがって，AP 間の距離を l〔m〕とすると，法線照度 E_{nA} は，

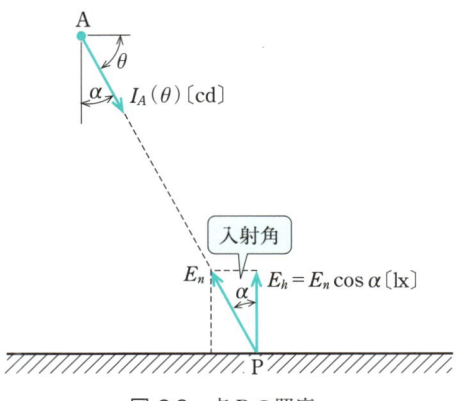

図 6.9　点 P の照度

6.2　輝度，照度

$$E_{nA} = \frac{I_A(\theta)}{l^2} = \frac{1\,000\cos\theta}{l^2}$$

よって，水平面照度 E_h は，

$$E_{hA} = E_{nA}\cos\alpha = \frac{1\,000\cos\theta}{l^2}\times\cos\alpha$$

題意より，

$$l = \sqrt{2^2+1.5^2} = 2.5\ \text{[m]}$$
$$\cos\theta = \frac{1.5}{l} = \frac{1.5}{2.5} = 0.6$$
$$\cos\alpha = \frac{2.0}{l} = \frac{2.0}{2.5} = 0.8$$

となるので，

$$E_{hA} = \frac{1\,000\cos\theta}{l^2}\times\cos\alpha = \frac{1\,000\times 0.6\times 0.8}{2.5^2} = 76.8$$

となる。

(b) 光源 A と光源 B を両方点灯したときの点 P の水平面照度 E_{hAB} 〔lx〕

光源 B の点 P への光度 I_B は，全光束 5 000 lm の均等放射光源であることから，

$$I_B = \frac{5\,000}{4\pi} \fallingdotseq 398\ \text{[cd]}$$

となる。光源 B に対する点 P の距離および入射角は，光源 A に対するものと等しいので，光源 B による点 P の水平面照度 E_{hB} は，

$$E_{hB} = E_{nB}\cos\alpha = \frac{398}{2.5^2}\times 0.8 \fallingdotseq 50.9\ \text{[lx]}$$

となる。よって，光源 A と光源 B を両方点灯したときの点 P の水平面照度 E_{hAB} は，

$$E_{hAB} = E_{hA}+E_{hB} = 76.8+50.9 = 127.7 \fallingdotseq 128\ \text{[lx]}$$

となる。

例題 3

管径 36 mm の完全拡散性無限長直線光源を床面上 3 m の高さに床面と平行に配置した。光源からは単位長当たり 3 000 lm/m の光束を一様に発散しているものとして，次の(a)および(b)に答えよ。

(a) 直線光源の光束発散度 M〔lm/m^2〕の値として，最も近いのは次のうちどれか。

(1) 4.2×10^3 (2) 8.4×10^3 (3) 26.5×10^3
(4) 74.7×10^3 (5) 83.3×10^3

(b) 光源直下の床面の水平面照度 E_h〔lx〕の値として，最も近いのは次のうちどれか。

(1) 80 (2) 159 (3) 239 (4) 318 (5) 333

［平成 18 年 B 問題］

答 (a)-(3), (b)-(2)

考え方

- 管径を D〔m〕とすると，円周の長さは πD〔m〕となる。よって，単位長さあたりの表面積は $\pi D\times1=\pi D$〔m^2〕となる。光束発散度 M は，単位長さあたりの光束が F〔lm/m〕であれば，$M=F/\pi D$ にて求められる。
- 床面と光源との距離を h〔m〕とするとき，半径 h〔m〕，長さ 1 m の仮想の円柱の表面積 S は，$2\pi h\times1$〔m^2〕となるので，床面の水平面照度 E_h は，$E_h=F/2\pi h$ として求められる。

解き方

(a) 直線光源の光束発散度 M〔lm/m^2〕

直線光源の単位長さあたりの光束 $F=3\,000$〔lm/m〕，管径 $D=36$〔mm〕であるので，光束発散度 M は，

$$M=\frac{F}{\pi D}=\frac{3\,000}{\pi\times36\times10^{-3}}\fallingdotseq 26.5\times10^3\,〔\text{lm/m}^2〕$$

となる。

(b) 床面の水平面照度 E_h〔lx〕

床面と光源との距離 $h=3$〔m〕であるので，床面の水平面照度 E_h は，

$$E_h=\frac{F}{2\pi h}=\frac{3\,000}{2\pi\times3}=159\,〔\text{lx}〕$$

となる。

例題 4

円形テーブルの中心点の直上に全光束 3 600〔lm〕で均等放射する白熱電球を取り付けた。

この円形テーブル面の平均照度〔lx〕の値として，最も近いのは次のうちどれか。

ただし，電球から円形テーブル面までの距離に比べ電球の大きさは無視できるものとし，電球から円形テーブル面を見た立体角は 2.36〔sr〕，円形テーブルの面積は 20〔m²〕とする。

(1) 14　　(2) 34　　(3) 68　　(4) 76　　(5) 135

[平成 19 年 A 問題]

答 (2)

考え方　白熱電球は点光源と考えることができ，円形テーブルに入射する光束 F〔lm〕は，電球から円形テーブルを見た立体角を ω〔sr〕，電球の発する全光束を F_0〔lm〕とすると，

$$F = F_0 \times \frac{\omega}{4\pi}$$

となる。

したがって，円形テーブルの面積を S〔m²〕とすると，テーブルの平均照度 E〔lx〕は，

$$E = \frac{F}{S} = \frac{F_0 \omega}{S \times 4\pi} \tag{1}$$

となる。

解き方　白熱電球の発する全光束 $F_0 = 3\,600$〔lm〕，電球からテーブルを見た立体角 $\omega = 2.36$〔sr〕，テーブルの面積 $S = 20$〔m²〕であるので，式 (1) より，

$$E = \frac{F}{S} = \frac{F_0 \omega}{S \times 4\pi} = \frac{3\,600 \times 2.36}{20 \times 4\pi} \fallingdotseq 34 \text{〔lx〕}$$

となる。

6.3 照明計算

例題 1

平均球面光度 200 cd の電球 10 個を直径 10 m の円形の室に点じている。照明率が 50 % であるとすれば，この室の平均照度〔lx〕はいくらか。正しい値を次のうちから選べ。

(1) 40　(2) 80　(3) 160　(4) 320　(5) 640

[平成 3 年 A 問題]

答 (3)

考え方　電球から発する全光束 F_0 を求め，これに照明率をかけることで室に到達する光束 F が求められる。室の平均照度 E_a は，F を室の面積で除することで求める。

解き方　平均球面光度 200 cd の電球 10 個より放出される全光束 F_0 は，
$$F_0 = 200 \times 10 \times 4\pi = 8\,000\,\pi \text{〔lm〕}$$
照明率 U が，50% であるので，室に届く光束 F は，
$$F = F_0 \times 0.5 = 4\,000\,\pi \text{〔lm〕}$$
室は，直径 10 m の円形となっていることから，その面積 S は，
$$S = \frac{\pi}{4} \times 10^2 = 25\,\pi \text{〔m}^2\text{〕}$$
よって，室の平均照度 E_a は，
$$E_a = \frac{F}{S} = \frac{4\,000\,\pi}{25\,\pi} = 160 \text{〔lx〕}$$
となる。

例題 2

床面積 20 m × 60 m の工場に，定格電力 400 W，総合効率 55 lm/W の高圧水銀ランプ 20 個と，定格電力 220 W，総合力率 120 lm/W の高圧ナトリウムランプ 25 個を取り付ける設計をした。照明率を 0.60，保守率を 0.70 としたときの床面の平均照度〔lx〕の値として，正しいのは次のうちどれか。

ただし，総合効率は安定器の損失を含むものとする。

(1) 154　(2) 231　(3) 385　(4) 786　(5) 1 069

[平成 15 年 A 問題]

答 (3)

考え方
- 照明器具より発する全光束 F_0 を求める。
- 保守率 M は，光源の光束が器具の汚れや効率の低下により時間とともに減少することを見込む係数であり，照明率 U は，光源の全光束が床面に到達する割合である。したがって，全光束 F_0 に保守率 M，照明率 U をかけることによって，床面に到達する光束 F を求める。
- 床面の面積を S とすると，床面の平均照度 E_a は，$E_a = F/S$ で求まる。

解き方 図 6.10 に示すように，床面に到達する光束は，$NFUM$〔lm〕となる。平均照度 E_a は，これを床面の面積で除することで求められるので，次のようになる。

$$
平均照度 E_a = \frac{ランプ数(N) \times ランプ光束(F) \times 照明率(U) \times 保守率(M)}{床の面積(S)}
$$

$$
= \frac{(20 \times 55〔lm/W〕 \times 400〔W〕 + 25 \times 120〔lm/W〕 \times 220〔W〕) \times 0.6 \times 0.7}{20〔m〕 \times 60〔m〕}
$$

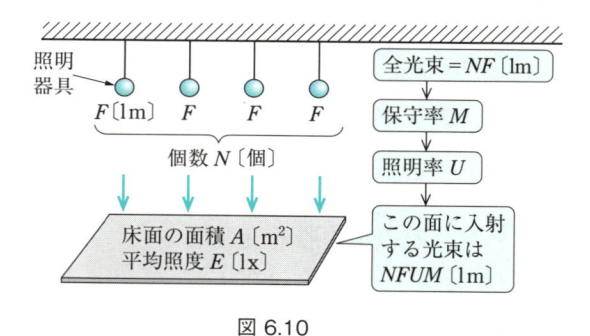

$$
= 385〔lx〕
$$

図 6.10

例題 3 図のように，道路の幅 16 m の街路の両側に千鳥配列に街路灯を設置して路面の平均照度を 20 lx とするには，L を何 m にしなければならないか。正しい値を次のうちから選べ。ただし，取り付けた光源のワット数と効率はそれぞれ 400 W および 50 lm/W とし，また照明率は 0.3，保守率は 0.8 とする。

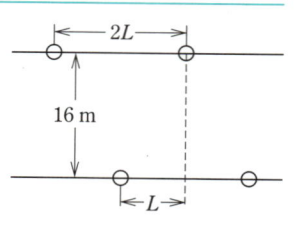

照明と電熱

(1) 10　　(2) 15　　(3) 20　　(4) 25　　(5) 30

［平成8年A問題］

答　(2)

考え方　街路灯1灯の分担面積 S は，図6.11のようになるので，
$$S = 8 \times 2L = 16L \ [\text{m}^2]$$
となる。

街路灯1灯から路面が受ける光束 F を，光源のワット数と効率，照明率および保守率を用いて求める。

街路灯1灯から路面が受ける光束 F を街路灯1灯が分担する面積 S で割ることにより路面の平均照度が求まるので，この条件より L を求める。

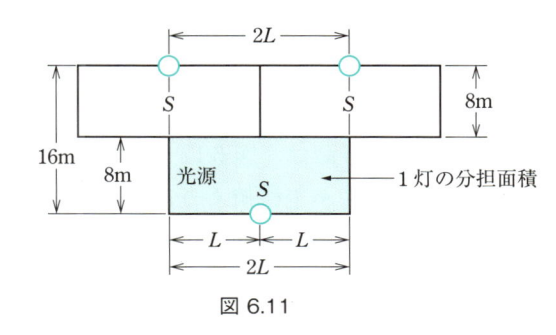

図 6.11

解き方　電灯1灯の利用できる光束 F は，
　　光源のワット数：400 W
　　光源の効率：50 lm/W
　　照明率：0.3
　　保守率：0.8
であるので，
$$F = 400 \times 50 \times 0.3 \times 0.8 = 4\,800 \ [\text{lm}]$$
となる。街路灯1灯の分担面積 $S = 16L \ [\text{m}^2]$，平均照度 $E = 20 \ [\text{lx}]$ であるので次式が成立する。
$$E = \frac{F}{S} = \frac{4\,800}{16L} = 20$$

これより，$L = 15 \ [\text{m}]$ となる。

6.4 各種照明の特徴

例題 1

蛍光ランプに関する次の記述のうち，誤っているのはどれか。
(1) 蛍光ランプの発光原理は，フォトルミネセンスである。
(2) 蛍光ランプの寿命は，電圧が定格値より高くなると短くなり，定格値より低くなると長くなる。
(3) 3 波長形蛍光ランプは，効率と演色性を改善したランプである。
(4) 蛍光ランプ表面の輝度は低い。
(5) 一般に発光効率は，周囲温度の影響を受ける。

[平成 10 年 A 問題]

答 (2)

考え方 蛍光ランプの寿命は，図 6.12 に示すように，定格電圧で最大となる。それは，供給電圧が定格値より高くなると陰極が必要以上に加熱され，陰極物質の蒸発が大きくなり，寿命が低下するが，一方，供給電圧が，定格値より低下すると，電極に対するイオンの衝撃が大きくなって黒化が促進し，寿命が低下するためである。

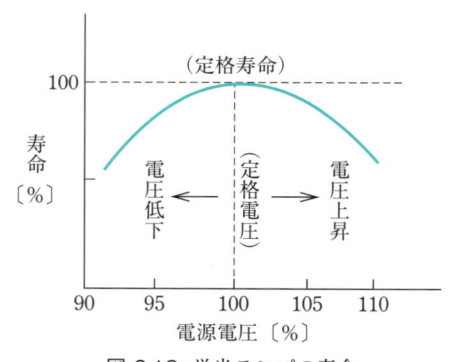

図 6.12 蛍光ランプの寿命

解き方 蛍光ランプの特徴は以下のようである。よって，選択肢 (2) 以外は正しい。

① 蛍光ランプの発光原理は，フォトルミネセンス（Photo luminescence）である。

② 3波長蛍光ランプは，正式には3波長域発光形蛍光ランプといい，光の波長を青，緑および赤の3つの波長域に集中させて効率と演色性を改善した蛍光ランプである。

③ 100 W 白色電球の輝度が約 50 000 cd/m² に対し，40 W の蛍光ランプの輝度は約 6 000～10 000 cd/m² と低い。

④ 発光効率は，管内の水銀蒸気圧で決まるため，周囲温度の影響を受ける（周囲温度 20～25℃で最高効率となる）。

例題 2

蛍光ランプの始動方式の一つである予熱始動方式には，電流安定用のチョークコイルと点灯管より構成されているものがある。

点灯管には管内にバイメタルスイッチと （ア） を封入した放電管式のものが広く利用されてきている。点灯管は蛍光ランプのフィラメントを通してランプと並列に接続されていて，点灯回路に電源を投入すると，点灯管内で （イ） が起こり放電による熱によってスイッチが閉じ，蛍光ランプのフィラメントを予熱する。スイッチが閉じて放電が停止すると，スイッチが冷却し開こうとする。このとき，チョークコイルのインダクタンスの作用によって （ウ） が発生し，これによってランプが点灯する。

この方式は，ランプ点灯中はスイッチは動作せず，フィラメントの電力損がない特徴が持つが，電源投入から点灯するまでに多少の時間を要すること，電源電圧や周囲温度が低下すると始動し難いことの欠点がある。

上記の記述中の空白箇所（ア），（イ）及び（ウ）に記入する語句として，正しいものを組み合わせたのは次のうちどれか。

	（ア）	（イ）	（ウ）
(1)	アルゴン	グロー放電	振動電圧
(2)	ナトリウム	アーク放電	インパルス電圧
(3)	窒素	アーク放電	スパイク電圧
(4)	ナトリウム	火花放電	振動電圧
(5)	アルゴン	グロー放電	スパイク電圧

［平成 17 年 A 問題］

答 (5)

考え方

グロー点灯管による予熱始動形蛍光ランプを図 6.13 に示す。ランプ点灯は以下のメカニズムによって行われる。

① 電源スイッチを入れると，グロースタータの可動極，固定極両極間で放電が起こる。

② この放電の熱によりグロースタータの両極が結合し，蛍光ランプのフィラメント電極に電流が流れ，フィラメントを強く熱し十分な熱電子を放出させる。

③ この熱電子が，電極付近のアルゴンガスを電離してランプ内で放電が起こりやすくなる。

④ 両極が結合したグロースタータは，放電の停止により発熱が止まり，可動極が冷えて，固定極から離れる。

⑤ 可動極が固定極から離れる瞬間，チョークコイルのインダスタンスを L とすると，$e = L(di/dt)$ の大きな誘導起電力が誘起され，フィラメント間に強い電界が発生し放電が開始される。

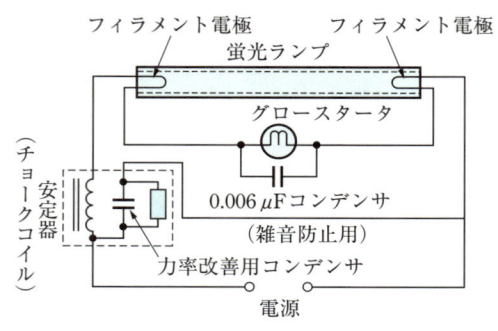

図 6.13 予熱始動形蛍光ランプ

解き方
- 点灯管には，管内に固定極と可動極で構成されるバイメタルスイッチとアルゴンを封入した放電管式のものが広く利用されている。
- 点灯回路に電源を投入すると，点灯回路内でグロー放電が発生する。
- 点灯回路のスイッチが冷却によって開放される瞬間，$e = L(di/dt)$ のスパイク電圧が発生する。

例題 3

メタルハライドランプは，（ア）の発光管内に（イ）を発光物質として封入した放電ランプの総称であり，効率が高く，（ウ）という特長がある。

上記の記述中の空白箇所（ア），（イ）および（ウ）に記入する字句として，正しいものを組み合わせたのは次のうちどれか。

	（ア）	（イ）	（ウ）
(1)	蛍光ランプ	水銀	寿命が長い
(2)	高圧ナトリウムランプ	ハロゲン化金属	始動特性が良い
(3)	水銀ランプ	蛍光物質	演色性が良い
(4)	水銀ランプ	ハロゲン化金属	演色性が良い
(5)	ハロゲン電球	窒素ガス	寿命が長い

[平成 4 年 A 問題]

答 (4)

照明と電熱

考え方 メタルハライドランプの構造を図 6.14 に示す。アルゴンガスは始動用として封入され，水銀はランプ電圧，発光管温度の調整用として加えられる。

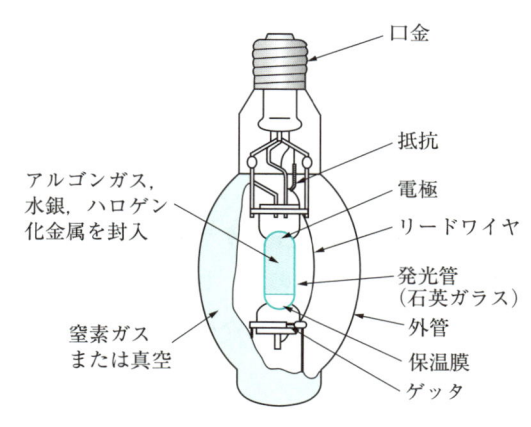

図 6.14 メタルハライドランプ

解き方 メタルハライドランプは，**水銀ランプの発光管内に，ハロゲン化金属**を発光物質として封入した放電ランプの総称である。特徴として，効率が高く，**演色性が良い**ことがある。

例題 4 ハロゲン電球では，（ア）バルブ内に不活性ガスとともに微量のハロゲンガスを封入してある。点灯中に高温のフィラメントから蒸発したタングステンは，対流によって管壁付近に移動するが，管壁付近の低温部でハロゲン元素と化合してハロゲン化物となる。管壁温度をある値以上に保っておくと，このハロゲン化物は管壁に付着することなく，対流などによってフィラメント近傍の高温部に戻り，そこでハロゲンと解離してタングステンはフィラメント表面に析出する。このように，蒸発したタングステンを低温部の管壁付近に析出することなく高温部のフィラメントへ移す循環反応を，（イ）サイクルと呼んでいる。このような化学反応を利用して管壁の（ウ）を防止し，電球の寿命や光束維持率を改善している。

また，バルブ外表面に可視放射を透過し，（エ）を（オ）するような膜（多層干渉膜）を設け，これによって電球から放出される（エ）を低減し，小形化，高効率化を図ったハロゲン電球は，店舗や博物館などのスポット照明用や自動車前照灯用などに広く利用されている。

上記の記述中の空白箇所（ア），（イ），（ウ），（エ）及び（オ）に当てはまる語句として，正しいものを組み合わせたのは次のうちどれか。

	（ア）	（イ）	（ウ）	（エ）	（オ）
(1)	石英ガラス	タングステン	白濁	紫外放射	反射
(2)	鉛ガラス	ハロゲン	黒化	紫外放射	吸収
(3)	石英ガラス	ハロゲン	黒化	赤外放射	反射
(4)	鉛ガラス	タングステン	黒化	赤外放射	吸収
(5)	石英ガラス	ハロゲン	白濁	赤外放射	反射

[平成 21 年 A 問題]

答 (3)

考え方　ハロゲン電球は，石英ガラス球内に不活性ガスとともに微量のハロゲン物質を封入したもので，図 6.15 に示すハロゲン化学反応を利用して管壁の黒化を少なくしている。

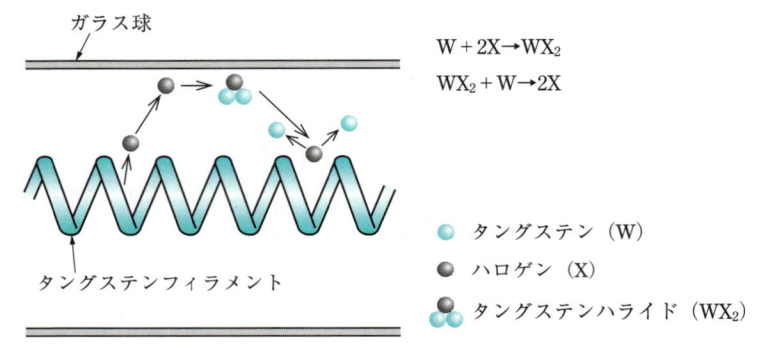

$W + 2X \rightarrow WX_2$
$WX_2 + W \rightarrow 2X$

- タングステン（W）
- ハロゲン（X）
- タングステンハライド（WX_2）

図 6.15　ハロゲンサイクルの原理

解き方
- ハロゲン電球では，**石英ガラス**バルブ内に不活性ガスとともに微量のハロゲンガスを封入してある。
- 蒸発したタングステンを低温部の管壁付近に析出することなく高温部のフィラメントへ移す循環反応を**ハロゲンサイクル**と呼ぶ。
- ハロゲンサイクルにより管壁の**黒化**を防止し，電球の寿命や光束維持率の改善が図られる。
- バルブ外表面に可視放射を透過し，**赤外放射**を**反射**するような膜（多層干渉膜）を設けている。

6.5 熱の単位と熱伝導

例題 1

電気加熱に関する「量」とその「単位記号」とを組み合わせた次の記述のうち,「単位記号」が誤っているのはどれか。

	量	単位記号
(1)	熱流密度	W/m^2
(2)	熱伝導率	$W/(m^3 \cdot K)$
(3)	熱伝達係数	$W/(m^2 \cdot K)$
(4)	熱抵抗	K/W
(5)	熱容量	J/K

[平成 2 年 A 問題]

答 (2)

考え方

図 6.16 のような断面積 S〔m^2〕,長さ l〔m〕の物質中を伝導によって単位時間に流れる熱流 I〔W〕は,高温部と低温部の温度差を $\theta = t_2 - t_1$〔K〕,熱伝導率を λ とすると,

$$I = \frac{\lambda S}{l}\theta \tag{1}$$

となる。

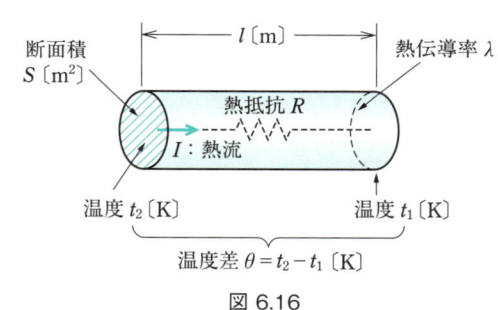

図 6.16

解き方

(2) の熱伝導率以外は正しい。熱伝導率 λ は,式 (1) より

$$\lambda = \frac{lI}{S\theta}$$

となるので単位は,

$$\frac{〔m〕〔W〕}{〔m^2〕〔K〕} = \frac{〔W〕}{〔m \cdot K〕}$$

となる。よって (2) は誤っている。

例題 2

電気炉の壁の外面に垂直に小穴をあけ，温度計を挿入して壁の外面から 10 [cm] と 30 [cm] の箇所で壁の内部温度を測定したところ，それぞれ 72 [℃] と 142 [℃] の値が得られた。炉壁の熱伝導率を 0.94 [W/(m・K)] とすれば，この炉壁からの単位面積当たりの熱損失 [W/m²] の値として，正しいのは次のうちどれか。

ただし，壁面に垂直な方向の温度こう配は一定とする。

(1) 3.29 (2) 14.9 (3) 165 (4) 329 (5) 1 490

[平成 11 年 A 問題]

答 (4)

考え方

熱回路のオームの法則で解く。温度差 θ [K] は，[℃] の単位でも同じになる。また，熱抵抗 R_h は，熱伝導を λ，長さを l，断面積を S とすると，

$$R_h = \frac{l}{\lambda S}$$

となる。

解き方

電気炉の炉壁の外面から 10 cm および 30 cm の箇所での温度が，それぞれ 72 ℃ および 142 ℃ であり，炉壁の熱伝導率 R_h が 0.94 W/(m・K) であるので，熱流 I [W] は，

$$I = \frac{\theta}{R_h} = \frac{T_1 - T_2}{R_h} = \frac{T_1 - T_2}{\frac{1}{\lambda} \cdot \frac{l}{S}} = \frac{\lambda S (T_1 - T_2)}{l}$$

$$= \frac{S \times 0.94 \times (142 - 72)}{0.3 - 0.1} = 329 S \text{ [W]}$$

となる。

よって，この炉壁からの単位面積あたりの熱損失 q [W/m²] は，

$$q = \frac{I}{S} = 329 \text{ [W/m}^2\text{]}$$

となる。

例題 3

直径 20 cm，長さ 5 m の円筒状の物体がある。その一端の温度を 300 ℃ とするとき，これから，温度 100 ℃ の他端に 1 時間につき 50 J の熱が伝わったという。

ただし，この物体の側面からの熱の放散はないものとする。

(a) この物体の熱抵抗 R_h [℃/W] はいくらか。正しいものを次から選べ。

(1) 14 400 (2) 15 200 (3) 16 300 (4) 16 620 (5) 17 700

(b) この物体の熱伝導率 λ〔W/(m·℃)〕はいくらか。正しいものを次から選べ。

 (1) 0.001　(2) 0.003　(3) 0.008　(4) 0.009　(5) 0.011

[平成6年B問題]

答 (a)-(1), (b)-(5)

考え方　問題の状況を図 6.17 に示す。「熱回路のオームの法則」によって熱抵抗を求める。また，熱抵抗と熱伝導率の関係より熱伝導率を求める。

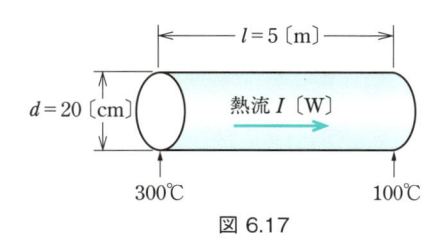

図 6.17

解き方

(a) 熱抵抗 R_h〔℃/W〕

題意より，1時間に 50 J の熱の移動があるので，熱流 I〔W〕は，

$$I = \frac{50}{60 \times 60} = \frac{5}{360} \text{〔W〕}$$

となる。また，そのときの温度差 θ が $300 - 100 = 200$〔℃〕であるので，熱抵抗 R_h は，

$$R_h = \frac{Q}{I} = \frac{200 \times 360}{5} = 14\,400 \text{〔℃/W〕}$$

となる。

(b) 熱伝導率 λ〔W/(m·℃)〕

熱抵抗 R_h は，断面積 S〔m²〕，長さ l〔m〕，熱伝導率 λ〔W/cm·℃〕のとき，

$$R_h = \frac{1}{\lambda} \frac{l}{S}$$

となる。よって，

$$\lambda = \frac{l}{R_h S}$$

題意により，$l = 5$〔m〕，$S = \frac{1}{4} \pi \times 0.2^2 = \pi \times 10^{-2}$〔m²〕であるので，

$$\lambda = \frac{5}{14\,400 \times \pi \times 10^{-2}} \fallingdotseq 0.011 \text{〔W/(m·℃)〕}$$

となる。

6.5 熱の単位と熱伝導

6.6 熱量計算

例題 1

抵抗率 110 $\mu\Omega\cdot$cm，直径 0.5 mm，長さ 3 m のニクロム線に一定電流 6 A を通電しているとき，発熱量は何 W か。正しい値を次のうちから選べ。ただし，温度による抵抗率の変化は無視する。

(1) 500　　(2) 550　　(3) 605　　(4) 625　　(5) 650

［平成 5 年 A 問題］

答 (3)

考え方　ニクロム線の抵抗率を ρ〔$\Omega\cdot$m〕，直径を d〔m〕，長さを l〔m〕とするとき，抵抗 R は，

$$R = \rho \frac{l}{\left(\frac{1}{4}\right)\pi d^2} \text{〔}\Omega\text{〕} \tag{1}$$

となる。また，ここに I〔A〕の電流が流れたときの発熱量 Q は，

$$Q = I^2 R \text{〔W〕} \tag{2}$$

となる。

考え方　題意より，ニクロム線の抵抗率 $\rho = 110$〔$\mu\Omega\cdot$cm〕$= 110\times10^{-6}\times10^{-2}$〔$\Omega\cdot$m〕，直径 $d = 0.5$〔mm〕$= 0.5\times10^{-3}$〔m〕，長さ $l = 3$〔m〕であるので，抵抗 R は，

$$R = \rho \frac{l}{\left(\frac{1}{4}\right)\pi d^2}$$

$$= 110\times10^{-8}\times\frac{3}{\left(\frac{1}{4}\right)\pi\times(0.5\times10^{-3})^2} \fallingdotseq 16.8 \text{〔}\Omega\text{〕}$$

となる。

このニクロム線に流れる電流 $I = 6$〔A〕であるので発生する熱量 Q は，

$$Q = I^2 R = 6^2\times16.8 \fallingdotseq 605 \text{〔W〕}$$

となる。

例題 2

電気炉により，質量 500 kg の鋳鋼を加熱し，時間 20 min で完全に溶解させるのに必要な電力〔kW〕の値として，最も近いのは次のうちどれか。
ただし，鋳鋼の加熱前の温度は 15 ℃，溶解の潜熱は 314 kJ/kg，比熱は 0.67 kJ/(kg·K) および融点は 1 535 ℃ であり，電気炉の効率は 80 % とする。
　(1)　444　　(2)　530　　(3)　555　　(4)　694　　(5)　2 900

[平成 15 年 A 問題]

答　(4)

考え方　鋳鋼を溶解するためには融点まで加熱し，さらに溶解に必要な潜熱を与える必要がある。

鋳鋼の比熱を C〔kJ/(kg·K)〕，質量を m〔kg〕，加熱による温度上昇を $\Delta\theta$〔K〕とすると，加熱によって与える熱量 Q_1〔kJ〕は，

$$Q_1 = Cm\Delta\theta \tag{1}$$

となる。また，鋳鋼の溶解潜熱が α〔kJ/kg〕とすると，溶解に必要な熱量 Q_2 は，

$$Q_2 = \alpha m \tag{2}$$

となる。

解き方　質量 500 kg の鋳鋼を 15 ℃ から 1 535 ℃ に加熱するために必要な熱量 Q_1 は，比熱が 0.67 kJ/(kg·K) であるので，

$$Q_1 = Cm\Delta\theta = 0.67 \times 500 \times (1\,535 - 15) = 509\,200 \text{〔kJ〕}$$

この鋳鋼を溶解するために必要な熱量 Q_2 は，溶解潜熱が 314 kJ/kg であるので，

$$Q_2 = \alpha m = 314 \times 500 = 157\,000 \text{〔kJ〕}$$

電気炉の出力を P〔kW〕とし，20 分間に鋳鋼に与える熱量 Q_e は，電気炉の効率が 80 % であるので，

$$Q_e = P \times 20 \times 60 \times 0.8 \text{〔kJ〕}$$

$Q_e = Q_1 + Q_2$ とならなければいけないので，

$$P \times 20 \times 60 \times 0.8 = 509\,200 + 157\,000 = 666.2 \times 10^3$$

よって，

$$P = \frac{666.2 \times 10^3}{20 \times 60 \times 0.8} \fallingdotseq 694 \text{〔kW〕}$$

となる。

6.6　熱量計算

例題3

20℃において含水量70 kgを含んだ木材100 kgがある。これを100℃に設定した乾燥器によって含水量が5 kgとなるまで乾燥させたい。次の(a)および(b)に答えよ。

ただし，木材の完全乾燥状態での比熱を1.25 kJ/(kg·K)，水の比熱と蒸発潜熱をそれぞれ4.19 kJ/(kg·K)，2.26×10^3 kJ/kgとする。

(a) この乾燥に要する全熱量〔kJ〕の値として，最も近いのは次のうちどれか。

(1) 14.3×10^3 (2) 23.0×10^3 (3) 147×10^3
(4) 161×10^3 (5) 173×10^3

(b) 乾燥器の容量（消費電力）を22 kW，総合効率を55％とするとき，乾燥に要する時間〔h〕の値として，最も近いのは次のうちどれか。

(1) 1.2 (2) 4.0 (3) 5.0 (4) 14.0 (5) 17.0

［平成17年B問題］

答 (a)-(5), (b)-(2)

考え方 水と木材は比熱が異なるので，おのおのについて100℃まで暖める熱量を求める。これに，水65 kgの蒸発に必要な潜熱を加えて，必要な全熱量を求める。

解き方 (a) 乾燥に要する全熱量〔kJ〕

木材を100℃まで暖める熱量は，

$$1.25 \text{〔kJ/(kg·K)〕} \times (100-70) \text{〔kg〕} \times (100-20) \text{〔K〕}$$
$$= 3\,000 \text{〔kJ〕}$$

水を100℃まで暖める熱量は，

$$4.19 \text{〔kJ/(kg·K)〕} \times 70 \text{〔kg〕} \times (100-20) \text{〔K〕}$$
$$= 23\,464 \text{〔kJ〕}$$

水を蒸発させるために必要な熱量は，

$$2.26 \times 10^3 \text{〔kJ/kg〕} \times (70-5) \text{〔kg〕} = 146.9 \times 10^3 \text{〔kJ〕}$$

したがって，求める全熱量は，

$$3 \times 10^3 + 23.5 \times 10^3 + 146.9 \times 10^3 = 173.4 \times 10^3$$
$$\fallingdotseq 173 \times 10^3 \text{〔kJ〕}$$

となる。

(b) 乾燥に要する時間〔h〕

乾燥器の容量が22 kW，総合効率が55％であり，t〔h〕で乾燥させ

ることから，
$$22\,[\mathrm{kW}] \times t \times 3\,600\,[\mathrm{s}] \times 0.55 = 173 \times 10^3$$
$$t = \frac{173 \times 10^3}{22 \times 3.6 \times 10^3 \times 0.55} \fallingdotseq 4\,[\mathrm{h}]$$

例題 4

温度 20.0 [℃]，体積 0.370 [m³] の水の温度を 90.0 [℃] まで上昇させたい。次の(a)及び(b)に答えよ。

ただし，水の比熱（比熱容量）と密度はそれぞれ 4.18×10^3 [J/(kg·K)]，1.00×10^3 [kg/m³] とし，水の温度に関係なく一定とする。

(a) 電熱器容量 4.44 [kW] の電気温水器を使用する場合，これに必要な時間 t [h] の値として，最も近いのは次のうちどれか。
ただし，貯湯槽を含む電気温水器の総合効率は 90.0 [％] とする。
 (1) 3.15　(2) 6.10　(3) 7.53　(4) 8.00　(5) 9.68

(b) 上記(a)の電気温水器の代わりに，最近普及してきた自然冷媒（CO_2）ヒートポンプ式電気給湯器を使用した場合，これに必要な時間 t [h] は，消費電力 1.25 [kW] で 6 [h] であった。水が得たエネルギーと消費電力量とで表せるヒートポンプユニットの成績係数（COP）の値として，最も近いのは次のうちどれか。
ただし，ヒートポンプユニット及び貯湯槽の電力損，熱損失はないものとする。
 (1) 0.25　(2) 0.33　(3) 3.01　(4) 4.01　(5) 4.19

[平成 21 年 B 問題]

答 (a)-(3), (b)-(4)

考え方

体積 0.370 m³ の水を 20 ℃から 90 ℃まで上昇させるために必要な熱量 Q_1 [J] を求める。

電熱器容量 4.44 kW の電気温水器を t [h] 使用したときに水に伝達する熱量 Q_2 は，総合効率が 90 ％であるので，
$$Q_2 = 4.44 \times t \times 3\,600 \times 0.9\,[\mathrm{kJ}]$$
となる。

$Q_1 = Q_2$ の条件より，t を求める。
ヒートポンプユニットの成績係数（COP）は，
$$COP = \frac{水の得たエネルギー}{ヒートポンプで消費したエネルギー}$$
となる。

解き方 (a) 電気温水器に必要な時間

体積 $0.370 \mathrm{~m^3}$ の水を，20 ℃から 90 ℃まで上昇させるために必要な熱量 Q_1 は，水の比熱が 4.18×10^3 〔J/(kg·K)〕，水の密度が 1.00×10^3 〔kg/m³〕であるので，

$$Q_1 = 4.18\times10^3 \text{〔J/(kg·K)〕} \times 0.370\times10^3 \text{〔kg〕} \times (90-20) \text{〔K〕}$$
$$= 108.262\times10^6 \text{〔J〕}$$

となる。

一方，電熱器容量 $4.44 \mathrm{~kW}$ の電気温水器を t〔h〕使用したときに，水に伝達する熱量 Q_2 は，電気温水器の総合効率が 90 % であるので，

$$Q_2 = 4.44\times10^3 \times t \times 3\,600 \times 0.9 = 14.3856\times10^6 t \text{〔J〕}$$

求める必要な時間 t は，$Q_1 = Q_2$ のときであるので，

$$t = \frac{108.262\times10^6}{14.3856\times10^6} \fallingdotseq 7.53 \text{〔h〕}$$

となる。

(b) ヒートポンプユニットの成績係数（COP）

ヒートポンプユニットで消費したエネルギー W は，消費電力が 1.25 kW，使用時間が 6 h であるので，

$$W = 1.25\times10^3 \times 6 \times 3\,600 = 27\times10^6 \text{〔J〕}$$

よって，水の得たエネルギーは Q_1 であるので，ヒートポンプユニットの成績係数（COP）は，

$$COP = \frac{Q_1}{W} = \frac{108.262\times10^6}{27\times10^6} \fallingdotseq 4.01$$

となる。

6.7 各種電熱方式の特徴

例題 1

高周波誘導加熱の特徴に関する次の記述のうち，誤っているのはどれか。
(1) 極めて短時間に加熱できるので，量産が可能である。
(2) うず電流によるジュール熱を利用するものである。
(3) うず電流は，周波数が高くなるほど内部までいきわたって流れる。
(4) 真空中の加熱も容易である。
(5) 高周波電源設備を要するので，設備費が高い。

［平成元年 A 問題］

答 (3)

考え方　誘導加熱の原理を図6.18に示す。誘導加熱は，金属を溶融するための装置，誘導炉などに利用されている。低周波を用いるもの，高周波を用いるもの両方があり，高周波誘導加熱の特徴は以下のとおりである。
① うず電流によるジュール熱を利用するので，短時間で加熱でき量産が可能。
② うず電流は，周波数が高くなるほど内部までいきわたって流れない。
③ 真空中の加熱も容易。
④ 高周波電源設備を要するので，設備費が高くなる。

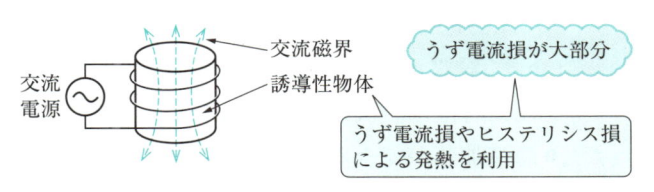

図 6.18　誘導加熱の原理

解き方　(3)のうず電流は，周波数が高くなるほど内部までいきわたって流れるというのは誤り。うず電流は，表皮効果によって周波数が高くなると表面近傍に流れるようになる。

例題 2

マイクロ波加熱の特徴に関する記述として，誤っているのは次のうちどれか。

(1) マイクロ波加熱は，被加熱物自体が発熱するので，被加熱物の温度上昇（昇温）に要する時間は熱伝導や対流にはほとんど無関係で，照射するマイクロ波電力で決定される。
(2) マイクロ波出力は自由に制御できるので，温度調節が容易である。
(3) マイクロ波加熱では，石英ガラスやポリエチレンなど誘電体損失係数の小さい物も加熱できる。
(4) マイクロ波加熱は，被加熱物の内部でマイクロ波のエネルギーが熱になるため，加熱作業環境を悪化させることがない。
(5) マイクロ波加熱は，電熱炉のようにあらかじめ所定温度に予熱しておく必要がなく熱効率も高い。

［平成 22 年 A 問題］

答 (3)

考え方

マイクロ波加熱は，誘電体加熱と同じく誘電体内の分子摩擦による発熱であり，周波数が高いことから発熱量が大きく効率がよい。発熱量および特徴は誘電体加熱と同様であり，発熱量は Q は，次式で与えられる。

$$Q = kfV^2 \varepsilon_s \tan\delta \; [\text{W/m}^3]$$

ここで，

k：定数

f：電源の周波数

V：印加電圧〔V〕

ε_s：比誘電率

$\tan\delta$：誘電正接

また，特徴は，次のとおりである。

- 急速加熱ができる
- 真空中の加熱ができる
- 均一加熱ができる
- 熱効率がよい
- 直接加熱ができる
- 選択（重点）加熱ができる
- 温度制御が容易
- 起動時間が短い
- 占有面積が小さい
- 燃焼ガスを排出せず，衛生的である

解き方

(3)以外は正しい。マイクロ波加熱は誘電体損を利用するので，誘電体損失係数 $\varepsilon_s \cdot \tan\delta$ の小さい物を加熱することは困難である。よって(3)が誤っている。

例題 3

電気加熱に関する記述として，誤っているのは次のうちどれか。
(1) 抵抗加熱は，電流によるジュール熱を利用して加熱するものである。
(2) アーク加熱は，アーク放電によって生じる熱を利用するもので，直接加熱方式と間接加熱方式がある。
(3) 誘導加熱は，交番磁界中におかれた導電性物質中のうず電流によって生じるジュール熱（うず電流損）により加熱するものである。
(4) 赤外加熱において，遠赤外ヒータの最大放射束の波長は，赤外電球の最大放射束の波長より長い。
(5) 誘電加熱は，静電界中におかれた絶縁性物質中に生じる誘電損により加熱するものである。

[平成 13 年 A 問題]

答 (5)

考え方 電気加熱の代表的な加熱方式である「抵抗加熱」，「アーク加熱」，「誘導加熱」，「赤外加熱」，「誘電加熱」について，その原理を理解しておく。

解き方 誘電加熱は，図 6.19 に示すように，交番電界内に誘電体を置き，誘電損により発生する熱を利用する。交番電界の使用周波数としては，50 Hz～数 MHz 以上の広範囲に及んでいる。

したがって，誘電加熱は静電界中でではなく交番電界中であるので(5)は誤りである。

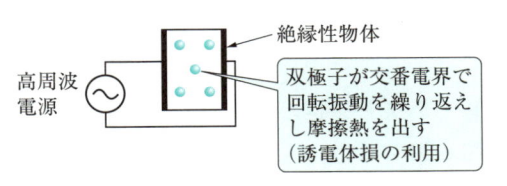

図 6.19 誘電加熱の原理

6.7 各種電熱方式の特徴

6.8 各種電熱装置の特徴

例題 1

近年，広く普及してきたヒートポンプは，外部から機械的な仕事 W〔J〕を与え，（ア）熱源より熱量 Q_1〔J〕を吸収して，（イ）部へ熱量 Q_2〔J〕を放出する機関のことである。この場合（定常状態では），熱量 Q_1〔J〕と熱量 Q_2〔J〕の間には（ウ）の関係が成り立ち，ヒートポンプの効率 η は，加熱サイクルの場合（エ）となり 1 より大きくなる。この効率 η は（オ）係数（COP）と呼ばれている。

上記の記述中の空白箇所（ア），（イ），（ウ），（エ）及び（オ）に当てはまる語句又は式として，正しいものを組み合わせたのは次のうちどれか。

	（ア）	（イ）	（ウ）	（エ）	（オ）
(1)	低温	高温	$Q_2 = Q_1 + W$	$\dfrac{Q_2}{W}$	成績
(2)	高温	低温	$Q_2 = Q_1 + W$	$\dfrac{Q_1}{W}$	評価
(3)	低温	高温	$Q_2 = Q_1 + W$	$\dfrac{Q_1}{W}$	成績
(4)	高温	低温	$Q_2 = Q_1 - W$	$\dfrac{Q_2}{W}$	成績
(5)	低温	高温	$Q_2 = Q_1 - W$	$\dfrac{Q_2}{W}$	評価

［平成 20 年 A 問題］

答 (1)

考え方 ヒートポンプは，冷凍機と逆のサイクルを利用するもので，その原理を図 6.20 に示す。

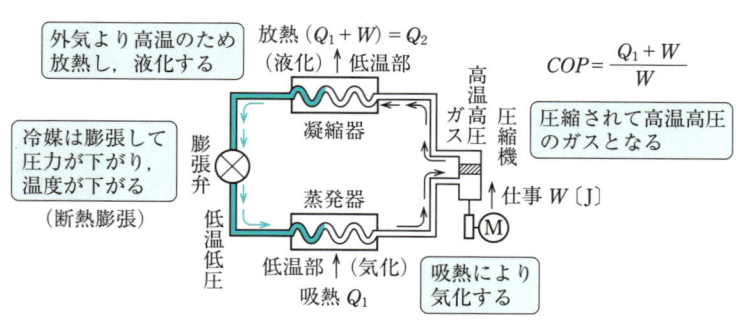

図 6.20 ヒートポンプの原理

$$COP = \frac{Q_1 + W}{W}$$

解き方 ヒートポンプは，圧縮機等で機械的な仕事 W〔J〕を与え，低熱源より熱量 Q_1〔J〕を吸収して，高温部へ熱量 Q_2〔J〕を放出する。このとき，Q_1, Q_2, W の間には，$Q_2 = Q_1 + W$ の関係が成立し，Q_2/W は，成績係数（COP）と呼ばれる。

例題 2

抵抗溶接に関する記述として，誤っているのは次のうちどれか。
(1) 部材の接触部に電流を流し，ここに発生する抵抗熱によって加熱する。
(2) アーク溶接に比べ，溶接部の温度が一般に低い。
(3) 熱の影響が溶接部付近に限られるので，変形や残留応力が少ない。
(4) 精密な工作物の溶接には，適さない。
(5) 抵抗溶接を大別すると，重ね溶接と突合せ溶接とになる。

[平成元年 A 問題]

答 （4）

考え方 抵抗溶接の原理と特徴について整理しておく。抵抗溶接の原理は，次のようである。

接合しようとする金属面を接触させて接触面を通じて大電流を流すと，接触面は抵抗が大きいので，他の部分より高温になる。そこで，この部分が溶けたところで，接触部に機械的に力を加えて電流を断つと接合部が溶着する。種類としては，図 6.21 に示す突合わせ溶接，図 6.22 に示す点溶接および図 6.23 に示す点溶接を連続的に行う縫合わせ溶接がある。

特徴は以下のとおりである。
- アーク溶接に比べ，溶接部の温度が低い
- 熱の影響が溶接部付近に限られるので，変形や残留応力が少ない
- 比較的精密な工作物の溶接が可能である
- 溶接時間も短い

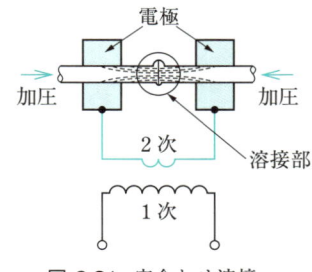

図 6.21 突合わせ溶接

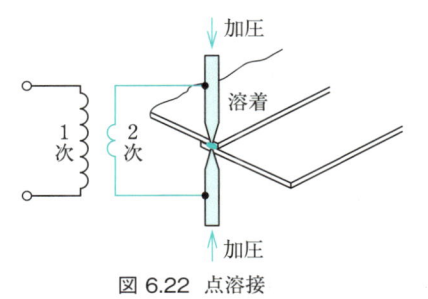

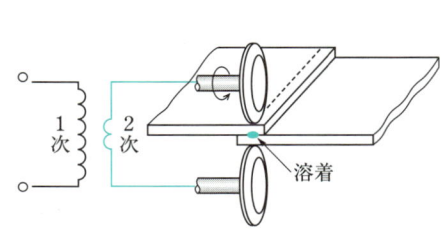

図 6.22 点溶接

図 6.23 縫合わせ溶接

6.8 各種電熱装置の特徴

解き方 問題の(1)，(2)，(3)は正しい。点溶接と縫合わせ溶接は，重ね溶接であるので(5)も正しい。(4)が誤り。

例題 3

電子冷凍に利用される効果として，正しいのは次のうちどれか。
(1) ゼーベック効果　(2) ピンチ効果　(3) ペルチェ効果
(4) トムソン効果　(5) 表皮効果

[平成 5 年 A 問題]

答 (3)

考え方 電子冷凍はペルチェ効果と覚えておく。

解き方
a. 電子冷凍にはペルチェ効果が利用される。ペルチェ効果とは，2種類の金属を接合し，その接合点に流れる電流方向によって発熱または吸熱が生じる現象である。この吸熱が生じる冷接点を電子冷凍では利用する。
b. 使用する材料には以下の条件が要求される。
   - ペルチェ効果が大きいこと
   - 熱伝導率が小さいこと（温接点の熱が冷接点に伝導しにくいため）
   - 抵抗率が小さいこと（ジュール熱の発生を小さくするため）
c. 電子冷凍における発熱と吸熱の状況を図 6.24 に示す。p 形と n 形半導体を組み合わせ，電流を流すと荷電粒子の電子と正孔は上から下へ同方向に移動する。その際，これらの荷電粒子は，エネルギーを上から下へ移送し，上部接合部では，エネルギーが取り去られるため吸熱冷却し，下部接合部では発熱する。

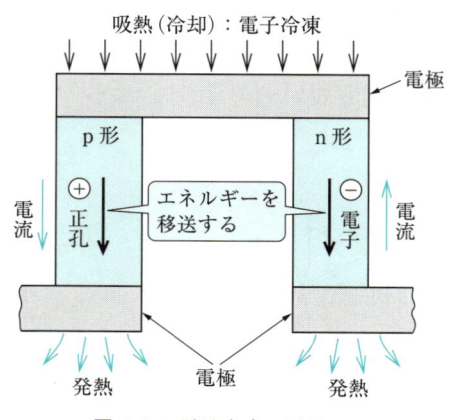

図 6.24 電子冷凍の原理

第6章 章末問題

6-1 1 kW の電球を取り付けた図のような投光器がある。その配光は光柱の軸線に対して対称であって，全光束は光柱の開き 20° の平面角内に投射されるものとする。器具効率を 85 %，電球の効率を 18 lm/W とすると

(a) 被照面に入射される全光束 F〔lm〕として正しいのは次のうちどれか。

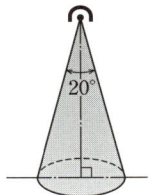

(1) 10 000　　(2) 12 000　　(3) 15 300
(4) 16 200　　(5) 17 500

(b) 光柱の平均光度〔cd〕として，正しいのは次のうちどれか。ただし，$\cos 10° = 0.985$，$\cos 20° = 0.940$ とする。

(1) 1.62×10^3　　(2) 4.06×10^3　　(3) 1.62×10^4　　(4) 4.06×10^4
(5) 1.62×10^5

[平成 4 年 B 問題]

6-2 透過率 0.6 の完全拡散性の半透明板を照度 200 lx で照らしたとき，裏側から見た場合の輝度〔cd/m²〕はいくらか。正しい値を次のうちから選べ。

(1) 38.2　　(2) 63.7　　(3) 121　　(4) 628　　(5) 1 050

[平成 8 年 A 問題]

6-3 図のように，床面上の 1 点 B の直上 2.4 m の高さに，各方向に 150 cd の一様な配光を有する光源 A を取り付けたとき，床面上の 1 点 P における水平面照度が鉛直面照度の 3 倍になったという。

(a) BP の距離として正しいものは次のうちどれか。

(1) 0.4　　(2) 0.6　　(3) 0.8　　(4) 1.0
(5) 1.2

(b) 点 P における水平面照度として正しいものは次のうちどれか。

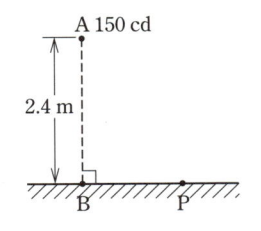

(1) 20.5　(2) 22.2　(3) 24.0　(4) 24.2　(5) 25.3

[平成5年B問題]

6-4　図に示すような幅6m，奥行き8mの長方形の駐車場の四隅に柱を立て，各柱の地上から5mの頂点に全光束5 000 lmの水銀ランプを設置した。

(a) 水銀ランプを均等点光源とした場合の光度 I 〔cd〕の値として正しいのは次のうちどれか。

(1) 350　(2) 385　(3) 398　(4) 415
(5) 430

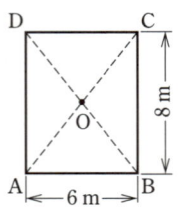

(b) 駐車場の中心Oの水平面照度〔lx〕の値として正しいのは次のうちどれか。

(1) 22.5　(2) 23.5　(3) 23.8　(4) 24.2　(5) 24.4

[平成11年B問題]

6-5　間口4〔m〕，奥行き6〔m〕の室の天井に40ワット蛍光ランプ2灯用照明器具（下面開放形）を4基取り付けた。床面の平均照度〔lx〕の値として，正しいのは次のうちどれか。ただし，蛍光ランプの効率は75〔lm/W〕，保守率は0.7，床面に対する照明率は0.4とする。

(1) 140　(2) 200　(3) 280　(4) 400　(5) 570

[平成12年A問題]

6-6　コンパクト形蛍光ランプは，ガラス管を折り曲げ，接合などして発光管をコンパクトな形状に仕上げた　(ア)　の蛍光ランプである。コンパクト形蛍光ランプの発光管は，一般の直管形蛍光ランプに比べて管径が細く，輝度は　(イ)　。

コンパクト形蛍光ランプでは，発光管内の水銀の　(ウ)　を最適な状態に維持するために水銀をアマルガムの状態で封入してある。

上記の記述中の空白箇所（ア），（イ）及び（ウ）に記入する語句として，正しいものを組み合わせたのは次のうちどれか。

	（ア）	（イ）	（ウ）
(1)	片口金	高い	温度
(2)	片口金	低い	蒸気圧
(3)	両口金	高い	蒸気圧
(4)	片口金	高い	蒸気圧
(5)	両口金	低い	温度

[平成 13 年 A 問題]

6-7 発光現象に関する記述として，正しいのは次のうちどれか。
(1) タングステン電球からの放射は，線スペクトルである。
(2) ルミネセンスとは黒体からの放射をいう。
(3) 低圧ナトリウムランプは，放射の波長が最大視感度に近く，その発光効率は蛍光ランプに比べて低い。
(4) 可視放射（可視光）に比べ，紫外放射（紫外線）は長波長の，また，赤外放射（赤外線）は短波長の電磁波である。
(5) 蛍光ランプでは，管の内部で発生した紫外放射（紫外線）を，管の内壁の蛍光物質にあてることによって，可視放射（可視光）を発生させている。

[平成 16 年 A 問題]

6-8 物体とその周囲の外界（気体または液体）との間の熱の移動は，対流と（ア）によって行われる。そのうち，表面と周囲の温度差が比較的小さいときは対流が主になる。

いま，物体の表面積を S〔m²〕，周囲との温度差を t〔K〕とすると，物体から対流によって伝達される熱流 I〔W〕は次式となる。

$$I = \alpha S t \text{〔W〕}$$

この式で，α は（イ）と呼ばれ，単位は〔W/(m²·K)〕で表される。この値は主として，物体の周囲の液体および流体の流速によって大きく変わる。また，α の逆数 $1/\alpha$ は（ウ）と呼ばれる。

上記の記述中の空白箇所（ア），（イ）および（ウ）に当てはまる語句として，正しいものを組み合わせたのは次のうちどれか。

	（ア）	（イ）	（ウ）
(1)	放射	熱伝達係数	表面熱抵抗率
(2)	伝導	熱伝達係数	表面熱抵抗率
(3)	伝導	熱伝導率	体積熱抵抗率
(4)	放射	熱伝達係数	体積熱抵抗率
(5)	放射	熱伝導率	表面熱抵抗率

[平成 18 年 A 問題]

6-9 電気的に温度を測定する方法には，熱電温度計，抵抗温度計など接触式のものと，放射温度計（全放射温度計，赤外線温度計）や光高温計など放射を利用した非接触式のものがある。

熱電温度計は，　(ア)　の熱起電力が熱接点と冷接点間の温度差に応じて生じるという　(イ)　効果を利用したものである。普通，温度差と熱起電力が直線的関係にある範囲で使用される。

抵抗温度計は，白金や銅，ニッケルなどの純粋な金属や　(ウ)　のような半導体の抵抗率が温度によって規則的に変化する特性を利用したものである。

全放射温度計は，「放射体から単位時間に放射される全放射エネルギーは放射体の絶対温度の　(エ)　に比例する」というステファン・ボルツマンの法則を応用したもので，光学系を使用して被測温体からの全放射エネルギーを受熱板に集めて，その温度上昇を熱電温度計などによって測定するものである。

赤外線温度計は，波長 700～20 000〔nm〕程度の赤外放射を利用したもので，検出素子としては　(ウ)　などを使ったものと，HgCdTe，InGaAs，PbS などの　(オ)　を使ったものがある。

上記の記述中の空白箇所（ア），（イ），（ウ），（エ）及び（オ）に当てはまる語句として，正しいものを組み合わせたのは次のうちどれか。

	（ア）	（イ）	（ウ）	（エ）	（オ）
(1)	熱電対	ゼーベック	サーミスタ	4乗	光電素子
(2)	サーミスタ	ペルチェ	バイメタル	3乗	光電素子
(3)	熱電対	ゼーベック	サーミスタ	3乗	熱電素子
(4)	熱電対	ペルチェ	バイメタル	4乗	光電素子
(5)	サーミスタ	ゼーベック	バイメタル	4乗	熱電素子

〔平成 19 年 A 問題〕

第7章

電気化学

Point 重要事項のまとめ

1 原子価
水素原子 n 個と結合し得る元素を，原子価が n の元素という。

2 化学当量
原子価 1 価あたりの原子量をいう。

3 電気化学当量
化学当量をファラデー定数（96 500）で除したもので単位は g/c である。

4 ファラデーの法則
- 析出する物質量 w〔g〕は，通過した電荷量 q〔c〕に比例する。
- 同等の電荷量 q〔c〕で析出する物質の量 w〔g〕は，その化学当量に比例する。

5 電気分解における電流効率
$$電流効率 = \frac{理論電気量}{実際の電気量}$$

6 食塩の電解法
- 隔膜法，水銀法，イオン交換膜法がある。
- 隔膜法：石綿製の交換膜を用いる。
- イオン交換膜法：ふっ素樹脂のイオン膜を用いる。

7 槽電圧
電気分解に必要な電圧で，次の電圧を加えたもの。
- 化学エネルギー値から計算される理論分解電圧
- 実際に電気分解を起こさせるために必要な理論分解電圧を超える過電圧
- 電極間の導体抵抗，電解質の抵抗，隔膜に起因する抵抗による電圧降下

8 鉛蓄電池
- 鉛蓄電池の構成
  負極作用物質……Pb
  正極作用物質……PbO_2
  電解質……H_2SO_4
- 充放電反応

  PbO_2 + $2H_2SO_4$ + Pb
  充電 ↑   ↓ 放電
  $PbSO_4$ + $2H_2O$ + $PbSO_4$

電気化学

7.1 電気化学の基礎

例題 1

鉛の原子価が 2 で，原子量が 207.2 であるとき，鉛の電気化学当量 [mg/C] はいくらか。正しい値を次のうちから選べ。

(1) 0.238　(2) 0.304　(3) 0.681　(4) 1.074　(5) 1.118

[平成 2 年 A 問題]

答 (4)

考え方　原子量を原子価で除して化学当量を求め，その化学当量をファラデー定数で除することによって電気化学当量を求める。

解き方　鉛の原子価が 2 で，原子量が 207.2 であるので，化学当量 (m/n) は，

$$化学当量 = \frac{207.2}{2} = 103.6 \text{ [g]}$$

よって，電気化学当量 K は，化学当量をファラデー定数で除して，

$$K = \frac{103.6 \times 10^3}{96\,500} \fallingdotseq 1.074 \text{ [mg/C]}$$

となる。

例題 2

銅の原子量を z とするとき，銅イオン Cu^{2+} を含む溶液に電流を流して，負極に z [g] の銅 Cu を析出するのに必要な電荷量 [C] の値として，正しいのは次のうちどれか。ただし，1 ファラデーは 9.65×10^4 C/mol で，電流効率は 100 [%] とする。

(1) 26.8　(2) 53.6　(3) 4.82×10^4　(4) 9.65×10^4
(5) 1.93×10^5

[平成 6 年 A 問題]

答 (5)

考え方　1g当量を析出させるために必要な電荷量が96 500 Cである。銅は2価であるので，1g当量は$z/2$〔g〕となり，z〔g〕を析出するには，$2F$（ファラデー）を必要とする。

解き方　銅の原子量をzとして，z〔g〕の銅を析出するということは，1グラム分子量（1 mol）を析出するということになる。銅の原子価は2であるので，必要な電荷量Qは，

$$Q = 96\,500 \times 2 = 1.93 \times 10^5 \,〔C〕$$

となる。

例題3　硫酸亜鉛（$ZnSO_4$）/硫酸系の電解液の中で陽極に亜鉛を，陰極に鋼帯の原板を用いた電気めっき法はトタンの製造法として広く知られている。今，両電極間に2〔A〕の電流を5〔h〕通じたとき，原板に析出する亜鉛の量〔g〕の値として，最も近いのは次のうちどれか。
　ただし，亜鉛の原子価（反応電子数）は2，原子量は65.4，電流効率は65〔%〕，ファラデー定数$F = 9.65 \times 10^4$〔C/mol〕とする。
　(1)　0.0022　　(2)　0.13　　(3)　0.31　　(4)　7.9　　(5)　16

〔平成19年A問題〕

答　(4)

考え方　両電極間に2Aの電流を5h通じたときに流れる電荷量q_1は，1〔A〕＝1〔C/s〕であるので，

$$q_1 = 2 \times 5 \times 60 \times 60 = 3.6 \times 10^4 \,〔C〕$$

となる。電流効率が65%であるので，このうち65%が，メッキ製造に有効に働く。一方，亜鉛の原子価は2で，原子量65.4であるので，9.65×10^4〔C〕の電荷で，亜鉛を（65.4/2）g析出させることができる。

解き方　亜鉛メッキとして有効に働く電荷量qは，電流2Aで，5h通電し，電流効率が65%であるから，

$$q = 2 \times 5 \times 60 \times 60 \times 0.65 = 2.34 \times 10^4 \,〔C〕$$

となる。一方，亜鉛の原子価は2で，原子量は65.4であるので，電荷9.65×10^4〔C〕の移動により$65.4/2 = 32.7$〔g〕の亜鉛が析出する。
よって，求める亜鉛の析出量ωは，

$$\omega = \frac{2.34 \times 10^4}{9.65 \times 10^4} \times 32.7 \fallingdotseq 7.9 \,〔g〕$$

となる。

例題 4

水溶液中に固体の微粒子が分散している場合，微粒子は溶液中の (ア) を吸着して帯電することがある。この溶液中に電極を挿入して直流電圧を加えると，微粒子は自身の電荷と (イ) の電極に向かって移動する。この現象を (ウ) という。

この現象を利用して，陶土や粘土の精製，たんぱく質や核酸，酵素などの分離精製や分析などが行われている。

また，良い導電性の (エ) 合成樹脂塗料またはエマルジョン塗料を含む溶液を用い，被塗装物を一方の電極として電気を通じると，塗料が (ウ) によって被塗装物表面に析出する。この塗装は電着塗装と呼ばれ，自動車や電気製品などの大量生産物の下地塗装に利用されている。

上記の記述中の空白箇所（ア），（イ），（ウ）および（エ）に記入する語句として，正しいものを組み合わせたのは次のうちどれか。

	（ア）	（イ）	（ウ）	（エ）
(1)	水分	同符号	電気析出	油性
(2)	イオン	逆符号	電気泳動	水溶性
(3)	イオン	同符号	電気析出	水溶性
(4)	イオン	逆符号	電気泳動	揮発性
(5)	水分	逆符号	電解透析	油性

［平成 17 年 A 問題］

答 (2)

考え方 電着塗装は，図 7.1 に示すように，**水溶性塗料中**に浸漬した品物に電流を流し，化学的に塗膜を得る方法である。

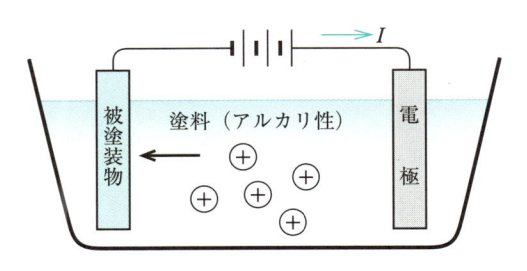

図 7.1 電着塗装

解き方 液体中に固体の微粒子が分散している場合，微粒子は溶液中の**イオン**を吸着して帯電する。この溶液中に電極を挿入して直流電圧を加えると，微粒子は自身の電荷と**逆符号**の電極に向かって移動する。この現象を**電気泳動**という。

7.2 電気分解

例題 1

水の電気分解は，次の反応により進行する。
$$2H_2O \rightarrow 2H_2 + O_2$$
このとき，アルカリ水溶液中では陽極（アノード）において，次の反応により酸素が発生する。
$$4OH^- \rightarrow O_2 + 2H_2O + 4e^-$$
いま，2.7 kA·h の電気量が流れたとき，理論的に得られる酸素の質量〔kg〕の値として，正しいのは次のうちどれか。
ただし，酸素の原子量は 16，ファラデー定数は 27 A·h/mol とする。
(1) 0.4　　(2) 0.8　　(3) 6.4　　(4) 13　　(5) 32

［平成 12 年 A 問題］

答 (2)

考え方　化学反応式，
$$4OH^- \rightarrow O_2 + 2H_2O + 4e^-$$
より，4 mol の水酸イオン（OH^-）から，1 mol の酸素分子と 2 mol の水分子が生じ，4 mol の電子が放出されることがわかる。

解き方　2.7 kA·h の電気量が流れると，ファラデー定数が 27 A·h/mol であるので，$2.7 \times 10^3 / 27 = 100$〔mol〕の電子が陽極へ放出されることになる。

100 mol の電子が放出されるとき，陽極では，反応式により $100/4 = 25$〔mol〕の酸素が発生する。酸素の原子量は 16 であるので，その分子量は 32，よって，25 mol の質量 m は，
$$m = 32 \times 25 = 800〔g〕= 0.8〔kg〕$$
となる。

例題 2

食塩水を電気分解して，水酸化ナトリウム（NaOH，か性ソーダ）と塩素（Cl_2）を得るプロセスは食塩電解と呼ばれる。食塩電解の工業プロセスとして，現在，わが国で採用されているものは，　(ア)　である。
この食塩電解法では，陽極側と陰極側を仕切る膜に　(イ)　イオンだけ

を選択的に透過する密隔膜が用いられている。外部電源から電流を流すと，陽極側にある食塩水と陰極側にある水との間で電気分解が生じてイオンの移動が起こる。陽極側で生じた (ウ) イオンが密隔膜を通して陰極側に入り， (エ) となる。

上記の記述中の空白箇所（ア），（イ），（ウ）及び（エ）に当てはまる語句として，正しいものを組み合わせたのは次のうちどれか。

	（ア）	（イ）	（ウ）	（エ）
(1)	隔膜法	陽	塩素	Cl_2
(2)	イオン交換膜法	陽	ナトリウム	$NaOH$
(3)	イオン交換膜法	陰	塩素	Cl_2
(4)	イオン交換膜法	陰	ナトリウム	$NaOH$
(5)	隔膜法	陰	水酸	$NaOH$

［平成21年A問題］

答 (2)

考え方 現在，わが国で採用されている食塩電解法は，イオン交換膜法である。その原理図を図7.2に示す。隔膜法は石綿を用いるため，現在は使われていない。

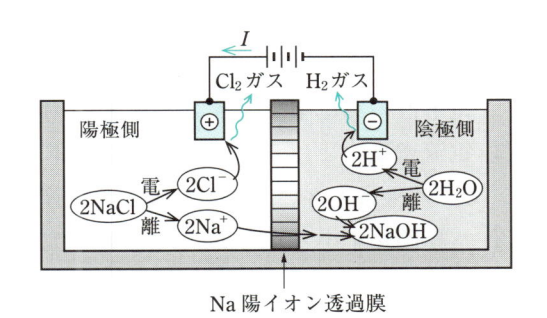

図7.2 イオン交換膜法の原理

解き方 食塩電解に用いられるイオン交換膜法では，陽極側と陰極側を仕切る膜に陽イオンだけを選択的に透過する密隔膜が用られている。直流電流を流すことによって，図7.2に示されるように，陽極側で生じたナトリウムイオン（$2Na^+$）が密隔膜を通して陰極に入り，$2NaOH$となる。陰極側では，$NaOH$とH_2ガスが得られ，陽極側ではCl_2ガスが得られる。

例題 3

電解プロセスに関する次の操作のうち，槽電圧を小さくするものはどれか。
(1) 槽温度を下げる。
(2) 電解質濃度を下げる。
(3) 電流を大きくする。
(4) 電極面積を小さくする。
(5) 電極の極間距離を小さくする。

［平成 4 年 A 問題］

答 (5)

考え方　電気分解に必要は電圧は，以下の電圧を加えたもので槽電圧と呼ばれる。

- 化学エネルギー値から計算される理論分解電圧
- 実際に電気分解を起こさせるために必要な理論分解電圧を超える過電圧
- 電極間の導体抵抗，電解質の抵抗，隔膜に起因する抵抗による電圧降下

槽電圧を下げるには，上記の各要素を下げればよいが，理論分解電圧は下げることはできない。そこで，実際には次の方法がとられる。

① 電解液の導電率を大きくする。⇒電解質の抵抗降下が小さくなる。
② 電流密度を下げる。⇒過電圧が低下し，各電圧降下も低下するので，効果は大きい。しかし製品の生産量が減少する。
③ 電極間隔を小さくする。⇒電解質の抵抗降下が小さくなる。

解き方　(1)の槽温度を下げる，(2)の電解質濃度を下げるは，いずれも電解質の導電率を低下させるので，槽電圧を小さくできない。

(3)の電流を大きくするは，過電圧および各電圧降下も大きくなるので，槽電圧を小さくできない。

(4)の電極面積を小さくするは，電解質の抵抗分が増加するので槽電圧を小さくできない。

(5)の電極の極間間隔を小さくするは，電解質の抵抗降下が小さくなるので槽電圧を小さくできる。

例題 4

一般に銅は，電解精製プロセスを経て高純度化される。これに関する次の記述のうち，誤っているのはどれか。
(1) 電解質は，硫酸水溶液である。
(2) 理論分解電圧は，1 V よりずっと小さい。
(3) 高純度化した銅は，陽極に生成する。
(4) 生成する高純度の銅の量は，流れた電気量に比例する。
(5) 高純度化した銅の抵抗率は，原料の粗銅より小さい。

[平成 5 年 A 問題]

答 (3)

考え方　銅の電解精製の様子を図 7.3 に示す。粗銅板を陽極，高純度の薄い銅板を陰極にして，硫酸銅（$CuSO_4$）と硫酸（H_2SO_4）の混合液を電解液として電解を行う。

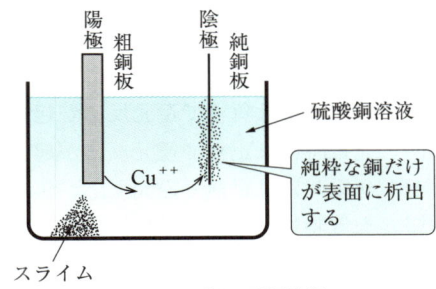

図 7.3　銅の電解精製

解き方
- 銅の電解精製における理論分解電圧は，0.1 mV で，1 V よりずっと小さい。
- 生成する高純度の銅の量は，ファラデーの法則に従い流れた電気量に比例する。
- 高純度化した銅は，陰極に生成する。

7.3 １次電池，２次電池

例題 1

二次電池は，電気エネルギーを化学エネルギーに変えて電池内に蓄え（充電という），貯蔵した化学エネルギーを必要に応じて電気エネルギーに変えて外部負荷に供給できる（放電という）電池である。この電池は充放電を反復して使用できる。

二次電池としてよく知られている鉛蓄電池の充電時における正・負両電極の化学反応（酸化・還元反応）に関する記述として，正しいのは次のうちどれか。

なお，鉛蓄電池の充放電反応全体をまとめた化学反応式は次のとおりである。

$$2PbSO_4 + 2H_2O \rightleftarrows Pb + PbO_2 + 2H_2SO_4$$

(1) 充電時には正極で酸化反応が起き，正極活物質は電子を放出する。
(2) 充電時には負極で還元反応が起き，$PbSO_4$ が生成する。
(3) 充電時には正極で還元反応が起き，正極活物質は電子を受け取る。
(4) 充電時には正極で還元反応が起き，$PbSO_4$ が生成する。
(5) 充電時には負極で酸化反応が起き，負極活物質は電子を受け取る。

［平成 20 年 A 問題］

答 (1)

考え方 鉛蓄電池の充電時における化学反応は次のようになる。

$$PbSO_4 + 2H_2O + PbSO_4 \rightarrow Pb + 2H_2SO_4 + PbO_2$$
（負極）　　　　　（正極）　　　（負極）　　　　　　（正極）

解き方
- ２次電池の充電時には，正極で酸化反応（正極活物質で電子を放出），負極で還元反応（負極活物質で電子を受け取る）が起こる。

(1) 正しい。
(2) 負極で還元反応が起こり，Pb が生成する。$PbSO_4$ は生成しない。
(3) 正極では酸化反応が起こるので誤り。
(4) (3)と同様で誤り。
(5) 負極では還元反応が起こるので誤り。

例題2

鉛蓄電池の放電反応は次のとおりである。

$$\underset{(負極)}{Pb} + 2H_2SO_4 + \underset{(正極)}{PbO_2} \rightarrow \underset{(負極)}{PbSO_4} + 2H_2O + \underset{(正極)}{PbSO_4}$$

この電池を一定の電流で2時間放電したところ，鉛の消費量は42〔g〕であった。このとき流した電流〔A〕の値として，最も近いのは次のうちどれか。

ただし，鉛の原子量は210，ファラデー定数は27〔A·h/mol〕とする。

(1) 1.8 (2) 2.7 (3) 5.4 (4) 11 (5) 16

［平成16年A問題］

答 (3)

考え方

正極では放電のとき，次の反応が起こる。

$$PbO_2 + 4H^+ + SO_4^{2-} + 2e \rightarrow PbSO_4 + 2H_2O$$

すなわち，Pbは2価の原子価をもっている。

解き方

鉛の原子量が210であるので，消費した42gは，

$$\frac{42}{210} = 0.2 \text{〔mol〕}$$

となる。

ファラデー定数が27 A·h/mol，鉛の原子価が2であるので，放電した電気量 q は，

$$q = 27 \times 0.2 \times 2 = 10.8 \text{〔A·h〕}$$

これが2時間の放電にて移動した電気量であるので，このとき流れた電流 I は，

$$I = \frac{q}{2} = \frac{10.8}{2} = 5.4 \text{〔A〕}$$

となる。

例題3

空気電池に関する次の記述のうち，誤っているのはどれか。
(1) 空気中の酸素が負極活物質として利用される。
(2) エネルギー密度が高い。
(3) 亜鉛が電池活物質として利用される。
(4) 乾電池と湿電池がある。
(5) 低負荷放電では電圧の安定性は良い。

［平成6年A問題］

答 (1)

7.3 1次電池，2次電池

考え方 空気電池の構造の例を図7.4に示す。空気電池は，負極活物質に金属亜鉛，正極活物質に空気中の酸素を用いた電池である。

電池の構成と特徴を把握しておく。

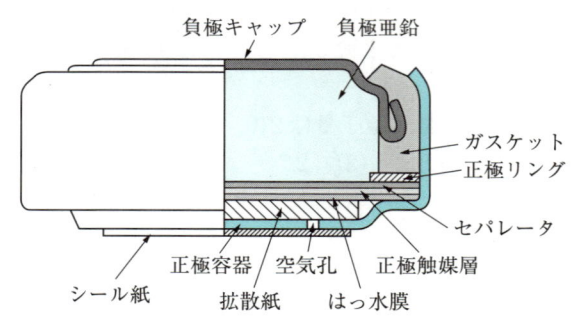

図7.4 ボタン形空気-亜鉛電池の構造（アルカリ液形）

解き方
- 空気中の酸素は正極活物質として利用されるので，(1)は誤っている。
- 容器の中に正極活物質を内蔵していないので容量が大きく，エネルギー密度が100〜200 W·h/kgときわめて大きい。よって(2)は正しい。
- 亜鉛は，負極活物質として用いられるので(3)は正しい。
- 空気電池には乾電池と湿電池があり，湿電池は50〜2 000 A·hのものが，長期間のメンテナンスフリーを要求される場合に利用される。よって(4)は正しい。
- 放電曲線は非常に平坦で，軽負荷で長時間連続的に使用する用途に適している。よって(5)は正しい。

例題4

ニッケル-カドミウムを用いるアルカリ蓄電池に関する次の記述のうち，誤っているのはどれか。
(1) 負極活物質は，カドミウムである。
(2) 起電力は，約1.2 Vである。
(3) 堅ろうで取扱いが簡単である。
(4) 小形密閉化が容易である。
(5) 低温特性は，鉛蓄電池より悪い。

［平成3年A問題］

答 (5)

考え方　アルカリ蓄電池とは，水酸化カリウム（KOH）や水酸化ナトリウム（NaOH）の濃厚水溶液を電解液とするもので，ニッケル-カドミウム（Ni-Cd）蓄電池はその代表的なものである。

ニッケル-カドミウム蓄電池の構造例を図7.5に示す。負極に金属カドミウム，正極にオキシ水酸化ニッケル（NiOOH）を活物質として使用する。

アルカリ電池の特徴は次のとおりである。
- 起電力は1.2 Vと低い
- 重負荷放電に耐え，堅ろうで取扱いが簡単である
- 小形密閉化が容易
- 電圧の安定性，低温特性に優れる
- 高価である

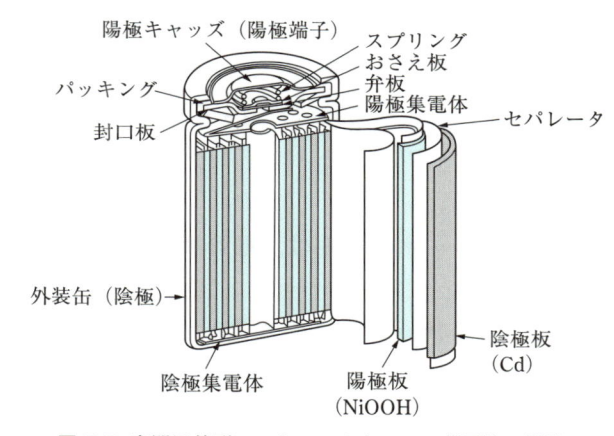

図7.5 密閉円筒形ニッケル-カドミウム蓄電池の構造

解き方
- 負極活物質にカドミウムを使用するので(1)は正しい。
- (2)，(3)，(4)は，アルカリ電池の特徴であり正しい。
- 低温特性にも優れているので，(5)は誤り。

例題5　ニッケル・水素蓄電池*は，電解液として　(ア)　水溶液を用い，(イ)　にオキシ水酸化ニッケル，(ウ)　に水素吸蔵合金をそれぞれ活物質として用いている。公称電圧は　(エ)　〔V〕である。

この電池は，形状，電圧特性などはニッケル・カドミウム蓄電池に類似し，さらに，ニッケル・カドミウム蓄電池に比べ，(オ)　が高く，カドミウムの環境問題が回避できる点が優れているので，デジタルカメラ，MDプレーヤ，ノートパソコンなど携帯形電子機器用の電源として使用されてきたが，近年，携帯用電動工具用やハイブリッド車用の電池としても使用される

ようになってきている。

　＊「ニッケル・水素蓄電池」は，「ニッケル・金属水素化物電池」と呼ぶこともある。

上記の記述中の空白箇所（ア），（イ），（ウ），（エ）および（オ）に当てはまる語句または数値として，正しいものを組み合わせたのは次のうちどれか。

	（ア）	（イ）	（ウ）	（エ）	（オ）
(1)	H_2SO_4	正極	負極	1.5	耐過放電性能
(2)	KOH	負極	正極	1.2	体積エネルギー密度
(3)	KOH	正極	負極	1.5	耐過放電性能
(4)	KOH	正極	負極	1.2	体積エネルギー密度
(5)	H_2SO_4	負極	正極	1.2	耐過放電性能

［平成18年A問題］

答　(4)

考え方　ニッケル・水素電池は，ニッケル・カドミウム電池のCd（カドミウム）の代わりに水素吸蔵合金を用いる。カドミウム汚染の問題がないなどの特徴をもつ。

解き方　ニッケル・水素電池は，電解液として水酸化カリウム（KOH）を用いる。

H_2SO_4 を用いるのは鉛蓄電池である。そして，正極にオキシ水酸化ニッケル（NiOOH），負極に水素吸蔵合金を用いている。公称電圧は1.2Vで，ニッケル・カドミウム電池に比べ体積エネルギー密度が高く，高エネルギー密度を要求される用途に使われている。

例題6　3種類の二次電池をそれぞれの容量〔A·h〕に応じた一定の電流で放電したとき，放電特性は図のA，B及びCのようになった。A，B及びCに相当する電池の種類として，正しいものを組み合わせたのは次のうちどれか。

ただし，電池電圧は単セル（単電池）の電圧である。

	A	B	C
(1)	リチウムイオン二次電池	鉛蓄電池	ニッケル・水素蓄電池※
(2)	リチウムイオン二次電池	ニッケル・水素蓄電池※	鉛蓄電池
(3)	鉛蓄電池	リチウムイオン二次電池	ニッケル・水素蓄電池※
(4)	鉛蓄電池	ニッケル・水素蓄電池※	リチウムイオン二次電池
(5)	ニッケル・水素蓄電池	鉛蓄電池	リチウムイオン二次電池

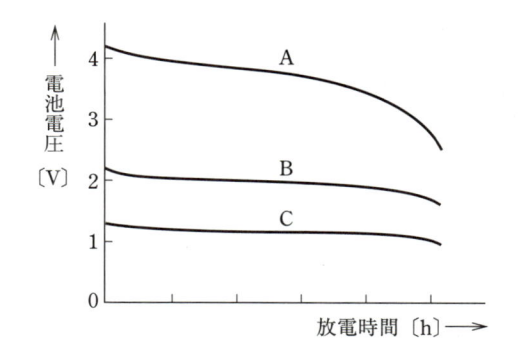

(注) ※の「ニッケル・水素蓄電池」は，「ニッケル-金属水素化物電池」と呼ぶこともある。

[平成 15 年 A 問題]

答 (1)

考え方　電池電圧（単電池）に注目する。

解き方　本問にあげられている3種類の2次電池の放電特性を図7.6に示す。これは，本問に与えられた放電特性とは異なり，現状の技術で作製したA4サイズ（単3型）を一定電流で放電させた場合を想定した模式的な放電曲線である。

Aのリチウムイオン2次電池は，電圧が3.6〜3.8 V 程度，Bの鉛蓄電池は2 V，Cのニッケル・水素電池は1.2 V となっている。

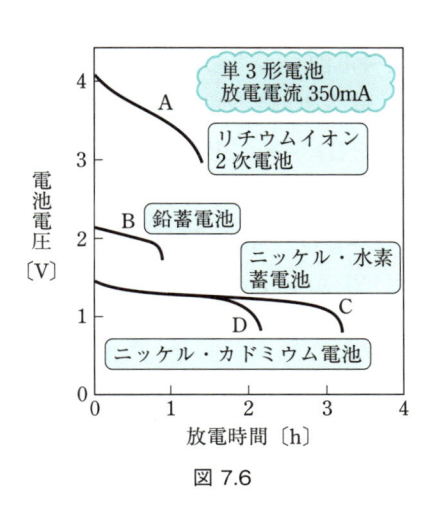

図 7.6

7.3 1次電池，2次電池

7.4 燃料電池

例題1

燃料電池は，水素と酸素の化学反応を利用したものである。燃料電池の電圧が 0.8 V，電流効率が 90% であるとき，次の(a)および(b)に答えよ。
ただし，水素の原子量は 1.0，ファラデー定数は 27 A·h/mol とする。

(a) 反応によって 30 kg の水素が消費されたとき，燃料電池から得られた電気量〔kA·h〕の値として，最も近いものは次のうちどれか。
(1) 360　　(2) 410　　(3) 580　　(4) 730　　(5) 900

(b) このとき得られた電気エネルギー〔kW·h〕の値として，最も近いのは次のうちどれか。
(1) 290　　(2) 520　　(3) 580　　(4) 720　　(5) 910

[平成 13 年 B 問題]

答　(a)-(4)，(b)-(3)

考え方　30 kg の水素のモル数を求め，1 mol の水素で 2F の電荷の移動となることに留意して，30 kg の水素での電荷の移動量を求める。

解き方　(a) 燃料電池から得られる電気量〔kA·h〕

水素・酸素燃料電池の負極（燃料電極）の反応は，次のようである。
$$H_2 \rightarrow 2H^+ + 2e^-$$
すなわち，水素/mol = 2〔g〕で 2F の電荷が移動する。

水素 30 kg は，$(30 \times 10^3)/2 = 15 \times 10^3$〔mol〕であるので，ファラデー定数が 27 A·h/mol とすることから，移動する電荷量 Q は，
$$Q = 15 \times 10^3 \times 27 \times 2 = 810 \times 10^3 \text{〔A·h〕}$$
となる。

題意より電流効率が 90% であるので，得られる電気量 Q_e は，
$$Q_e = Q \times 0.9 = 729 \times 10^3 \text{〔A·h〕} \fallingdotseq 730 \text{〔kA·h〕}$$
となる。

電気化学

(b) 電気エネルギー〔kW・h〕

燃料電池の電圧が 0.8 V であるので，得られるエネルギー W は，
$$W = 730 \times 0.8 = 584 \fallingdotseq 580 \text{〔kW・h〕}$$
となる。

例題 2

水素・酸素燃料電池に関する次の記述のうち，誤っているのはどれか。
(1) 正極には酸化剤が供給される。
(2) 小形のものは，人工衛星用として実用化されている。
(3) 従来の汽力発電方式より理論効率は高い。
(4) 水の電気分解と逆の反応をする。
(5) 水素の消費速度と得られる電圧は比例する。

〔平成 6 年 A 問題〕

答 (5)

考え方 リン酸形燃料電池の原理を図 7.7 に示す。各極の反応は次のようになる。

負極（燃料電極）
$$H_2 \rightarrow 2H^+ + 2e^-$$

正極（空気電極）
$$2H^+ + \frac{1}{2}O_2 + 2e^- \rightarrow H_2O$$

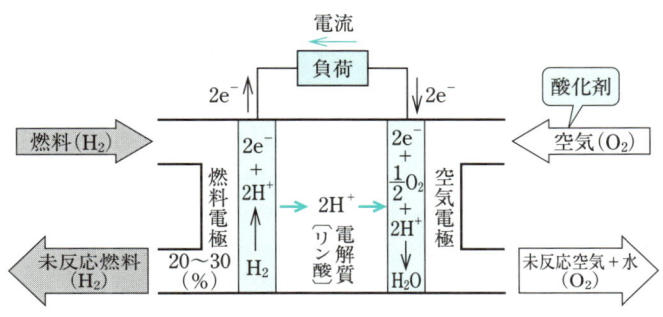

図 7.7 リン酸形燃料電池の原理

解き方
- 正極（空気電極）には，空気（酸素）が酸化剤として供給される。よって(1)は正しい。
- 小形のものは，人工衛星用として実用化されている。よって(2)は正しい。

- 従来の汽力発電所が化学エネルギー→熱エネルギー→力学的エネルギー→電気エネルギーと変換して電気エネルギーを得るのに比べ，化学エネルギーから直接電気エネルギーに変換するため，理論効率は高い。よって(3)は正しい。
- 水の電気分解と逆の反応となっているので，(4)は正しい。
- 燃料電池の電圧-電流特性は，図7.8のように出力電流（出力）を上げると，出力電圧が低下する特性をもつ。出力電流（電荷量）は，供給された水素のうち実際に電池内部で消費された水素のモル数で決まるので，水素の消費速度に比例する。したがって，水素消費速度が上昇し，出力電流が増加すると出力電圧は減少する特性となる。よって(5)は誤っている。

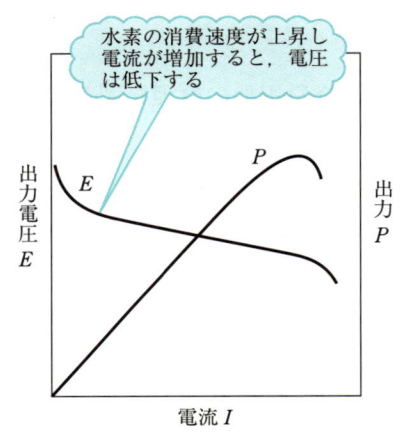

図7.8 燃料電池の電圧-電流特性

第7章 章末問題

7-1 硝酸銀の溶液に直流電流 25 A を 1 時間流したとき，析出する銀の量〔g〕の値として，正しいのは次のうちどれか。ただし，銀の原子量を 108，原子価を 1 とし，ファラデー定数は 27 A·h/mol とする。
(1) 25　(2) 50　(3) 57　(4) 100　(5) 113

［平成 10 年 A 問題］

7-2 食塩の電気分解に関する次の記述のうち，誤っているのはどれか。
(1) 食塩水を電解すると，塩素ガス，か性ソーダおよび水素が得られる。
(2) 食塩の電解法としては，隔膜法，水銀法およびイオン交換膜法がある。
(3) 隔膜法では石綿製，イオン交換膜法ではふっ素樹脂製の交換膜を用いる。
(4) 水銀法では，アノードに金属電極，カソードに水銀を用いる。
(5) 隔膜法およびイオン交換膜法では，アノードに金属電極，カソードに黒鉛を用いる。

［平成 3 年 A 問題］

7-3 水溶液の電気分解でつくれない物質は，次のうちどれか。
(1) アルミニウム　(2) 銅　(3) 亜鉛　(4) 水素　(5) 塩素

［平成 7 年 A 問題］

7-4 電気分解に関する次の記述のうち，誤っているのはどれか。
(1) 電気分解では，陽極では酸化反応，陰極では還元反応が行われる。
(2) 水電解では，水を電気分解して，酸素と水素を得る。
(3) 電解液を通過した電気量と反応量は，比例する。
(4) 電気分解中の両極間の電圧を理論分解電圧という。
(5) 食塩水を電気分解すると，塩素，水素および水酸化ナトリウムを得ることができる。

［平成元年 A 問題］

7-5 マンガン乾電池の負極として，正しいのは次のうちどれか。
(1) 鉄　(2) 炭素　(3) カドミウム　(4) 鉛　(5) 亜鉛

［平成6年A問題］

7-6 鉛蓄電池では，電解質に硫酸水溶液が用いられている。これに関する次の記述のうち，誤っているのはどれか。
(1) 放電が進むと，硫酸溶液中に鉛が溶け出す。
(2) 放電が進むと，硫酸濃度が減少する。
(3) 温度が上がると，溶液の導電性は良くなる。
(4) 液の比重で電池の放電の進み具合がわかる。
(5) 液が減少したら，蒸留水を加えればよい。

［平成3年A問題］

7-7 据置形鉛蓄電池に関する記述として，誤っているものは次のうちどれか。
(1) 周囲温度が上がると，電池の端子電圧は上昇する。
(2) 電解液の液面が低下した場合には，純水を補給する。
(3) 単セル（単電池）の公称電圧は2.0〔V〕である。
(4) 周囲温度が低下すると，電池から取り出せる電気量は増加する。
(5) 放電に伴い，電解液の比重は低下する。

［平成14年A問題］

7-8 鉛蓄電池（A），ニッケル-カドミウム蓄電池（B），リチウムイオン電池（C）の3種類の二次電池の電解質の組合せとして，正しいのは次のうちどれか。

	(A)	(B)	(C)
(1)	有機電解質	水酸化カリウム	希硫酸
(2)	希硫酸	有機電解質	水酸化カリウム
(3)	水酸化カリウム	希硫酸	有機電解質
(4)	希硫酸	水酸化カリウム	有機電解質
(5)	有機電解質	希硫酸	水酸化カリウム

［平成11年A問題］

電気化学

第8章

自動制御と情報伝送・処理

Point 重要事項のまとめ

1 フィードバック制御
目標値と制御量が一致するように常に制御装置が働き訂正動作を行うもの。

2 シーケンス制御
制御動作の順序が決まっているもの。自動洗濯機などが一例。

3 フィードフォワード
フィードバック制御系の中で採用されているもので、外乱が生じたとき出力（制御量）が変化する前に外乱を検出し、それに打ち消すように調節部に信号を加え、制御量が目標値から離れないようにするもの。

4 フィードバック制御系の伝達関数 $W(s)$
図 8.1 で示されるフィードバック制御系の伝達関数 $W(s)$ は次式で表される。
$$W(s) = \frac{G_1(s)G_2(s)}{1+G_1(s)G_2(s)H(s)}$$

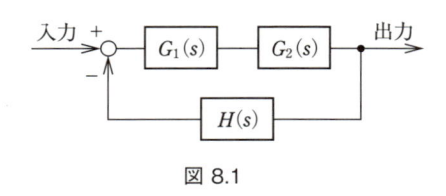

図 8.1

5 周波数伝達関数
周波数伝達関数 $G(j\omega)$ は制御系の周波数特性を表し、
$$G(j\omega) = \frac{出力信号}{入力信号} = \frac{E_o(j\omega)}{E_i(j\omega)}$$
で表される。

6 一巡伝達関数
図 8.2 に示されるようなフィードバック系の加え合わせ点を開放し、一巡したときの伝達関数を一巡伝達関数という。一巡伝達関数 $W(j\omega)$ は、
$$W(j\omega) = G_1(j\omega)H(j\omega)$$
となる。

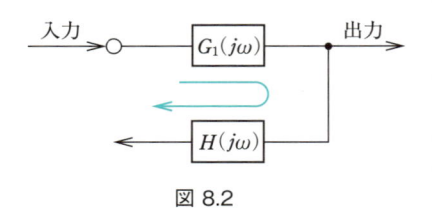

図 8.2

7 ボード線図による安定判別
一巡伝達関数のボード線図において、位相が $-180°$ のときのデシベルゲイン g の値により判定する。
　　$g<0$ 　dB…安定
　　$g=0$ 　dB…安定限界
　　$g>0$ 　dB…不安定

8 ナイキスト線図による安定判別法

一巡伝達関数のベクトル軌跡（ナイキスト線図）において，位相が $-180°$ のときのゲインの絶対値により判別する。

$|G(j\omega)|<1$ ……安定
$|G(j\omega)|=1$ ……安定限界
$|G(j\omega)|>1$ ……不安定

9 AND 回路，OR 回路，NOT 回路

入力 A，B に対し各回路の出力 Y は次のようになる。

AND 回路（論理積回路）
$A \cdot B = Y$
OR 回路（論理和回路）
$A + B = Y$
NOT 回路（論理歪定回路）
$\overline{A} = Y$

10 EX-OR 回路（排他的論理和回路）

入力 A，B に対し出力 Y は以下のようになる。
$\overline{A} \cdot B + A \cdot \overline{B} = Y$

11 分配の法則

$A \cdot (B+C) = A \cdot B + A \cdot C$
$A + B \cdot C = (A+B) \cdot (A+C)$

12 吸収の法則

$A + A \cdot B = A$
$A \cdot (A+B) = A$

13 ド・モルガンの定理

$\overline{A \cdot B} = \overline{A} + \overline{B}$
$\overline{A + B} = \overline{A} \cdot \overline{B}$

14 10 進数から 2 進数への変換

たとえば，10 進数の $(27)_{10}$ は，

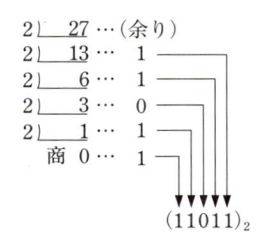

```
2) 27 …（余り）
2) 13 … 1
2)  6 … 1
2)  3 … 0
2)  1 … 1
   商 0 … 1
         (11011)₂
```

のように行う。

15 2 進数から 10 進数への変換

2 進数 $(11011)_2$ の 10 進数への変換は次のように行う。

$(11011)_2 = 1 \times 2^4 + 1 \times 2^3 + 0 \times 2^2$
$\qquad + 1 \times 2^1 + 1 \times 2^0$
$\qquad = (27)_{10}$

8.1 自動制御一般

例題 1

自動制御系には，フィードフォワード制御系とフィードバック制御系がある。

常に制御対象の （ア） に着目し，これを時々刻々検出し，（イ） との差を生じればその差を零にするような操作を制御対象に加える制御が （ウ） 制御系である。外乱によって （ア） に変動が生じれば，これを検出し修正動作を行うことが可能である。この制御システムは （エ） を構成するが，一般には時間的な遅れを含む制御対象を （エ） 内に含むため，安定性の面で問題を生じることもある。しかしながら，はん用性の面で優れているため，定値制御や追値制御を実現する場合，基本になる制御である。

上記の記述中の空白箇所（ア），（イ），（ウ）及び（エ）に当てはまる語句として，正しいものを組み合わせたのは次のうちどれか。

	（ア）	（イ）	（ウ）	（エ）
(1)	操作量	入力信号	フィードフォワード	閉ループ
(2)	制御量	目標値	フィードフォワード	開ループ
(3)	操作量	目標値	フィードバック	開ループ
(4)	制御量	目標値	フィードバック	閉ループ
(5)	操作量	入力信号	フィードバック	閉ループ

［平成 21 年 A 問題］

答 (4)

考え方　フィードバック制御系の基本的な構成を図 8.3 に示す。フィードバック制御系では，制御量を時々刻々検出し，目標値との差をなくすような操作を制御対象に加えるため，閉ループを構成している。

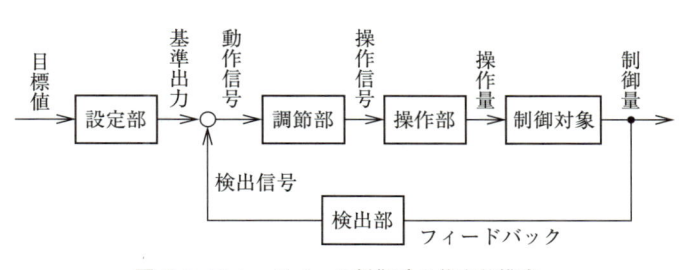

図 8.3 フィードバック制御系の基本的構成

解き方　フィードバック制御系では，外乱によって制御量に変動が生じれば，それを検出し修正動作を行う。外乱が制御量の変化として検出されるのが遅い制御系では，フィードバック制御の訂正動作が遅く，よい制御ができない。このような場合には，フィードフォワード制御が採用される。この制御は，図 8.4 に示すように，外乱が生じたとき制御量が変化する前に外乱を検知し，それらを打ち消すように調節部に信号を加えて制御量が目標値から離れないように操作量を調節する。

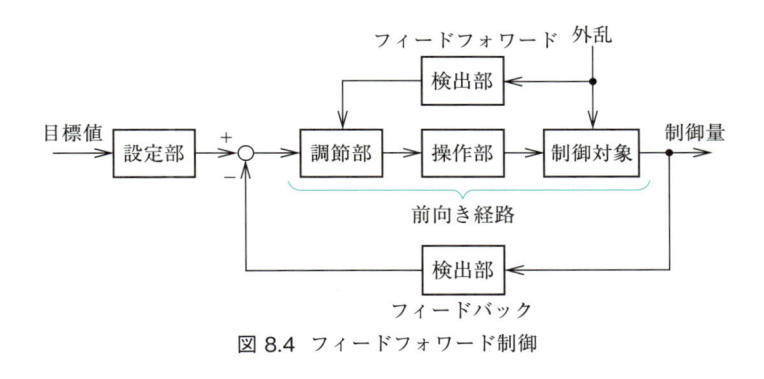

図 8.4 フィードフォワード制御

例題 2　あるフィードバック制御系にステップ入力を加えたとき，出力の過渡応答は図のようになった。図中の過渡応答の時間に関する諸量（ア），（イ）および（ウ）に記入する語句として，正しいものを組み合わせたのは次のうちどれか。

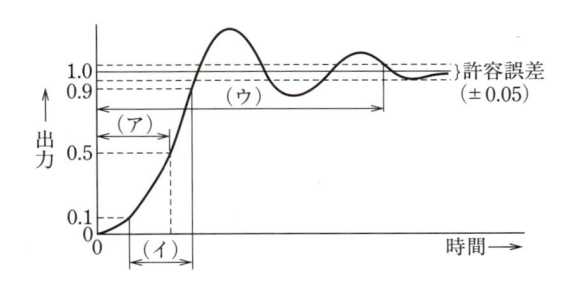

8.1 自動制御一般

	（ア）	（イ）	（ウ）
(1)	遅れ時間	立上り時間	減衰時間
(2)	むだ時間	応答時間	減衰時間
(3)	むだ時間	立上り時間	整定時間
(4)	遅れ時間	立上り時間	整定時間
(5)	むだ時間	応答時間	整定時間

［平成 16 年 A 問題］

答　(4)

考え方　一般のフィードバック制御系においては，制御系の安定性が要求され，制御系の特性を評価するものとして，定常特性と過渡特性がある。過渡特性を評価するものとしてステップ応答の遅れ時間，立上がり時間，行過ぎ量などが用いられる。

解き方　フィードバック制御系の過渡応答の出力波形を図 8.5 に示す。この波形において，

　　遅れ時間：50％ 出力までの時間
　　立上がり時間：10〜90％ 出力までの時間
　　整定時間：最終 ±5％ 出力に落ちついた時間

という。

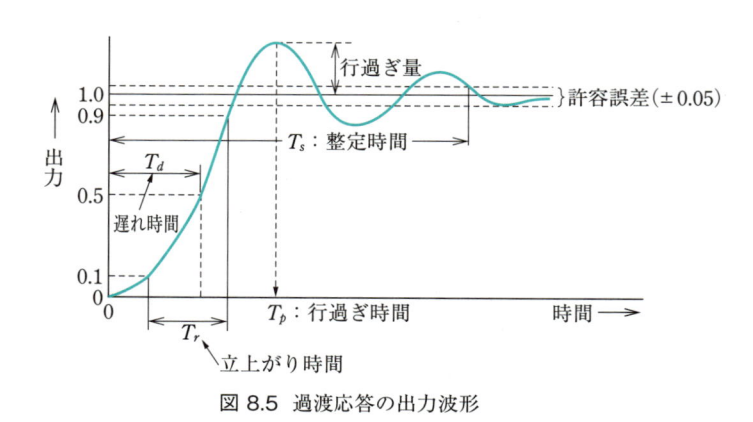

図 8.5　過渡応答の出力波形

例題 3

　サーボ機構は，目標値の変化に対する　(ア)　制御であり，過渡特性が良好であることが要求される。一方，プロセス制御は，目標値が一定の　(イ)　制御が一般的であり，外乱に対する抑制効果を　(ウ)　する場合が多い。しかし，プロセス制御でも比率制御や　(エ)　制御のように目標値に対する追値制御もあるが，過渡特性に対する要求はサーボ機構ほど厳しくはない。

　上記の記述中の空白箇所（ア），（イ），（ウ）および（エ）に記入する語句として，正しいものを組み合わせたのは次のうちどれか。

	(ア)	(イ)	(ウ)	(エ)
(1)	追従	定値	無視	シーケンス
(2)	追値	多値	無視	プログラム
(3)	追値	多値	重視	シーケンス
(4)	追従	定値	重視	プログラム
(5)	追従	多値	無視	プログラム

［平成12年 A問題］

答 (4)

考え方

　自動制御に関する基本的な用語である「サーボ機構」，「プロセス制御」，「プログラム制御」といったものについて理解しておく必要がある。比例制御の例としては，燃焼制御における燃料量と空気量の関係がある。

解き方

① **サーボ機構**は，目標値の変化に対する追従制御であり，過渡特性が良好であることが要求される。位置，方位，角度などの機械的な変位を制御する。

② **プロセス制御**は，目標値が一定の定値制御が一般的であり，外乱に対する抑制効果を重視する場合が多い。温度，圧力，流量，液位などの工業製品を製造するためのプロセス（製造過程）における物理量を制御するもので，製鉄化学，石油精製などの産業界で利用される。

③ **プログラム制御**は，目標値をあらかじめプログラムしておく制御で，熱処理炉の温度制御，工作機械の自動工作などの制御がある。

8.1　自動制御一般

例題 4

プロセス制御には PID 制御が非常によく用いられている。その中で積分動作は主として ┌─(ア)─┐ 特性の改善に，微分動作は ┌─(イ)─┐ 特性の改善に有効であり，また，┌─(ウ)─┐ 動作は両方の特性を，ともにある程度改善することができる。これらの動作をディジタル処理で行う DDC が最近よく用いられている。

上記の記述中の空白箇所（ア），（イ）および（ウ）に記入する字句として，正しいものを組み合わせたのは次のうちどれか。

	（ア）	（イ）	（ウ）
(1)	定常	過渡	加算
(2)	定常	過渡	減算
(3)	過渡	定常	比例
(4)	過渡	定常	加算
(5)	定常	過渡	比例

［平成 11 年 A 問題］

答 (5)

考え方　プロセス制御に用いられる PID 制御は，P（比例），I（積分），D（微分）の 3 動作で構成されている。

① **P 動作**（Proportional 動作）：目標値に対して比例帯があり，比例帯の中で操作量が偏差に比例する動作を比例動作という。オフセットが生じる。

② **I 動作**（Integral 動作）：積分動作は，時間が経過するに従い，少しの偏差を積分し，オフセットをなくすように動作を続ける。

③ **D 動作**（Differential 動作）：偏差の生じる傾き（微分係数）に比例した操作量で訂正動作を行う。

解き方　PID 制御のうち積分動作は主として定常特性（オフセット：残留偏差）の改善に，微分動作は過渡特性（安定度と速応度）の改善に有効であるが，通常，比例動作と組み合わせて，PI 動作，PD 動作，PID 動作として用いられる。

8.2 ブロック線図,伝達関数

例題1

図1に示す R–L 回路において,端子 a, a′ 間に単位階段状のステップ電圧 $v(t)$ 〔V〕を加えたとき,抵抗 R〔Ω〕に流れる電流を $i(t)$〔A〕とすると,$i(t)$ は図2のようになった。この回路の R〔Ω〕,L〔H〕の値および入力を a,a′ 間の電圧とし,出力を R〔Ω〕に流れる電流としたときの周波数伝達関数 $G(j\omega)$ の式として,正しいものを組み合わせたのは次のうちどれか。

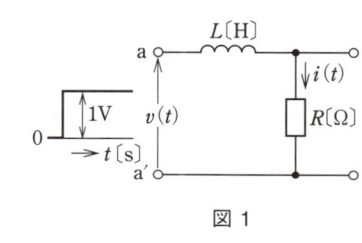

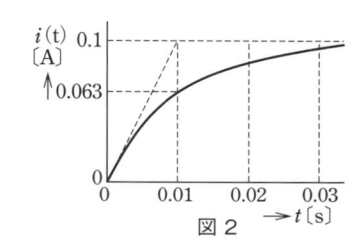

図1

図2

	R〔Ω〕	L〔H〕	$G(j\omega)$
(1)	10	0.1	$\dfrac{0.1}{1+j0.01\omega}$
(2)	10	1	$\dfrac{0.1}{1+j0.1\omega}$
(3)	100	0.01	$\dfrac{0.1}{10+j0.01\omega}$
(4)	10	0.1	$\dfrac{1}{10+j0.01\omega}$
(5)	100	0.01	$\dfrac{1}{100+j0.01\omega}$

〔平成18年A問題〕

答 (1)

考え方

入力に直流電圧を加えたときに,整定する電流値はリアクタンスの影響を受けない。よって,抵抗 R は,$R = V/I$ にて求められる。

時定数 τ は,ステップ応答にて出力が整定値の約63%に達する時間であり,この回路では,$\tau = L/R$ の関係がある。

回路の周波数伝達関数 $G(j\omega)$ は,電源電圧を $v(j\omega)$,流れる電流を $i(j\omega)$ とすると,

$$G(j\omega) = \frac{i(j\omega)}{v(j\omega)}$$

となる。

解き方　問題の図 2 により，電流 $i(t)$ の整定値 I は，0.1 A となることがわかる。よって，抵抗 R〔Ω〕は，

$$R = \frac{V}{I} = \frac{1}{0.1} = 10 \text{〔Ω〕}$$

となる。

また，電流波形から回路の時定数 τ〔s〕は，0.01 s であるので，回路のインダクタンスを L〔H〕とすれば，

$$\tau = \frac{L}{R} = \frac{L}{10} = 0.01 \text{〔s〕}$$

となる。よって，$L = 0.01 \times 10 = 0.1$〔H〕となる。

次に，周波数伝達関数 $G(j\omega)$ は，電源電圧を $v(j\omega)$，流れる電流を $i(j\omega)$ とすると，

$$G(j\omega) = \frac{i(j\omega)}{v(j\omega)} = \frac{i(j\omega)}{(R + j\omega L)i(j\omega)} = \frac{1}{R + j\omega L}$$

となる。

$R = 10$〔Ω〕，$L = 0.1$〔H〕であるので，

$$G(j\omega) = \frac{1}{10 + j0.1\omega} = \frac{0.1}{1 + j0.01\omega}$$

となる。

例題 2　図 1 及び図 2 について，次の (a) 及び (b) に答えよ。

(a)　図 1 は，抵抗 R〔Ω〕と静電容量 C_1〔F〕による一次遅れ要素の回路を示す。この回路の入力電圧に対する出力電圧の周波数伝達関数を $G(j\omega) = \dfrac{1}{1 + j\omega T_1}$ として表したとき，T_1〔s〕を示す式として，正しいのは次のうちどれか。

ただし，入力電圧の角周波数は ω〔rad/s〕である。

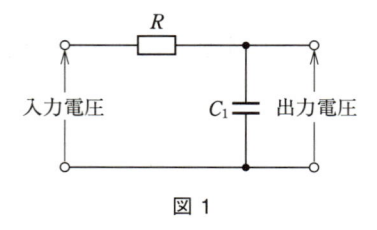

図 1

(1)　$T_1 = \dfrac{1}{C_1 R}$　　(2)　$T_1 = C_1 R$　　(3)　$T_1 = 1 + C_1 R$

(4)　$T_1 = \dfrac{1 + C_1 R}{C_1 R}$　　(5)　$T_1 = \dfrac{C_1}{1 + C_1 R}$

(b)　図 2 は，図 1 の回路の過渡応答を改善するために静電容量 C_2〔F〕を付加した回路を示す．この回路の周波数伝達関数を $G(j\omega) = \dfrac{1 + j\omega T_3}{1 + j\omega T_2}$ で表したとき，T_2〔s〕及び T_3〔s〕を示す式として，正しいものを組み合わせたのは次のうちどれか．

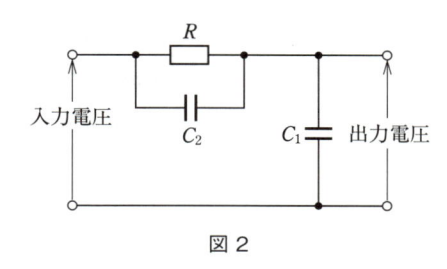

図 2

(1)　$T_2 = C_2 R$　　　　　　$T_3 = C_1 R$
(2)　$T_2 = C_1 R$　　　　　　$T_3 = C_2 R$
(3)　$T_2 = (C_1 + C_2) R$　　$T_3 = C_2 R$
(4)　$T_2 = \left(\dfrac{1}{C_1} + \dfrac{1}{C_2}\right) R$　$T_3 = C_2 R$
(5)　$T_2 = C_1 R$　　　　　　$T_3 = (C_1 + C_2) R$

［平成 19 年 B 問題］

答　(a)-(2)，(b)-(3)

考え方　(a)　入力電圧を $v_i(j\omega)$，出力電圧を $v_o(j\omega)$，コンデンサ C_1 に流れる電流を $i(j\omega)$ とすると，入力電圧に対する出力電圧の周波数伝達関数 $G(j\omega)$ は，

$$G(j\omega) = \dfrac{v_o(j\omega)}{v_i(j\omega)} = \dfrac{\left(\dfrac{1}{j\omega C_1}\right) i(j\omega)}{\left(R + \dfrac{1}{j\omega C_1}\right) i(j\omega)}$$

$$= \dfrac{1}{1 + j\omega C_1 R} \qquad (1)$$

となる．

(b) R と C_2 の並列回路の合成インピーダンス $\dot{Z}$ は，

$$\dot{Z} = \frac{\dfrac{R}{j\omega C_2}}{R + \dfrac{1}{j\omega C_2}} = \frac{R}{1 + j\omega C_2 R}$$

となるので，周波数伝達関数 $G(j\omega)$ は，

$$G(j\omega) = \frac{v_o(j\omega)}{v_i(j\omega)} = \frac{\left(\dfrac{1}{j\omega C_1}\right) i(j\omega)}{\left(\dfrac{R}{1+j\omega C_2 R} + \dfrac{1}{j\omega C_1}\right) i(j\omega)}$$

$$= \frac{1}{1 + \dfrac{j\omega C_1 R}{1 + j\omega C_2 R}}$$

$$= \frac{1 + j\omega C_2 R}{1 + j\omega C_2 R + j\omega C_1 R} = \frac{1 + j\omega C_2 R}{1 + j\omega (C_1 + C_2) R} \quad (2)$$

となる。

解き方 (a) 回路図1の周波数伝達関数 $G(j\omega)$ の $T_1(s)$

入力電圧 $v_i(j\omega)$ に対する出力電圧 $v_o(j\omega)$ の周波数伝達関数 $G(j\omega)$ は，

式(1)にて表される。よって，

$$G(j\omega) = \frac{1}{1 + j\omega C_1 R} = \frac{1}{1 + j\omega T_1}$$

∴ $T_1 = C_1 R$

(b) 回路図2の周波数伝達関数 $G(j\omega)$ の $T_2(s)$，$T_3(s)$

周波数伝達関数 $G(j\omega)$ は，式(2)で表される。よって，

$$G(j\omega) = \frac{1 + j\omega C_2 R}{1 + j\omega (C_1 + C_2) R} = \frac{1 + \omega T_3}{1 + \omega T_2}$$

これより，

$$T_2 = (C_1 + C_2) R$$
$$T_3 = C_2 R$$

となる。

例題 3

図1は，調節計の演算回路などによく用いられるブロック線図を示す。次の(a)及び(b)に答えよ。

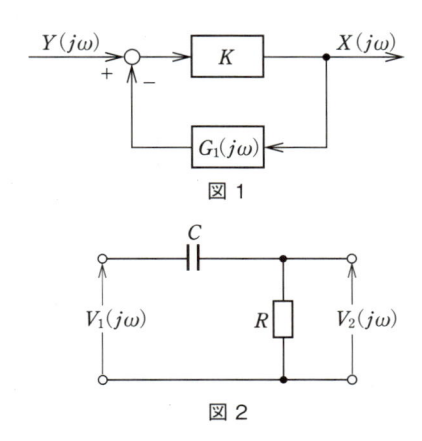

図 1

図 2

(a) 図2は，図1のブロック $G_1(j\omega)$ の詳細を示し，静電容量 C〔F〕と抵抗 R〔Ω〕からなる回路を示す。この回路の入力量 $V_1(j\omega)$ に対する出力量 $V_2(j\omega)$ の周波数伝達関数 $G_1(j\omega) = \dfrac{V_2(j\omega)}{V_1(j\omega)}$ を表す式として，正しいのは次のうちどれか。

(1) $\dfrac{1}{CR+j\omega}$ (2) $\dfrac{1}{1+j\omega CR}$ (3) $\dfrac{CR}{CR+j\omega}$

(4) $\dfrac{CR}{1+j\omega CR}$ (5) $\dfrac{j\omega CR}{1+j\omega CR}$

(b) 図1のブロック線図において，閉ループ周波数伝達関数 $G(j\omega) = \dfrac{X(j\omega)}{Y(j\omega)}$ で，ゲイン K が非常に大きな場合の近似式として，正しいのは次のうちどれか。

なお，この近似式が成立する場合，この演算回路は比例プラス積分要素と呼ばれる。

(1) $1+j\omega CR$ (2) $1+\dfrac{CR}{j\omega}$ (3) $1+\dfrac{1}{j\omega CR}$

(4) $\dfrac{1}{1+j\omega CR}$ (5) $\dfrac{1+CR}{j\omega CR}$

［平成 20 年 B 問題］

答 (a)-(5)，(b)-(3)

考え方 (a) 図2において，入力電圧を $V_1(j\omega)$，出力電圧を $V_2(j\omega)$，抵抗 R に流れる電流を $I(j\omega)$ とすると，$V_1(j\omega)$ に対する $V_2(j\omega)$ の周波数伝達関数 $G_1(j\omega)$ は，

$$G_1(j\omega) = \frac{V_2(j\omega)}{V_1(j\omega)} = \frac{RI(j\omega)}{\left(\frac{1}{j\omega C}+R\right)I(j\omega)} \tag{1}$$

となる。

(b) 図1の閉ループ周波数伝達関数 $G(j\omega)$ は，

$$G(j\omega) = \frac{X(j\omega)}{Y(j\omega)} = \frac{K}{1+KG_1(j\omega)} \tag{2}$$

となる。

解き方 (a) 周波数伝達関数 $G_1(j\omega)$

図2の回路の入力量 $V_1(j\omega)$ に対する出力量 $V_2(j\omega)$ の周波数伝達関数 $G_1(j\omega)$ は，式(1)にて表されるので，

$$G_1(j\omega) = \frac{R}{\frac{1}{j\omega C}+R} = \frac{j\omega CR}{1+j\omega CR} \tag{3}$$

となる。

(b) 閉ループ伝達関数 $G(j\omega)$ の近似式

図1の回路の閉ループ伝達関数 $G(j\omega)$ は，式(2)，式(3)より，

$$\begin{aligned} G(j\omega) &= \frac{K}{1+KG_1(j\omega)} = \frac{K}{1+K\times\frac{j\omega CR}{1+j\omega CR}} \\ &= \frac{K(1+j\omega CR)}{1+j\omega CR+j\omega CRK} \\ &= \frac{1+j\omega CR}{\frac{1+j\omega CR}{K}+j\omega CR} \end{aligned} \tag{4}$$

ここで，ゲイン K を ∞ とすると，分母の第1項は0となるので，式(4)は，

$$G(j\omega) = \frac{1+j\omega CR}{j\omega CR} = 1 + \frac{1}{j\omega CR}$$

にて近似できる。

8.3 1次遅れ要素，2次遅れ要素の特性

例題1

自動制御系において，一次遅れ要素は最も基本的な要素であり，その特性はゲイン K と時定数 T で記述できる。 (ア) 応答において，ゲイン K は応答の定常値から求められ，また，時定数 T は応答曲線の初期傾斜の接線が (イ) を表す直線と交わるまでの時間として求められる。

電気系のみならず機械系，圧力系，熱系などのシステムにも，電気系の抵抗と静電容量に相当する量が存在する。それらが一つの抵抗に相当するものと一つの静電容量に相当するものから成るとき，これらは一次遅れ要素として働き，両者の (ウ) は時定数 T （単位は (エ) ）に等しくなる。

上記の記述中の空白箇所（ア），（イ），（ウ）および（エ）に記入する語句または記号として，正しいものを組み合わせたのは次のうちどれか。

	（ア）	（イ）	（ウ）	（エ）
(1)	ステップ	定常値	積	s
(2)	インパルス	定常値	積	s^{-1}
(3)	ステップ	定常値	比	s^{-1}
(4)	ステップ	入力値	比	s^{-1}
(5)	インパルス	入力値	積	s

［平成13年A問題］

答 (1)

考え方

図 8.6 に示されるような RC 回路の入力 $\dot{E}_i$ と出力 $\dot{E}_o$ の関係を表す伝達関数 $G(j\omega)$ は，次のように表され，1次遅れ要素となる。

$$\dot{E}_i = \left(R + \frac{1}{j\omega C}\right)\dot{I}$$

$$\dot{E}_o = \left(\frac{1}{j\omega C}\right)\dot{I}$$

$$G(j\omega) = \frac{\dot{E}_o}{\dot{E}_i} = \frac{\frac{1}{j\omega C}}{R + \left(\frac{1}{j\omega C}\right)} = \frac{1}{1 + j\omega CR} \quad (1)$$

図8.6

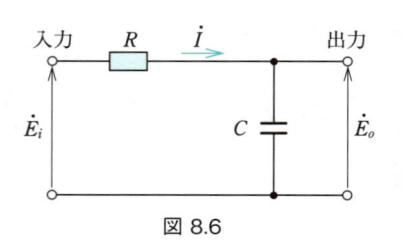

解き方 　1次遅れ要素のステップ応答は，伝達関数 $G(s) = K/(1+Ts)$ の1次遅れ要素に単位ステップ信号を加えたときの反応で，制御量 $C(t)$ は次式で表される。

$$C(t) = K(1-e^{-t/T})$$

これを図示したものが図8.7である。ステップ応答において，ゲイン K は応答の定常値から求められ，時定数 T は応答曲線の初期傾斜の接線が定常値を表す直線と交わるまでの時間として求められる。時定数 T において，制御量 C は，定常値の約 63.2 % の値となる。

図8.6で表される CR 回路は，1次遅れ要素として働き，その周波数伝達関数は，式(1)にて表される。また，静電容量 C と抵抗 R の積 CR は，時定数 T（単位は s（秒））に等しくなる。

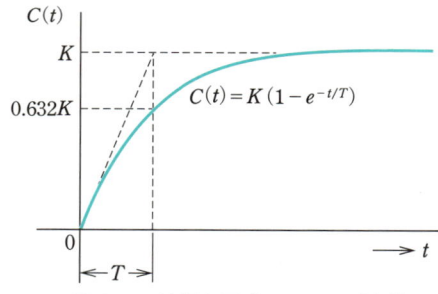

図8.7　1次遅れ要素のステップ応答

例題 2

図に示すように一次遅れ要素
$$G(s) = \frac{K}{1+Ts}$$
をフィードバックした制御系がある。この系の閉路伝達関数
$$W(s) = \frac{C(s)}{R(s)} = \frac{K'}{1+T's}$$
の時定数 T' を開路伝達関数 $G(s)$ の時定数 T の 1/10 にしたい。ゲイン K の値をいくらにすればよいか。正しい値を次のうちから選べ。

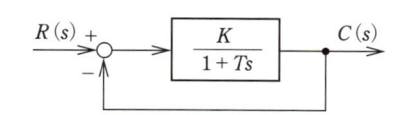

(1) 9 (2) 10 (3) 11 (4) 12 (5) 13

[平成 5 年 A 問題]

答 (1)

考え方　開路伝達関数（開ループ伝達関数または一巡伝達関数ともいう）は，図 8.8 のように加え合わせ点を開いた前向き伝達関数とフィードバック伝達関数の積をいう。本ケースでは，フィードバック伝達関数 $H(s) = 1$ より，与えられたブロック内の伝達関数が開路伝達関数となる。よって，時定数は T となる。

一方，閉路伝達関数 $W(s)$ は，
$$W(s) = \frac{G(s)}{1+G(s)}$$
にて求められる。

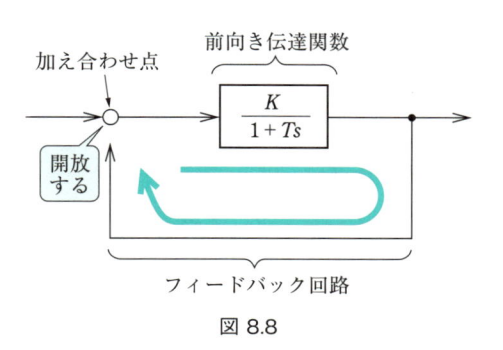

図 8.8

8.3　1 次遅れ要素，2 次遅れ要素の特性

解き方 閉路伝達関数 $W(s)$ は，

$$W(s) = \frac{G(s)}{1+G(s)} = \frac{\dfrac{K}{1+Ts}}{1+\dfrac{K}{1+Ts}} = \frac{K}{(1+K)+Ts}$$

$$= \frac{\dfrac{K}{1+K}}{1+\dfrac{T}{1+K}s}$$

となるので，時定数 T' は，

$$T' = \frac{T}{1+K}$$

T' を T の 1/10 にすることから，

$$\frac{T}{10} = \frac{T}{1+K}$$

$$10 = 1+K$$

$$\therefore \quad K = 9$$

例題 3

ある一次遅れ要素のゲインが

$$20\log_{10}\frac{1}{\sqrt{1+(\omega T)^2}} = -10\log_{10}(1+\omega^2 T^2) \text{〔dB〕}$$

で与えられるとき，その特性をボード線図で表す場合を考える。

角周波数 ω 〔rad/s〕が時定数 T 〔s〕の逆数と等しいとき，これを $\boxed{(ア)}$ 角周波数という。

ゲイン特性は $\omega \ll 1/T$ の範囲では 0 dB，$\omega \gg 1/T$ の範囲では角周波数が 10 倍になるごとに $\boxed{(イ)}$ 〔dB〕減少する直線となる。また，$\omega = 1/T$ におけるゲインは約 -3 dB であり，その点における位相は $\boxed{(ウ)}$ 〔°〕の遅れである。

上記の記述中の空白箇所（ア），（イ）および（ウ）に記入する語句は数値として，正しいものを組み合わせたのは次のうちどれか。

	（ア）	（イ）	（ウ）
(1)	折れ点	10	45
(2)	固有	10	90
(3)	折れ点	20	45
(4)	固有	10	45
(5)	折れ点	20	90

〔平成 17 年 A 問題〕

答 (3)

考え方 ゲイン $g = -10\log_{10}\{1+(\omega T)^2\}$ であるので，$\omega \gg 1/T$ つまり $\omega T \gg 1$ の範囲においては，$g = -10\log_{10}\{1+(\omega T)^2\} \fallingdotseq 10\log_{10}(\omega T)^2 = -20\log_{10}(\omega T)$ となる。

また，$\omega \ll 1/T$ つまり $\omega T \ll 1$ の範囲では，
$$g = -10\log_{10}\{1+\underbrace{(\omega T)^2}_{\text{無視できる}}\} \fallingdotseq -10\log_{10}1 = 0$$
となる。

以上のことから，ボード線図は図 8.9 のようになる。

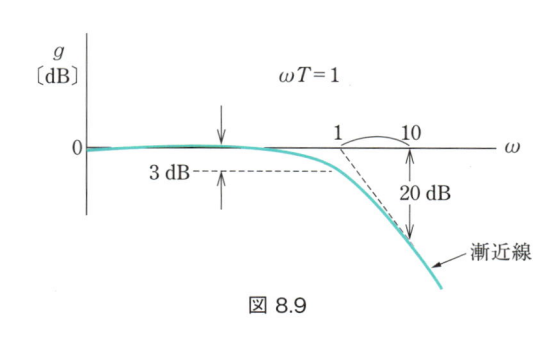

図 8.9

解き方 $\omega \gg 1/T$ の範囲では，ゲイン g が $g = -20\log_{10}(\omega T)$ となって，図 8.9 に示すように ω が 10 倍になるごとにゲイン g は 20 dB 減少する直線となる。

また，$\omega T = 1$，つまり $\omega = 1/T$ となる角周波数は，折れ点角周波数と呼ばれる。

一方，1 次遅れの周波数伝達関数 $G(j\omega)$ を，
$$G(j\omega) = \frac{1}{1+j\omega T}$$
とすると，ゲイン g は，
$$20\log_{10}|G(j\omega)| = 20\log_{10}\frac{1}{\sqrt{1+(\omega T)^2}}$$
となって，問題のゲイン g と一致する。

よって $\omega T = 1$ における位相は，
$$\angle G(j\omega) = \angle \frac{1}{1+j} = -45°$$
となる。

8.3 1 次遅れ要素，2 次遅れ要素の特性

例題 4

次式で表される二次振動要素の周波数伝達関数の系がある。
$$G(j\omega) = \frac{4}{(j\omega)^2 + 1.6(j\omega) + 4}$$
この周波数伝達関数について，次の(a)および(b)に答えよ。

(a) 位相が 90° 遅れるときの角周波数 ω 〔rad/s〕の値として，正しいのは次のうちどれか。
　　(1) 1　　(2) 2　　(3) 3　　(4) 4　　(5) 5

(b) ベクトル軌跡が虚軸を切る点のゲイン＝$|G(j\omega)|$ の値として，正しいのは次のうちどれか。
　　(1) 0.5　　(2) 0.75　　(3) 1.00　　(4) 1.25　　(5) 2.5

［平成 12 年 B 問題］

答　(a)-(2)，(b)-(4)

考え方　周波数伝達関数 $G(j\omega)$ の分母の実数部が 0 であれば，位相が 90° 遅れる。また，ベクトル軌跡が虚軸を切る点では，$G(j\omega)$ の実数部が 0 となる。

解き方　(a) 位相が 90° 遅れるときの角周波数 ω

周波数伝達関数 $G(j\omega)$ は，
$$G(j\omega) = \frac{4}{(j\omega)^2 + 1.6(j\omega) + 4} = \frac{4}{(4-\omega^2) + j1.6\omega}$$
となる。$G(j\omega)$ の分母の実数部が 0 となるとき，位相が 90° 遅れるので，
$$4 - \omega^2 = 0$$
$$\therefore \quad \omega = 2$$

(b) 虚軸を切る点のゲイン

ベクトル軌跡が虚軸を切る点では，$G(j\omega)$ の実数部が 0 となる。よって，実数部が 0 となるのは $\omega = 2$ のときであるので，ゲイン $|G(j\omega)|$ は，
$$|G(j\omega)|_{\omega=2} = \left| \frac{4}{j1.6 \times 2} \right| = 1.25$$
となる。

8.4 フィードバック制御系の安定判別

例題1

自動制御系における （ア） は，一般に負になっているので，不安定になることはないように思われる。しかし，一般に制御系は，周波数が増大するにつれて位相が遅れる特性をもっており，一巡周波数伝達関数の位相の遅れが （イ） になる周波数に対しては （ア） は正になる。制御系にはあらゆる周波数成分をもった雑音が存在するので，その周波数における一巡周波数伝達関数のゲインが （ウ） になるとその周波数成分の振幅が増大していって，ついには不安定になる。これがナイキスト安定判別法の大まかな解釈である。

上記の記述中の空白箇所（ア），（イ）および（ウ）に記入する字句または数値として，正しいものを組み合わせたのは次のうちどれか。

	（ア）	（イ）	（ウ）
(1)	フィードバック	90°	2以上
(2)	フィードフォワード	90°	1以上
(3)	フィードバック	180°	1以上
(4)	フィードフォワード	180°	1以上
(5)	フィードバック	90°	2以下

［平成10年A問題］

答 (3)

考え方 180°位相遅れの信号を負の信号として加え合わせ点に入れるということは，360°の遅れとなり，正の信号を加えるのと同じになる。

解き方 自動制御系における**フィードバック信号**は，一般に負となって加え合わせ点に入る。したがって，一巡伝達関数の位相遅れがない場合には，180°の遅れとなる。

一般に制御系は，周波数が増大するにつれて位相が遅れる特性をもっている。このため，一巡伝達関数の位相遅れは，周波数の増大とともに増加し，位相遅れが180°になる周波数に対して，フィードバック信号は正になる。

180°位相遅れが生じる周波数における一巡伝達関数のゲイン（出力の入力に対する振幅比）が**1以上**になると，入力信号を除いたあとも

フィードバック信号は一巡ごとに振幅を増大していき不安定になる。

例題 2

図は，あるフィードバック制御系に関する一巡伝達関数のボード線図を示したものである。安定限界に達するまでに増加できる（または減少すべき）ゲイン〔dB〕の概数値として，正しいのは次のうちどれか。

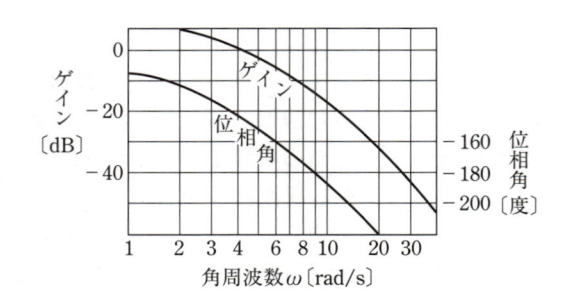

(1) -5　(2) 5　(3) 10　(4) 15　(5) 20

〔平成 3 年 A 問題〕

答 (4)

考え方　ボード線図で安定限界を考える場合，位相曲線より $-180°$ における角周波数を求め，この角周波数におけるゲインを読み取る。負のゲインはゲイン余裕と呼ばれる。

解き方　図 8.10 に示すように，位相が遅れ $180°$（$-180°$）となる角周波数におけるゲインは $-15\,\text{dB}$ である。

安定限界は，遅れ位相 $180°$ におけるゲインが $0\,\text{dB}$ であるので，増加できるゲインの概略値は $15\,\text{dB}$ となる。

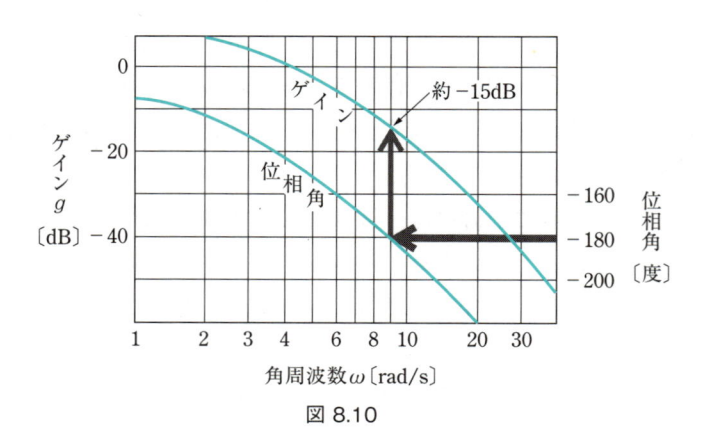

図 8.10

例題 3

図1に示すようなフィードバック制御系がある。この場合のナイキスト線図は図2に示すようになったという。

図1 フィードバック

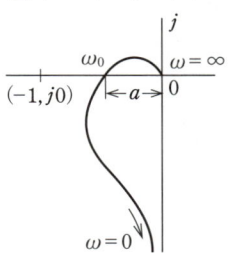

図2 ナイキスト線図

(a) 実軸を切る周波数 ω_0 の値はいくらか。次の中から正しいものを選べ。
　(1) $\sqrt{2}$　　(2) 1　　(3) $\sqrt{3}$
　(4) 2　　(5) 3

(b) 実軸を切る周波数 ω_0 における実軸の値 a はいくらか。次の中から正しいものを選べ。
　(1) −0.5　(2) −0.3　(3) −0.4　(4) −0.45　(5) −0.35

[平成元年 B 問題]

答　(a)-(2)，(b)-(1)

考え方　ナイキスト線図は，一巡伝達関数のベクトル軌跡を表すものである。図1の一巡伝達関数 $G(j\omega)$ は，

$$G(j\omega) = \frac{1}{j\omega(1+j\omega)^2} = \frac{1}{j\omega\{(1-\omega^2)+j2\omega\}}$$
$$= \frac{1}{-2\omega^2+j\omega(1-\omega^2)} \quad (1)$$

となる。実軸を切るとき，$G(j\omega)$ の虚数部が0となる条件より ω_0 を求める。また，ω_0 の値を $G(j\omega)$ に代入して，実軸の値 a を求める。

解き方　(a) 実軸を切る周波数 ω_0

式(1)より，虚数部が0となるには，$1-\omega_0^2 = 0$
よって，$\omega_0 = 1$

(b) 実軸の値

式(1)に $\omega = 1$ を代入して，

$$G(j\omega) = \frac{1}{-2\times 1^2 + j1\times(1-1^2)} = -\frac{1}{2} = -0.5$$

よって，$a = -0.5$

8.5 論理回路

例題1

図のように,入力 A, B および C, 出力 X の論理回路がある。X を示す論理式として,正しいのは次のうちどれか。

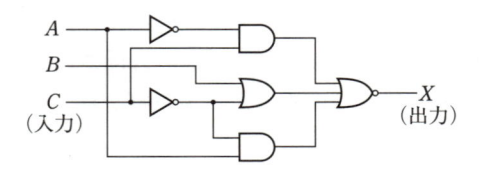

(1) $X = A + \bar{B}$
(2) $X = A \cdot \bar{B} \cdot C$
(3) $X = A \cdot \bar{B} \cdot C + \bar{B} \cdot C$
(4) $X = A \cdot \bar{B} \cdot C + \bar{A} \cdot \bar{B} \cdot \bar{C}$
(5) $X = \overline{(\bar{A} \cdot C)} + \overline{(B \cdot \bar{C})} + \overline{(A \cdot \bar{C})}$

[平成17年A問題]

答 (2)

考え方　問題図の論理回路を論理式に置き換えると,図8.11のようになり,出力 X は,

$$X = \overline{\bar{A} \cdot C + (B + \bar{C}) + A \cdot \bar{C}} \tag{1}$$

となる。

これに吸収の法則

$$\bar{A} \cdot C + \bar{C} = \bar{A} + \bar{C}$$

ド・モルガンの定理

$$\overline{A + B} = \bar{A} \cdot \bar{B}$$

を用いて整理する。

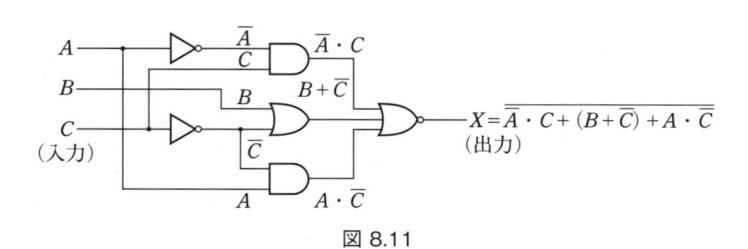

図8.11

解き方

出力 X は，式(1)のようになるので，これを整理すると，

$$X = \overline{\overline{A}\cdot C + (B+\overline{C}) + A\cdot \overline{C}}$$

$$= \overline{\overline{A}\cdot C + B + \overline{C}(1+A)} \quad \underbrace{(1+A = 1)}_{\text{吸収の法則}}$$

$$= \overline{\overline{A}\cdot C + B + \overline{C}} = \underbrace{\overline{\overline{A}\cdot C + \overline{C} + B}}_{\text{吸収の法則}} = \overline{\overline{A} + \overline{C} + B}$$

$$= \underbrace{\overline{\overline{A} + B + \overline{C}}}_{\text{ド・モルガンの定理}} = A\cdot \overline{B}\cdot C$$

となる。

例題 2

図に示す論理回路において，入力 A 及び B の論理レベルと，出力 X の論理レベルの関係を表している正しい真理値表は次のうちどれか。

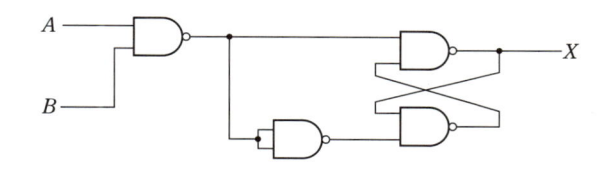

(1)

入力		出力
A	B	X
0	0	0
0	1	1
1	0	1
1	1	1

(2)

入力		出力
A	B	X
0	0	0
0	1	0
1	0	1
1	1	1

(3)

入力		出力
A	B	X
0	0	0
0	1	0
1	0	0
1	1	1

(4)

入力		出力
A	B	X
0	0	1
0	1	1
1	0	0
1	1	0

(5)

入力		出力
A	B	X
0	0	1
0	1	1
1	0	1
1	1	0

[平成 19 年 A 問題]

答 (3)

考え方 問題の論理回路の後段に用意されている図 8.12 の回路は，RS フリップフロップの一種で，真理値表は表 8.1 のようになる。

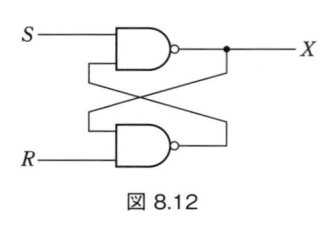

図 8.12

表 8.1

S	R	X	
0	1	1	セット
1	0	0	リセット
1	1	X	不変
0	0	××	禁止

したがって，問題の論理回路においては図 8.13 のように S, R が与えられる。

$$S = \overline{A \cdot B}$$
$$R = A \cdot B$$

よって，入力 A, B に対する出力 S, R および X の真理値表をつくればよい。

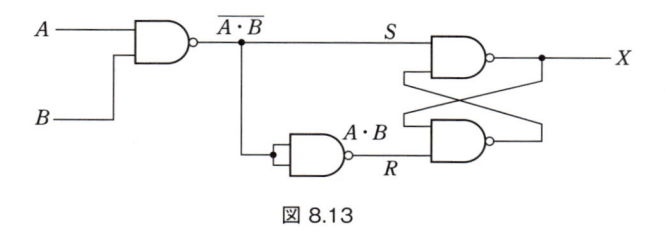

図 8.13

解き方 図 8.13 の論理回路において，入力 A, B に対する出力 S, R および X の真理値表は，表 8.2 のようになる。

よって (3) が正しい。回路図は，AND 回路になる。

表 8.2

A	B	S	R	X
0	0	1	0	0
0	1	1	0	0
1	0	1	0	0
1	1	0	1	1

例題 3

フリップフロップを含む回路を考える。その入力は，手動式パルス発生回路からの信号パルスである。次の(a)及び(b)に答えよ。

(a) 手動式パルス発生回路において，有接点スイッチ SW を切り換えてパルスを発生させると，出力信号にチャタリングが発生する場合がある。そのため，手動式パルス発生回路にはチャタリング防止回路が必要になる。

図 A，図 B，図 C 及び図 D が示す回路のうち，スイッチの切り換えによるチャタリングが出力に出ないパルス発生回路は二つある。その二つは下記の選択肢のうちどれか。

ただし，図 C の図記号，─▷○─ は，シュミットトリガ NOT ゲートである。なお，各論理素子には +5〔V〕の電源電圧が加えられているものとする。

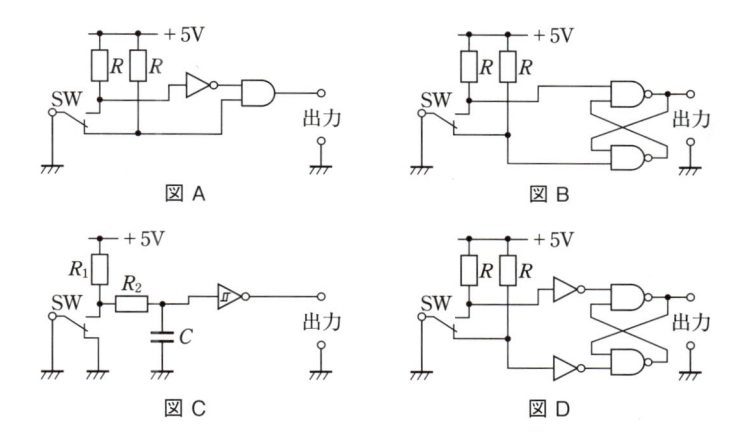

図 A　　　　　図 B

図 C　　　　　図 D

(1) 図 A と図 B　　(2) 図 A と図 C　　(3) 図 A と図 D
(4) 図 B と図 C　　(5) 図 C と図 D

(b) フリップフロップを含む回路として，図に示すような 3 個の JK-FF（JK-フリップフロップ）を考える。入力信号パルスは，JK-FF の各 C 端子に同時に加わり，JK-FF の出力 (Q_3, Q_2, Q_1) に信号が現れる。JK-FF は初期状態において，出力 (Q_3, Q_2, Q_1) の値は，$(0, 0, 0)_2$ であるとする。

図の回路に一つめの入力信号パルスが加わると，そのとき (J_3, J_2, J_1) の値は，((ア))$_2$ になる。また，二つめの入力信号パルスが加わると，そのとき (J_3, J_2, J_1) の値は，((イ))$_2$ になる。

以下，三つめ，四つめの入力信号パルスが加わり，五つめの入力信号パルスが加わった後の (J_3, J_2, J_1) の値は，((ウ))$_2$ になる。

8.5 論理回路

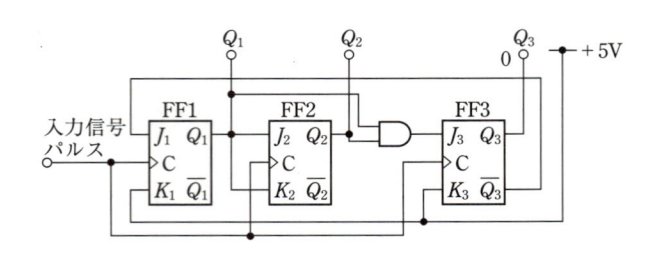

	（ア）	（イ）	（ウ）
(1)	0, 0, 1	0, 1, 1	0, 0, 1
(2)	0, 0, 1	0, 1, 1	0, 1, 0
(3)	0, 1, 1	0, 0, 1	1, 0, 1
(4)	1, 0, 0	1, 1, 0	1, 0, 1
(5)	0, 1, 1	0, 0, 1	0, 0, 1

[平成 18 年 B 問題]

答 (a)-(4)，(b)-(5)

考え方 (a) チャタリングとは，図 8.14 に示すように，機械的 SW を閉じたとき SW の接点がバウンドして，出力が図のようにばらついてしまう現象をいう。これを防止するために，RS フリップフロップやシュミット・トリガ回路が用いられる。チャタリングの発生を防止できているかどうか，各回路の動作を調べる。

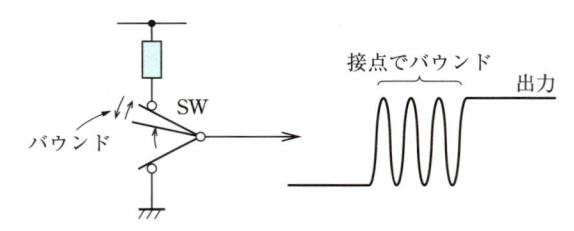

図 8.14 チャタリング

(b) JK-FF は，クロックが入ったとき J および K の値により，その後の出力は次のようになる。

$J = K = 0$ のとき　⇒　出力 Q は変化しない
$J = 1, K = 0$ のとき　⇒　出力 $Q = 1$ になる
$J = 0, K = 1$ のとき　⇒　出力 $Q = 0$ になる
$J = K = 1$ のとき　⇒　出力 Q の「1」⇔「0」は反転する

初期状態での出力 (Q_3, Q_2, Q_1) が $(0, 0, 0)$ であることから，初期状態での FF 回路を描き，入力信号パルスが加わったときの変化

解き方

(a) チャタリング防止回路

〔図Aの回路〕

最初，AND回路の入力の上側が「0」，下側も「0」であり，出力は「0」となっている。接点が切り換わると，AND回路の入力は両方とも「1」となり，出力は「1」となる。ここで，チャタリングにより接点が一瞬浮いた状態になると，AND回路の上側の入力が「0」となり，出力も「0」となる。つまり，出力にチャタリングが生じる。

〔図Bの回路〕

NAND回路を用いたフリップフロップ（以下FFという）は，「0」となる入力が支配的となり，最後に「0」となった入力で定まる状態を保持する。

最初，図Bの下側入力「0」で上側入力「1」であるから，出力は「0」となっている。接点が切り換わると，この逆の状態になり，出力は「1」となる。この後，接点が浮いた状態になると，FFの入力は両方とも「1」となり，それまでの状態が保持される。よって，出力にチャタリングは現れない。

〔図Cの回路〕

最初，入力が「1」であり，出力は「0」となる。接点が切り換わると入力が「0」となり，出力は「1」となる。コンデンサCは，入力が「0」になることで放電される。この後，接点が一瞬浮いた状態になっても，コンデンサ電圧が「1」レベルまで充電されるまでは，入力は「0」とみなされ，出力は「1」を継続する。よって，出力にチャタリングは現れない。

〔図Dの回路〕

NOT回路（インバータ）出力が「0」となる入力が支配的となる。最初，上側のNOT回路の出力が「0」，下側は「1」であり，出力は「0」となっている。接点が切り換わると逆の状態になり，出力は「1」となる。この後，接点が一時浮いた状態になると，NOT回路の出力は両方とも「0」となり，出力は「0」になる。すなわち，出力にチャタリングが生じる。

(b) JK-FFの出力

JK-FFは，クロックが入ったときのJおよびKの値により，その後の出力は次のようになる。

$J = K = 0$ のとき　⇒　出力 Q は変化しない
$J = 1$, $K = 0$ のとき　⇒　出力 $Q = 1$ になる
$J = 0$, $K = 1$ のとき　⇒　出力 $Q = 0$ になる
$J = K = 1$ のとき　⇒　出力 Q の「1」⇔「0」は反転する

題意より，初期状態で出力 (Q_3, Q_2, Q_1) の値は，$(0, 0, 0)$ であるので，FF 回路の初期状態は，図 8.15 のようになる。すなわち，FF 回路の初期状態 $(Q_3, Q_2, Q_1, \overline{Q}_3) = (0, 0, 0, 1)$ である。

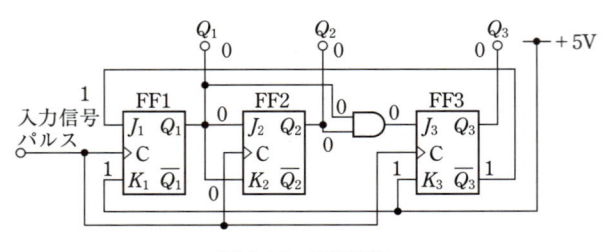

図 8.15　初期状態

いま，1 つめの入力信号パルスが加わると，FF の出力は，

$Q_1 = 1$　　　　　　(FF1：$J_1 = 1$, $K_1 = 1$)
$Q_2 = 0$　　　　　　(FF2：$J_2 = 0$, $K_2 = 0$)
$Q_3 = 0$, $\overline{Q}_3 = 1$　(FF3：$J_3 = 0$, $K_3 = 1$)

のように変化するから，FF 回路の状態は，図 8.16 のようになる。
　よって，

$$(J_3, J_2, J_1) = (0, 1, 1)$$

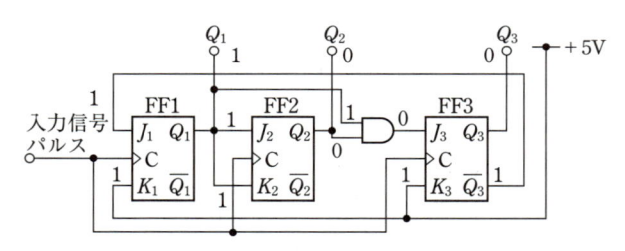

図 8.16　1 つめの信号パルス入力後の状態

次に 2 つめの入力パルスが加わると，FF の出力は，

$Q_1 = 0$　　　　　　(FF1：$J_1 = 1$, $K_1 = 1$)
$Q_2 = 1$　　　　　　(FF2：$J_2 = 1$, $K_2 = 1$)
$Q_3 = 0$, $\overline{Q}_3 = 1$　(FF3：$J_3 = 0$, $K_3 = 1$)

のように変化するから，FF 回路の状態は図 8.17 のようになる。
　よって，

$(J_3,\ J_2,\ J_1) = (0,\ 0,\ 1)$

図 8.17 2つめの信号パルス入力後の状態

以下，同様にして，3つめ，4つめ，5つめの入力信号が加わったときの FF 回路の状態は，図 8.18〜図 8.20 のようになる．

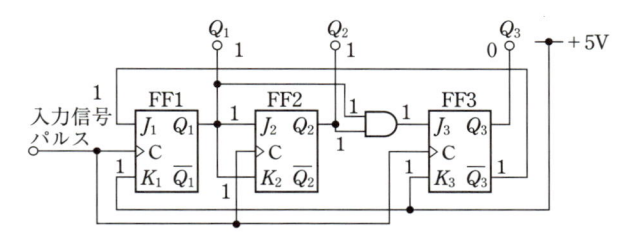

図 8.18 3つめの信号パルス入力後の状態

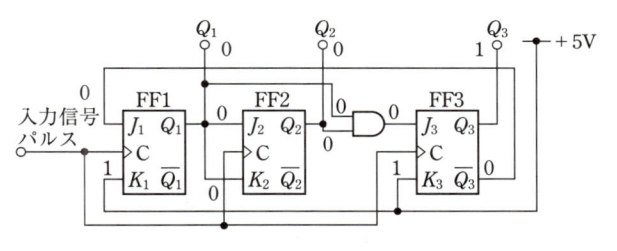

図 8.19 4つめの信号パルス入力後の状態

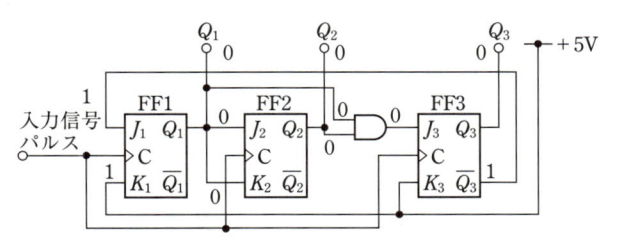

図 8.20 5つめの信号パルス入力後の状態

よって，5つめの入力信号パルスが加わった後の $(J_3,\ J_2,\ J_1)$ は，$(0,\ 0,\ 1)$ となる．

例題 4

JK-FF(JKフリップフロップ)の動作とそれを用いた回路について，次の(a)及び(b)に答えよ。

(a) 図1のJK-FFの状態遷移について考える。JK-FFのJ, Kの入力時における出力をQ（現状態），J, Kの入力とクロックパルスの立下がりによって変化するQの変化後の状態（次状態）の出力をQ'として，その状態遷移を表1のようにまとめる。表1中の空白箇所（ア），（イ），（ウ），（エ）及び（オ）に当てはまる真理値として，正しいものを組み合わせたのは次のうちどれか。

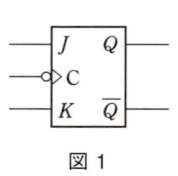

図1

表1

入力		現状態	次状態
J	K	Q	Q'
0	0	0	0
0	0	1	(ア)
0	1	0	0
0	1	1	(イ)
1	0	0	1
1	0	1	(ウ)
1	1	0	(エ)
1	1	1	(オ)

	（ア）	（イ）	（ウ）	（エ）	（オ）
(1)	0	0	0	1	1
(2)	0	1	0	0	0
(3)	1	1	0	1	1
(4)	1	0	1	1	0
(5)	1	0	1	0	1

(b) 2個のJK-FFを用いた図2の回路を考える。この回路において，+5〔V〕を"1"，0〔V〕を"0"と考えたとき，クロックパルスCに対する回路の出力Q_1及びQ_2のタイムチャートとして，正しいのは次のうちどれか。

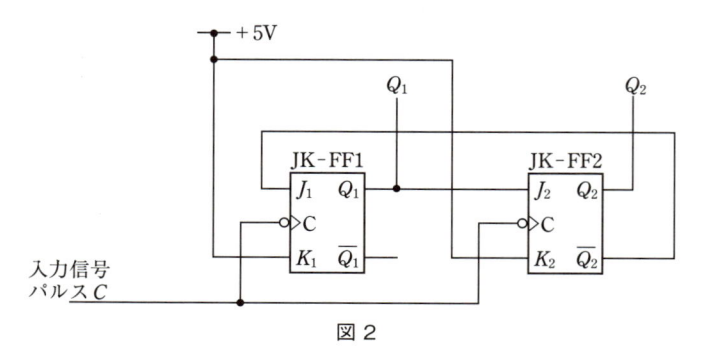

図2

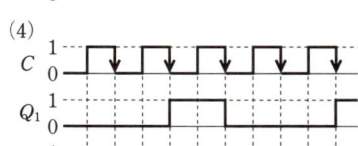

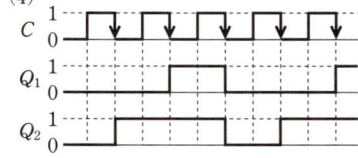

[平成 21 年 B 問題]

答 (a)-(4), (b)-(5)

考え方 (a) JK-FF は，クロックパルスが入ったときの J および K の値により，その後の出力 Q は次のようになる。

$J = K = 0$ のとき ⇨ 出力 Q は変化しない
$J = 1, K = 0$ のとき ⇨ 出力 $Q = 1$ になる
$J = 0, K = 1$ のとき ⇨ 出力 $Q = 0$ になる
$J = 1, K = 1$ のとき ⇨ 出力 Q の「1」⇔「0」は反転する

これを表 1 に当てはめる。

(b) タイムチャート(1)～(5)を見ると，最初のクロックパルスが入力される前は，いずれも $(Q_1, Q_2) = (0, 0)$ となっている。すなわち，出力 Q_1, Q_2 の初期値は $Q_1 = 0, Q_2 = 0, \bar{Q}_2 = 1$ である。また，回路図より K_1 および K_2 は $K_1 = K_2 = 1$ に常になっていることがわかる。よって，パルス立下がりによる J_1 および J_2 の変化より Q_1, Q_2 のタイムチャートを得る。

解き方 (a) JK-FF の状態遷移

(ア) $J = K = 0$ より状態は変化しない。よって $Q' = 1$

(イ) $J = 0$, $K = 1$ より出力は 0 となる。よって $Q' = 0$

(ウ) $J = 1$, $K = 0$ より出力は 1 となる。よって $Q' = 1$

(エ) $J = K = 1$ より出力は反転する。よって $Q' = 1$

(オ) $J = K = 1$ より出力は反転する。よって $Q' = 0$

よって (4) が正しい。

(b) タイムチャート

図 2 の回路の初期値は $Q_1 = 0$, $Q_2 = 0$, $\bar{Q}_2 = 1$ である。また，K_1, K_2 は，常に 1 になっている。この条件より入力される 5 つのクロックパルスについて，その後の状態を調べてみる。

1 回目のクロックパルス
$$J_1 = \bar{Q}_2 = 1, \quad K_1 = 1 \quad \text{よって} \quad Q_1 = 1$$
$$J_2 = Q_1 = 0, \quad K_2 = 1 \quad \text{よって} \quad Q_2 = 0, \quad \bar{Q}_2 = 1$$

2 回目のクロックパルス
$$J_1 = \bar{Q}_2 = 1, \quad K_1 = 1 \quad \text{よって} \quad Q_1 = 0$$
$$J_2 = Q_1 = 1, \quad K_2 = 1 \quad \text{よって} \quad Q_2 = 1, \quad \bar{Q}_2 = 0$$

3 回目のクロックパルス
$$J_1 = \bar{Q}_2 = 0, \quad K_1 = 1 \quad \text{よって} \quad Q_1 = 0$$
$$J_2 = Q_1 = 0, \quad K_2 = 1 \quad \text{よって} \quad Q_2 = 0, \quad \bar{Q}_2 = 1$$

4 回目のクロックパルス
$$J_1 = \bar{Q}_2 = 1, \quad K_1 = 1 \quad \text{よって} \quad Q_1 = 1$$
$$J_2 = Q_1 = 0, \quad K_2 = 1 \quad \text{よって} \quad Q_2 = 0, \quad \bar{Q}_2 = 1$$

5 回目のクロックパルス
$$J_1 = \bar{Q}_2 = 1, \quad K_1 = 1 \quad \text{よって} \quad Q_1 = 0$$
$$J_2 = Q_1 = 1, \quad K_2 = 1 \quad \text{よって} \quad Q_2 = 1$$

これより 5 回のパルスにて Q_1, Q_2 は次のようになる。

Q_1：0→1→0→0→1→0

Q_2：0→0→1→0→0→1

よって (5) が正しい。

8.6 2進数，10進数，16進数

例題 1

図の回路を非同期式10進カウンタ回路にするには，切替スイッチ（A），（B），（C）および（D）をそれぞれa側，b側のどちら側に入れればよいか。正しいものを組み合わせたのは次のうちどれか。

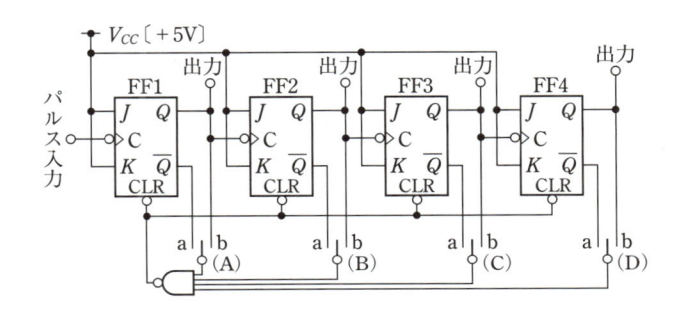

	(A)	(B)	(C)	(D)
(1)	b	b	b	a
(2)	b	a	b	b
(3)	a	a	b	a
(4)	a	b	a	b
(5)	a	a	a	b

［平成10年A問題］

答 (4)

考え方

フリップフロップ（以下FFという）4個を用いると，10進カウンタになるため，$(10)_{10}$でリセットする。リセットするためには，それぞれのFFのCLR端子に0を入力する。

問題のFFの順番は，左から1，2，3，4の順になっているが，2進数の並びは逆になる。

解き方

10進数の10を2進数で表すと，
$$(10)_{10} = (1010)_2$$
であるから，$FF_n (n = 1, 2, 3, 4)$の出力をQ_nとすると，

$Q_4 = 1$

$Q_3 = 0$

$Q_2 = 1$

$Q_1 = 0$

のとき，FF の CLR 端子に 0 を入力すればよい。CLR は，4 入力の NAND 回路の出力を用いているので，すべての入力が 1 のとき，CLR は 0 となる。

よって，NAND 回路への入力は，Q_4，$\bar{Q_3}$，Q_2，$\bar{Q_1}$ とすればよい。

したがって，

(A) = a，(B) = b，(C) = a，(D) = b

と接続すればよい。

例題 2

A-D 変換器の入力電圧が 510 mV のとき，2 進数のディジタル量が $(1111\ 1111)_2$ である。また，入力電圧が -510 mV のとき，2 進数のディジタル量が $(0000\ 0000)_2$ である。アナログ量の入力電圧が 210 mV のとき，2 進数のディジタル量として，正しいのは次のうちどれか。

(1) $(0011\ 0100)_2$ (2) $(0011\ 0101)_2$ (3) $(0100\ 1011)_2$
(4) $(1000\ 1101)_2$ (5) $(1011\ 0100)_2$

[平成 9 年 A 問題]

答 (5)

考え方 入力電圧 510 mV，-510 mV に対する 10 進数を求め，その関係より，入力電圧 210 mV に対する 10 進数を求める。そして，この 10 進数を 2 進数に変換して解答を得る。

解き方 題意より入力電圧が 510 mV のとき，2 進数のディジタル量が $(1111\ 1111)_2$ であるので，これを 10 進数で表すと，

$1 \times 2^7 + 1 \times 2^6 + 1 \times 2^5 + 1 \times 2^4 + 1 \times 2^3 + 1 \times 2^2 + 1 \times 2^1 + 1 \times 2^0$
$= (255)_{10}$

となる。一方，入力電圧 -510 mV のときの出力ディジタル量は，$(0000\ 0000)_2 = (0)_{10}$ であるから，1 ビットが表すアナログ量の大きさは，

$$\frac{510 - (-510)}{255} = 4\ \text{mV}$$

となる。

これよりアナログ量の入力電圧 210 mV のときは，

$$\frac{210-(-510)}{4}=180$$

で $(180)_{10}$ となる。

これを 2 進数のディジタル量に変換すると，$(180)_{10} = (1011\ 0100)_2$ となる。

```
2)   180     （余り）
2)    90  …  0
2)    45  …  0
2)    22  …  1
2)    11  …  0
2)     5  …  1
2)     2  …  1
       1  …  0
```

例題 3

2 進数 A，B が，$A = (1100\ 0011)_2$，$B = (1010\ 0101)_2$ であるとき，A と B のビットごとの論理演算を考える。A と B の論理積（AND）を 16 進数で表すと ア ，A と B の論理和（OR）を 16 進数で表すと イ ，A と B の排他的論理和（EX-OR）を 16 進数で表すと ウ ，A と B の否定的論理積（NAND）を 16 進数で表すと エ となる。

上記の記述中の空白箇所（ア），（イ），（ウ）及び（エ）に当てはまる数値として，正しいものを組み合わせたのは次のうちどれか。

	（ア）	（イ）	（ウ）	（エ）
(1)	$(81)_{16}$	$(E7)_{16}$	$(66)_{16}$	$(18)_{16}$
(2)	$(81)_{16}$	$(E7)_{16}$	$(66)_{16}$	$(7E)_{16}$
(3)	$(81)_{16}$	$(E7)_{16}$	$(99)_{16}$	$(18)_{16}$
(4)	$(E7)_{16}$	$(81)_{16}$	$(66)_{16}$	$(7E)_{16}$
(5)	$(E7)_{16}$	$(81)_{16}$	$(99)_{16}$	$(18)_{16}$

［平成 21 年度 A 問題］

答 (2)

考え方 $A=(1100\,0011)_2$，$B=(1010\,0101)_2$ について，各ビットごとの論理積，論理和，排他的論理和および否定的論理積を 2 進数で求め，それを 16 進数に換算する．2 進数から 16 進数への換算は，2 進数を下位から 4 桁ずつ区切り，それぞれの 4 桁と 16 進数の 1 桁とを対応させて行う．

論理積（AND），論理和（OR），排他的論理和（EX-OR），否定的論理積（NAND）の真理表を表 8.3 に示す．

表 8.3

A	B	論理積 (AND) $A \cdot B$	論理和 (OR) $A+B$	排他的論理和 (EX-OR) $\overline{A} \cdot B + A \cdot \overline{B}$	否定的論理積 (NAND) $\overline{A \cdot B}$
0	0	0	0	0	1
0	1	0	1	1	1
1	0	0	1	1	1
1	1	1	1	0	0

解き方 （ア）$A=(1100\,0011)_2$，$B=(1010\,0101)_2$ の 2 つの 2 進数の論理積は，A および B の各ビットごとの論理積をとればよく，論理積 $A \cdot B$ は次のようになる．

$$
\begin{array}{rl}
A & (1100\,0011)_2 \\
B & (1010\,0101)_2 \\
\hline
A \cdot B & (1000\,0001)_2
\end{array}
$$

これを 16 進数に変換して，

$$(1000\,0001)_2 = (81)_{16}$$

となる．

（イ）A と B の論理和 $A+B$ は，

$$
\begin{array}{rl}
A & (1100\,0011)_2 \\
B & (1010\,0101)_2 \\
\hline
A+B & (1110\,0111)_2
\end{array}
$$

これを 16 進数に変換して

$$(1110\,0111)_2 = (E7)_{16}$$

となる。

(ウ) A と B の排他的論理和 EX-OR は，

$$
\begin{array}{ll}
A & (1100\ 0011)_2 \\
B & (1010\ 0101)_2 \\ \hline
\overline{A}\cdot B + A\cdot \overline{B} & (0110\ 0110)_2
\end{array}
$$

これを 16 進数に変換して，

$$(0110\ 0110)_2 = (66)_{16}$$

となる。

(エ) A と B の否定的論理積は，

$$
\begin{array}{ll}
A & (1100\ 0011)_2 \\
B & (1010\ 0101)_2 \\ \hline
\overline{A\cdot B} & (0111\ 1110)_2
\end{array}
$$

これを 16 進数に換算して，

$$(0111\ 1110)_2 = (7\mathrm{E})_{16}$$

となる。

第8章 章末問題

8-1 図は，制御系の基本的構成を示す。制御対象の出力信号である （ア） が検出部によって検出される。その検出部の出力が比較器で （イ） と比較され，その差が調節部に加えられる。その調節部の出力によって操作部で （ウ） が決定され，制御対象に加えられる。このような制御方式を （エ） 制御と呼ぶ。

上記の記述中の空白箇所（ア），（イ），（ウ）及び（エ）に記入する語句として，正しいものを組み合わせたのは次のうちどれか。ただし，（ア），（イ）及び（ウ）は図中のそれぞれに対応している。

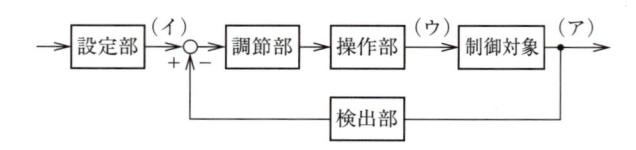

```
→[設定部]─(イ)→○─→[調節部]─(ウ)→[操作部]─→[制御対象]─(ア)→
            +↑-                                    │
             └──────────[検出部]←──────────────────┘
```

	（ア）	（イ）	（ウ）	（エ）
(1)	制御量	基準入力	偏差量	フィードバック
(2)	操作量	基準入力	制御量	フィードフォワード
(3)	制御量	偏差量	操作量	フィードバック
(4)	操作量	偏差量	制御量	フィードフォワード
(5)	制御量	基準入力	操作量	フィードバック

［平成14年A問題］

8-2 一般のフィードバック制御系においては，制御系の安定性が要求され，制御系の特性を評価するものとして， （ア） 特性と過渡特性がある。

サーボ制御系では，目標値の変化に対する追従性が重要であり，過渡特性を評価するものとして， （イ） 応答の遅れ時間，立上り時間， （ウ） などが用いられる。

上記の記述中の空白箇所（ア），（イ）及び（ウ）に記入する語句として，正しいものを組み合わせたのは次のうちどれか。

	（ア）	（イ）	（ウ）
(1)	定常	ステップ	定常偏差
(2)	追従	ステップ	定常偏差
(3)	追従	インパルス	行過ぎ量
(4)	定常	ステップ	行過ぎ量
(5)	定常	インパルス	定常偏差

［平成15年A問題］

8-3 プロセス制御でよく用いられている制御装置として，PID調節計がある。その伝達関数 $G_c(s)$ は，近似的ではあるが

$$G_c(s) = K_p\left(1 + \frac{1}{T_i s} + T_d s\right)$$

で表される。ここで，K_p，T_i および T_d はそれぞれ何と呼ばれているか。正しいものを組み合わせたものを次のうちから選べ。

	K_p	T_i	T_d
(1)	比例定数	積分係数	レート率
(2)	比例帯	リセット率	レート時間
(3)	比例動作係数	積分時間	微分時間
(4)	比例感度	時定数	微分ゲイン
(5)	比例ゲイン	積分定数	レート係数

［平成4年A問題］

8-4 図は，自動制御のサーボ系における定常特性を改善するために用いられる位相遅れ回路である。この周波数伝達関数は

$$G_c(j\omega) = \frac{E_o(j\omega)}{E_i(j\omega)} = \frac{1 + j\omega T_1}{1 + j\omega T_2}$$

で表される。T_1 および T_2 を回路定数で表したときの正しい値を組み合わせたのは次のうちどれか。

	T_1	T_2
(1)	$R_1 C_2$	$R_2 C_2$
(2)	$(R_1 + R_2) C_2$	$R_1 C_2$
(3)	$R_1 C_2$	$(R_1 + R_2) C_2$
(4)	$R_2 C_2$	$(R_1 + R_2) C_2$
(5)	$(R_1 + R_2) C_2$	$R_2 C_2$

［平成6年A問題］

8-5 図のようなブロック線図で示す制御系がある。入力信号 $R(j\omega)$ と出力信号 $C(j\omega)$ 間の合成の周波数伝達関数 $\dfrac{C(j\omega)}{R(j\omega)}$ を示す式として，正しいのは次のうちどれか。

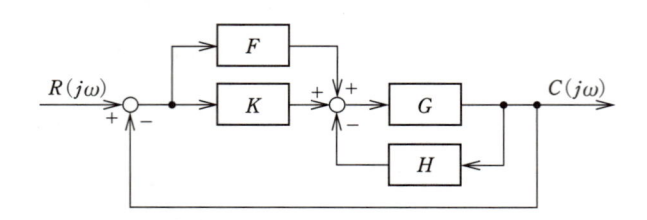

(1) $\dfrac{G(F+K)}{1+G(H+F+K)}$ (2) $\dfrac{G(F-K)}{1+G(H+F-K)}$

(3) $\dfrac{G(F+K)}{1-G(H+F+K)}$ (4) $\dfrac{GH(F+K)}{1-GH(H+F+K)}$

(5) $\dfrac{GHK}{1+G(H+F+K)}$

［平成14年A問題］

8-6 開ループ周波数伝達関数 $G(j\omega)$ が，

$$G(j\omega) = \dfrac{10}{j\omega(1+j0.2\omega)}$$

で表される制御系がある。

変数 ω を 0 から ∞ まで変化させたとき，$G(j\omega)$ の値は図のようなベクトル軌跡となる。次の(a)及び(b)に答えよ。

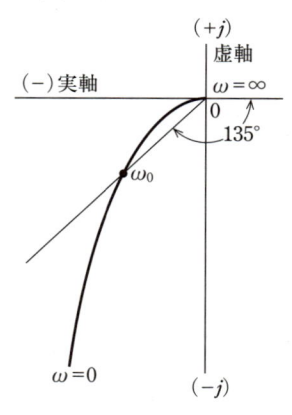

(a) この系の位相角が $-135°$ となる角周波数 ω_0 〔rad/s〕の値として，正しいのは次のうちどれか。

(1) 1　(2) 2　(3) 5　(4) 8　(5) 10

(b) この ω_0 〔rad/s〕におけるゲイン $|G(j\omega)|$ の値として，最も近いのは次のうちどれか。

(1) 0.45　(2) 1.41　(3) 3.53　(4) 4.62　(5) 9.78

［平成 16 年 B 問題］

8-7　入力信号 A，B 及び C，出力信号 X の論理回路の真理値表が次のように示されたとき，X の論理式として，正しいのは次のうちどれか。

A	B	C	X
0	0	0	0
0	0	1	0
0	1	0	1
0	1	1	1
1	0	0	1
1	0	1	0
1	1	0	1
1	1	1	1

(1) $X = A \cdot C + A \cdot \bar{B} + \bar{A} \cdot B \cdot \bar{C}$
(2) $X = A \cdot C + B + \bar{A} \cdot \bar{C}$
(3) $X = A \cdot \bar{C} + A \cdot \bar{B} + B \cdot \bar{C}$
(4) $X = A \cdot \bar{B} \cdot C + A \cdot B \cdot \bar{C} + \bar{A} \cdot B \cdot C + \bar{A} \cdot \bar{B} \cdot \bar{C}$
(5) $X = B + A \cdot \bar{C}$

［平成 18 年 A 問題］

8-8　記憶装置には，読み取り専用として作られたROM[※1]と読み書きができるRAM[※2]がある。ROMには，製造過程においてデータを書き込んでしまう　(ア)　ROM，電気的にデータの書き込みと消去ができる　(イ)　ROMなどがある。また，RAMには，電源を切らない限りフリップフロップ回路などでデータを保持する　(ウ)　RAMと，データを保持するために一定時間内にデータを再書き込みする必要のある　(エ)　RAMがある。

上記の記述中の空白箇所（ア），（イ），（ウ）及び（エ）に当てはまる語句として，正しいものを組み合わせたのは次のうちどれか。

	（ア）	（イ）	（ウ）	（エ）
(1)	マスク	EEP[※3]	ダイナミック	スタティック
(2)	マスク	EEP	スタティック	ダイナミック
(3)	マスク	EP[※4]	ダイナミック	スタティック
(4)	プログラマブル	EP	スタティック	ダイナミック
(5)	プログラマブル	EEP	ダイナミック	スタティック

（注）※1の「ROM」は，「Read Only Memory」の略
　　　※2の「RAM」は，「Random Access Memory」の略
　　　※3の「EEP」は，「Electrically Erasable and Programmable」の略
　　　※4の「EP」は，「Erasable Programmable」の略

［平成20年A問題］

第 1 章 章末問題の解答

1-1 答 (1)

問題の直流発電機の回路図を解図 1.1 に示す。

ここで，

r_a：電機子抵抗

r_f：界磁抵抗

I：負荷電流

I_a：電機子電流

I_f：界磁電流

である。

定格負荷時の負荷電流 I は，定格出力が 50 kW，定格電圧が 200 V であることから，

$$I = \frac{50 \times 10^3}{200} = 250 \,[\text{A}]$$

となる。また，界磁電流 I_f は，界磁抵抗 r_f が 200 Ω であるので，

$$I_f = \frac{200}{r_f} = \frac{200}{200} = 1 \,[\text{A}]$$

となる。よって，電機子電流 I_a は，

$$I_a = I + I_f = 250 + 1 = 251 \,[\text{A}]$$

となる。

これらより，界磁抵抗による損失 P_f，電機子抵抗による損失 P_a は，電機子抵抗 r_a が 0.03 Ω なので以下のようになる。

$$P_f = I_f^2 r_f = 1^2 \times 200 = 200 \,[\text{W}]$$

$$P_a = I_a^2 r_a = 251^2 \times 0.03 \fallingdotseq 1\,890 \,[\text{W}]$$

よって，直接負荷損（電機子抵抗による損失）と界磁回路の損失の合計 P_s は，

$$P_s = P_a + P_f = 2\,090 \,[\text{W}]$$

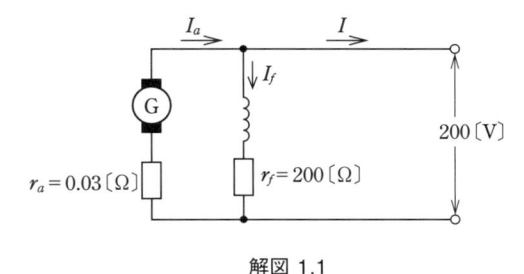

解図 1.1

となる。

定格出力 $P_n = 50$ 〔kW〕のとき効率が 94 % となるので，発電機の固定損を P_0 〔W〕とすると，

$$0.94 = \frac{P_n}{P_n + P_0 + P_s} = \frac{50 \times 10^3}{50 \times 10^3 + P_0 + 2\,090}$$

$$P_0 + 5\,209\,0 ≒ 53\,191$$

$$\therefore\ P_o = 53\,191 - 52\,090 = 1\,101 \text{〔W〕} ≒ 1.10 \text{〔kW〕}$$

1-2　答　(2)

- 直巻発電機は，負荷を接続しないと励磁電流が確保できないので電圧確立はできない。よって(1)は誤り。
- 他励発電機の場合，界磁巻線の接続方向や電機子の回転方向にかかわらず，電圧確立はできるので(3)は誤り。
- 分巻発電機は，負荷電流によって端子電圧が降下すると，界磁電流は減少するので，(4)は誤り。
- 分巻発電機は，残留磁気があれば電圧確立できるが，次の条件が必要である。
  ① 残留電圧により流れる励磁電流が端子電圧を高める方向であること。
  ② 無負荷飽和曲線と界磁抵抗線が明確な交点をもつこと。
  したがって，(5)は誤り。

1-3　答　(5)

電動機の逆起電力を E_a とすると，

$$V = E_a + I_a R_a$$

となり，また，$E_a = k\phi n$ となるので，電機子電流 I_a は，

$$I_a = \frac{V - k\phi n}{R_a}$$

で表される。

電動機を起動した瞬間は，$n = 0$ であるので，逆起電力 $E_a = 0$ となり，I_a は，

$$I_a = \frac{V}{R_a}$$

となる。R_a は非常に小さいので，始動時に電機子巻線に過大な始動電流が流れる。これを防止するために，電機子巻線回路に直列に始動抵抗を接続する。始動抵抗は，適当に区分しておいて，電動機の速度上昇に応じて抵抗を漸減して所定の始動電流に抑制する。

1-4 答 (1)

直流電動機のトルク特性曲線および速度特性曲線を解図 1.2 に示す。トルク特性曲線は，端子電圧と界磁抵抗を一定に保ったまま，負荷電流を変えたときのトルクの変化を表したものである。トルク T は次式で表される。

$$T = K\phi I_a \,[\text{N}\cdot\text{m}]$$

分巻電動機では，磁束が一定であるので電機子電流に比例し直線となる。直巻電動機では，電機子電流の小さい間は磁束 ϕ が電機子電流に比例するので，トルクは電流の2乗に比例する。

速度特性は，端子電圧と界磁抵抗を一定に保ったまま，負荷電流を変えたときの回転速度の変化を示すものである。電動機の回転速度 N は次式で与えられる。

$$N = \frac{V - I_a r_a}{k\phi}\,[\text{min}^{-1}]$$

分巻電動機では，電機子反作用を無視すれば ϕ が一定であるので，回転速度 N は I_a の一次式となる。直巻電動機では，電機子と界磁巻線が直列に接続されることから，電機子電流が小さい範囲では $\phi \propto I_a$ となるので，回転速度は電機子電流に反比例する。

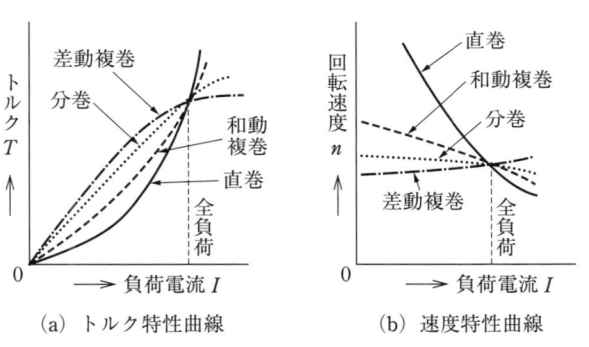

解図 1.2

1-5 答 (a)-(1)，(b)-(3)

(a) 負荷電流が 1/2 となったときの端子電圧 $V_{1/2}$

無負荷時の端子電圧 V_0 は，定格電圧を V_n とすれば，電圧変動率 ε が 6% であるので，

$$V_0 = V_n(1+\varepsilon) = 500(1+0.06) = 530\,[\text{V}]$$

外部特性曲線が直線的に変化することから，

$$V_{1/2} = \frac{V_0 + V_n}{2} = \frac{530 + 500}{2} = 515\,[\text{V}]$$

(b) 負荷電流を 1/2 に減じたときの誘導起電力 $E_{1/2}$

解図 1.3 に問題の回路図を示す。定格負荷電流 I_n は，定格出力 200 kW，定格電圧 500 V より，

$$I_n = \frac{200 \times 10^3}{500} = 400 \text{ [A]}$$

よって，

$$I_{1/2} = \frac{I_n}{2} = 200 \text{ [A]}$$

また，$V_{1/2} = 515$ [V] より，

$$I_f = \frac{515}{51.5} = 10 \text{ [A]}$$

これより，誘導起電力 $E_{1/2}$ は，

$$E_{1/2} = V_{1/2} + I_a r_a = 515 + (200 + 10) \times 0.1 = 536 \text{ [V]}$$

となる。

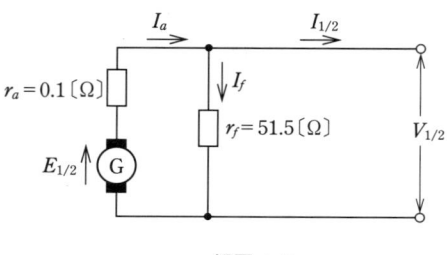

解図 1.3

1-6 答 (a)-(5), (b)-(1)

(a) 電機子誘導起電力

解図 1.4 に問題の回路図を示す。分巻巻線に流れる電流 I_f は，$200/10 = 20$ [A] であるから，電機子巻線に流れる電流 I_a は，$500 + 20 = 520$ [A] となる。

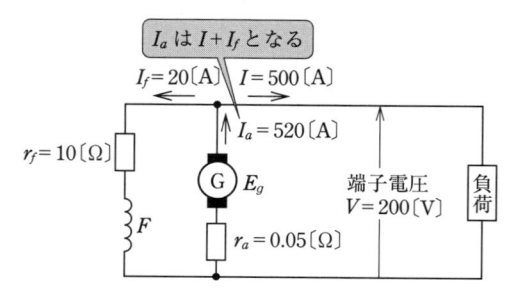

解図 1.4　分巻発電機の接続

したがって，誘導起電力 E_g は，
$$E_g = 200+520\times 0.05+2 = 228 \text{ (V)}$$
となる。

(b) 回転速度

解図 1.5 に示すように，この発電機を電動機として運転すると，電機子電流は，$500-20 = 480$ 〔A〕となる。

したがって，誘導起電力 E_m は，
$$E_m = 200-480\times 0.05-2 = 174 \text{ (V)}$$
となる。

一方，界磁電流に変化はないので，誘導起電力は回転速度に比例する。したがって，このときの回転速度 N_m は，
$$N_m = \frac{174}{228}\times 1\,500 \fallingdotseq 1\,145 \text{ (min}^{-1})$$
となる。

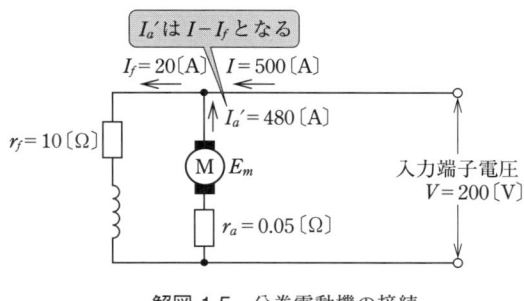

解図 1.5 分巻電動機の接続

1-7　答　(a)-(4)，(b)-(3)

(a) 負荷電流 100 A 時の回転速度 N

解図 1.6 に直流電動機の回路図を示す。

題意より，$V = 100$ 〔V〕，$r_a = 0.05$ 〔Ω〕，$r_f = 50$ 〔Ω〕，また無負荷電流 I が 10 A であるので，
$$I_f = \frac{V}{r_f} = \frac{100}{50} = 2 \text{ (A)}$$
となる。逆起電力 E_a は，
$$E_a = V - I_a r_a = 100 - (10-2)\times 0.05 = 99.6 \text{ (V)}$$
また，このときの回転速度が $1\,000$ min^{-1} であるから，
$$E_a = k\phi N = k\phi \times 1\,000 \quad (k：定数)$$
の関係が成立する。

よって，

$$E_a = 1\,000\,k\phi = 99.6$$

$$k\phi = \frac{99.6}{1\,000} \tag{1}$$

負荷電流 100 A のときの電機子逆起電力 E_a' は，そのときの回転速度を N' とすると，電機子反作用による減磁分が 3% であるから，

$$E_a' = k\phi(1-0.03)N' \tag{2}$$

となる。

一方，E_a' は，

$$E_a' = V - I_a r_a = 100 - (100-2) \times 0.05 = 95.1\,[\text{V}]$$

となるので，式(1)，式(2)より，

$$95.1 = \frac{99.6}{1\,000}(1-0.03)N'$$

$$N' = \frac{95.1}{0.97} \times \frac{1\,000}{99.6} \fallingdotseq 984\,[\text{min}]$$

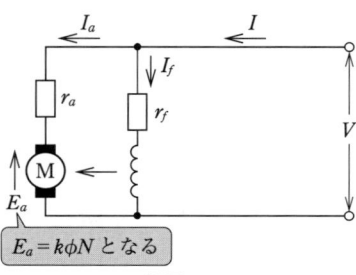

解図 1.6

(b) 負荷電流 50 A 時の発生トルク T

発生トルク T は，電機子反作用による減磁分が 2% あることを考慮して，

$$T = \frac{P}{\omega} = \frac{E_a I_a}{\omega} = \frac{60}{2\pi N} \times k\phi(1-0.02)N \times I_a$$

$$= \frac{60}{2\pi} \times \frac{99.6}{1\,000} \times 0.98 \times (50-2) \fallingdotseq 44.8\,[\text{N·m}]$$

となる。

第 2 章 章末問題の解答

2-1 答 (2)

(ア) 固定子には三相の励磁電流が流れるので，発生するのは回転磁界となる。

(イ) 巻線形誘導機では，回転子巻線の回路をブラシとスリップリングで外部に引出して二次抵抗値を調整する方式が用いられる。

(ウ) 滑り s が，$1>s>0$ の範囲の誘導機は電動機として作用する。

(エ) 回転子の速度が同期速度より大きくなった場合，誘導機は発電機として作用する。交流を用いた電車では回生制動として活用されている。

2-2 答 (2)

解図 2.1 に示すように，かご形誘導電動機の回転子の両端は，端絡環で接続される。小中容量機では，アルミの加圧構造の一体構造となっている。均圧環は，巻線形での電圧バランスに用いられる。

巻線形誘導電動機では，2 次回路に抵抗を接続して回転数制御が行われる。このため，解図 2.2 に示すように，ブラシとスリップリングで外部抵抗に接続される。

2-3 答 (1)

極数 $p = 4$，周波数 $f = 50\,\text{Hz}$ のとき，同期速度 N_s は，

$$N_s = \frac{120\,f}{p} = \frac{120 \times 50}{4} = 1\,500\ [\text{min}^{-1}]$$

となる。また，回転速度 $1\,200\,\text{min}^{-1}$ のときの滑り s' は，

$$s' = \frac{1\,500 - 1\,200}{1\,500} = 0.2,\ 20\%\ \text{となる。}$$

全負荷時の滑り 4% のところ，全負荷トルクの 2 次回路に 1 相あたり R_s の抵抗を挿入し，滑りを 20% とすることから，2 次巻線の各相の抵抗が $0.5\,\Omega$ であることを考慮すると，トルクの比例推移により次式が成立する。

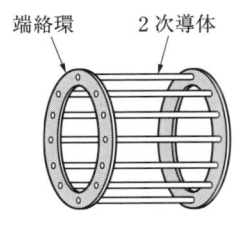

解図 2.1　かご形回転子の導体

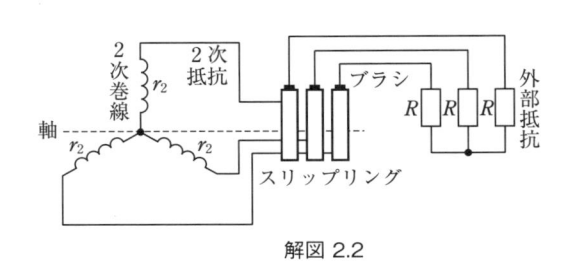

解図 2.2

$$\frac{0.5}{0.04} = \frac{0.5+R_s}{0.2}$$

$$0.5+R_s = \frac{0.5}{0.04} \times 0.2 = 2.5$$

$$R_s = 2.5-0.5 = 2.0 \ [\Omega]$$

2-4 答 (5)

誘導電動機の等価回路は，解図2.3のようになる。滑りsで運転しているときの1相あたりの回転子入力P_2は，

$$P_2 = I_2{}^2 \times \frac{r_2}{s}$$

となる。題意より，$I_2 = 12 \ [\text{A}]$，$r_2 = 0.14 \ [\Omega]$，$s = 0.04$であるので，

$$P_2 = 12^2 \times \frac{0.14}{0.04} = 504 \ [\text{W}]$$

となる。

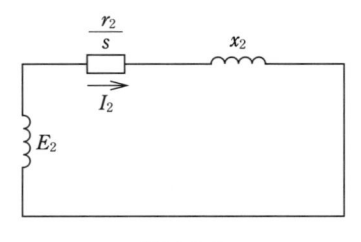

解図 2.3

2-5 答 (4)

1次周波数制御による誘導電動機の速度制御においては，鉄心中の磁束密度を一定とするためV/f一定制御が行われる。よって，電源電圧を一定に保つというのは誤り。

2-6 答 (2)

誘導電動機の回転速度nは，同期速度をn_s，滑りをsとすると，

$$n = n_s(1-s) \ [\text{min}^{-1}] \tag{1}$$

で表される。また同期速度n_sは，電源の周波数を$f \ [\text{Hz}]$，極数をpとすると，

$$n_s = \frac{120f}{p} \ [\text{min}^{-1}] \tag{2}$$

で表される。したがって，s, f, pを変えることで速度制御を行うことができる。

a. 滑り s を変える

2次回路の抵抗 r_2 と滑り s の比 r_2/s を一定に保つと，同じトルクが発生するというトルクの比例推移を利用する方法である。巻線形誘導電動機の2次回路の抵抗を変化させて行うが，抵抗での電力損失が大きくなる欠点がある。

b. 電源周波数 f を変える

電動機の電源側にインバータなどを設置し，電源周波数を変えて速度制御を行う。

c. 極数 p を変える

固定子巻線にあらかじめ極数の異なる2組の巻線を設けておき，この巻線を切り換えることにより速度を変える。この場合，速度変化は段階的になる。

2-7 答 (1)

誘導電動機を VVVF インバータで駆動する場合，鉄心の磁気飽和を避けるため電圧 V と周波数 f の比 V/f を一定とする制御が行われる。

V/f 一定制御を行う場合，60 Hz の電圧に対し 50 Hz の電圧は 5/6 となる。60 Hz のとき 100% 電圧であれば，

$$100 \times \frac{5}{6} \fallingdotseq 83 \, [\%]$$

の電圧となる。トルクは電圧の2乗に比例するので，この場合の最大発生トルクは，定格電圧印加時の最大発生トルクの $0.83^2 \fallingdotseq 0.69$ 倍，すなわち 69 % となる。

2-8 答 (a)-(4)，(b)-(1)

(a) 回転速度

回転速度を $N \, [\mathrm{min}^{-1}]$，トルクを $T \, [\mathrm{N \cdot m}]$，定格出力を $P \, [\mathrm{W}]$ とすると，

$$P = \omega T = 2\pi \frac{N}{60} T$$

よって，

$$N = \frac{60P}{2\pi T} = \frac{60 \times 7\,500}{2\pi \times 82} \fallingdotseq 874 \, [\mathrm{min}^{-1}]$$

(b) 回転子に流れる電流の周波数

電源によって生じる回転磁界の同期速度 $N_s \, [\mathrm{min}^{-1}]$ は，定格周波数 $f = 60 \, [\mathrm{Hz}]$，極数 $p = 8$ であるので，

$$N_s = \frac{120f}{p} = \frac{120 \times 60}{8} = 900 \text{ [min}^{-1}\text{]}$$

電動機の回転速度 N が $874\,\text{min}^{-1}$ であるので、滑り s は、

$$s = \frac{N_s - N}{N_s} = \frac{900 - 874}{900} \fallingdotseq 0.029$$

回転子に流れる電流の周波数 f_2 は、回転磁界の周波数（定格周波数）の s 倍となるので、

$$f_2 = s \times f = 0.029 \times 60 = 1.74 \text{ [Hz]}$$

となる。

第 3 章 章末問題の解答

3-1 答 (1)

同期電動機の定格周波数を f [Hz]、極数を p、回転速度を N_s [min^{-1}] とするとき、

$$N_s = \frac{120f}{p} \tag{1}$$

の関係がある。

よって、$f = 60$ [Hz]、$N_s = 240$ [min^{-1}] のとき p は、式(1)より、$p = 120f/N_s$ となるので

$$p = \frac{120 \times 60}{240} = 30$$

したがって、極対数は $p/2 = 15$ となる。

3-2 答 (1)

三相同期電動機の 1 相あたりの誘導起電力を $\dot{E}$ [V]、端子電圧を $\dot{V}$ [V]、電機子抵抗を r_a [Ω]、同期リアクタンスを x_s [Ω]、電機子電流を $\dot{I}$ [A] とすると、

$$\dot{E} = \dot{V} + r_a \dot{I} + jx_s \dot{I}$$

の関係が成立する。電機子抵抗 r_a による電圧降下は、電機子電流 $\dot{I}$ と同相となり、同期リアクタンスによる電圧降下 $jx_s \dot{I}$ は、$\dot{I}$ より 90° 位相が進む。この様子を示したものが、解図 3.1 である。

したがって (1) が正解である。

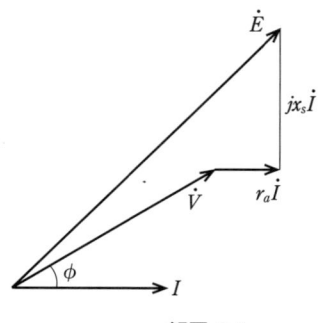

解図 3.1

3-3 答 (4)

同期機のトルクは，回転子の回転磁極が同期速度で回転しているときのみ発生する。したがって，始動時にはトルクが発生しない。そのため解図3.2に示すように，回転磁極面に制動巻線を設け，かご形誘導電動機の原理を用いて始動する。始動中は，電機子巻線のつくる回転磁界が回転子，すなわち界磁巻線を追い越して回転するので，界磁巻線は回転磁界を切って起電力を誘起する。しかも界磁巻線の巻回数が多いため，起電力も大きくなり界磁巻線の絶縁を破壊するおそれがある。このため，界磁巻線を抵抗を通して短絡し電圧降下を利用して絶縁を保護する。回転子の速度が同期速度に近づいたら，この短絡を切り放して界磁巻線に直流を流し同期引入れを行う。

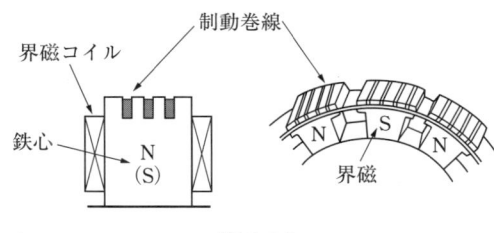

解図 3.2

3-4 答 (4)

定格電圧 $V_n = 6.6$〔kV〕，同期インピーダンス $Z_s = 7.26$〔Ω〕の同期発電機が，無負荷で定格電圧発生時に端子間を三相短絡して整定する短絡電流 I_s は，

$$I_s = \frac{\frac{6.6 \times 10^3}{\sqrt{3}}}{7.26} \fallingdotseq 525 \text{〔A〕}$$

となる。一方，定格出力 $P_n = 5$〔MV·A〕，定格電圧 $V_n = 6.6$〔kV〕の同期発電機の定格電流 I_n は，

$$I_n = \frac{5 \times 10^6}{\sqrt{3} \times 6.6 \times 10^3} \fallingdotseq 437 \text{〔A〕}$$

となる。

したがって，短絡比 K_s は，

$$K_s = \frac{I_s}{I_n} = \frac{525}{437} \fallingdotseq 1.2$$

となる。

3-5 答 (a)-(3), (b)-(3)

(a) 電機子電流〔A〕の値

同期発電機の一相の誘導起電力を E〔V〕, 端子電圧を V〔V〕, リアクタンスを x_s〔Ω〕, 電機子電流を I〔A〕とし, 抵抗負荷 R〔Ω〕に電力を供給しているときの様子を解図 3.3 に示す。

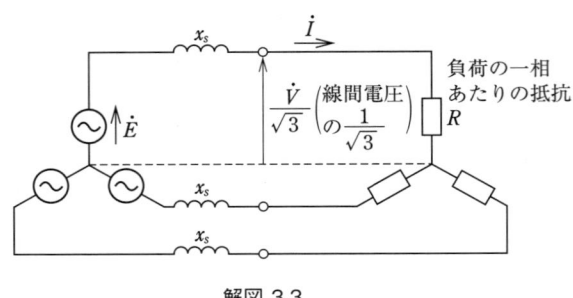

解図 3.3

このとき, 線間電圧の一相分 $V/\sqrt{3}$（相電圧）を基準としたベクトル図は, 解図 3.4 のようになる。

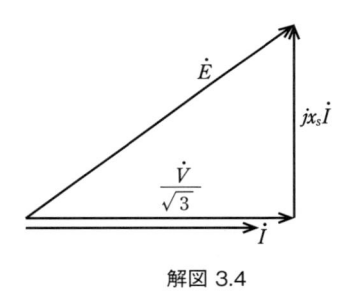

解図 3.4

題意より, $E = 200$〔V〕, $V/\sqrt{3} = 173$〔V〕, $x_s = 1$〔Ω〕であるので, 電機子電流 I〔A〕は次のようになる。

$$\left(\frac{V}{\sqrt{3}}\right)^2 + (x_s I)^2 = E^2$$

$$I^2 = 200^2 - 173^2$$

$$\therefore I \fallingdotseq 100 \text{〔A〕}$$

(b) 出力〔kW〕の値

発電機の出力 P〔kW〕は，負荷の力率を $\cos\theta$ とすると，
$$P = \sqrt{3}\ VI\cos\theta = \sqrt{3} \times 300 \times 100 \times 1$$
$$\fallingdotseq 51.96 \times 10^3\ \text{〔W〕} \fallingdotseq 52\ \text{〔kW〕}$$

3-6 答 (4)

三相同期発電機の無負荷飽和曲線と短絡曲線を解図 3.5 に示す。無負荷飽和曲線は，界磁電流が小さい範囲では鉄心が非飽和であるため，端子電圧は界磁電流に比例する特性となる。また，短絡曲線では，界磁電流と短絡電流は比例関係となり曲線は直線上になる。これは，発電機の同期インピーダンスの大部分がリアクタンス分で構成されているため，短絡電流が誘導起電力に対し，ほぼ $\pi/2$〔rad〕遅れの電流になるためである。$\pi/2$ 遅れ電流は，界磁磁束に対し減磁作用として働くため，鉄心が磁気飽和をしないので，直線状の特性となる。

外部特性曲線を解図 3.6 に示す。この曲線は，遅れ力率の場合には負荷が増加すると端子電圧が著しく低下し，進み力率の場合には端子が上昇する。

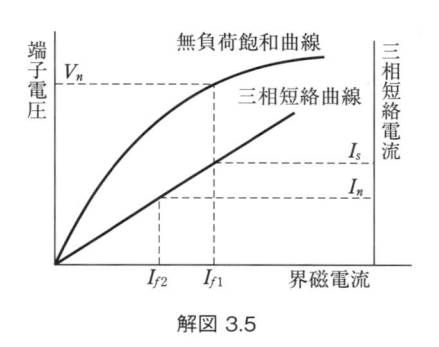

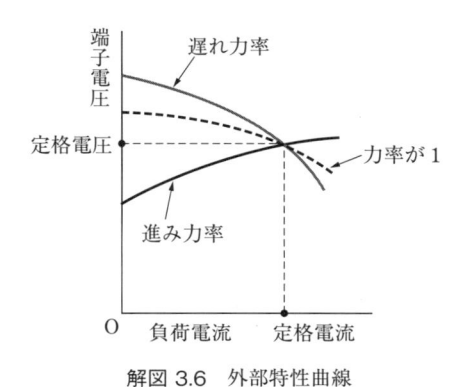

解図 3.5

解図 3.6 外部特性曲線

第 4 章 章末問題の解答

4-1 答 (2)

題意の回路を解図 4.1 に示す。変圧器の 1 次側からみた抵抗 R は，

$$R = \frac{P}{I^2} = \frac{1\,200}{40^2} = 0.75 \ [\Omega]$$

となる。また，変圧器 1 次側からみたインピーダンス Z は，

$$Z = \frac{V}{I} = \frac{80}{40} = 2 \ [\Omega]$$

となる。したがって，求める 1 次側よりみた漏れリアクタンス X は，

$$X = \sqrt{Z^2 - R^2} = \sqrt{2^2 - 0.75^2} \fallingdotseq 1.85 \ [\Omega]$$

となる。

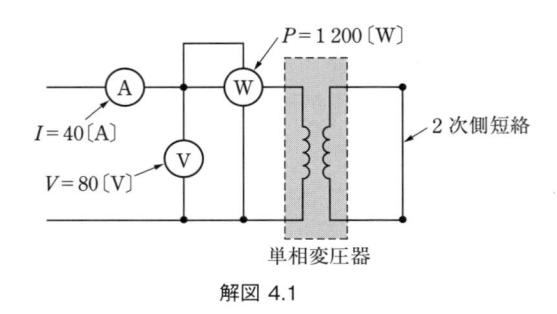

解図 4.1

4-2 答 (4)

変圧器からは，以下のようなものが原因となって騒音が発生する。

① 変圧器本体の振動によるもの。磁気ひずみや磁気吸引力などから生じる鉄心の振動および電磁力による巻線の振動が絶縁油を介して，もしくは直接タンクや付属品に伝達する。

② 送油ポンプによる油中伝達などが原因となって生じるラジエータ振動によるもの。

③ 冷却ファンによるもの。

騒音を低減する方法としては，騒音の音源そのものを小さくする方法と，発生した騒音を遮へいするなどして小さくする方法がある。問題の(2)，(3)，(5)は，騒音の音源そのものを小さくする方法であり，(1)は，遮へいにより騒音を低減する方法である。(4)の磁束密度を高くする設計では，変圧器本体の振動が大きくなり騒音は増加する。よって，(4)が誤りである。

4-3 答 (2)

変圧器の電気的保護装置としては，比率差動継電器を用いるのが一般的である。変圧器の1次巻線側と2次巻線側に設置された変流器の2次側の差電流で，継電器を動作させる。

機械的保護装置としては，「ガス検出継電器」，「衝撃油圧継電器」，「銅板ダイヤフラム放圧装置」などがある。

コンサベータは，変圧器の負荷変動等に伴う絶縁油の膨張と収縮を助けるための装置で，絶縁油と空気の接触をなくし絶縁油の劣化を抑制する。

変圧器内部の圧力が過大に上昇する場合には，放圧装置が開放し上昇を抑制する。熱的保護・監視装置としては，油温度や巻線温度を監視・測定するためにダイヤル温度計や巻線温度指示装置が設けられる。

4-4 答 (2)

定格負荷状態において，2次端子電圧を定格2次端子電圧にするためには，1次端子電圧に，（定格1次端子電圧）＋（変圧器巻線での電圧降下）の電圧を加える必要がある。よって(2)が誤り。

4-5 答 (4)

変圧器の電圧変動率 ε は，

$$\varepsilon = \frac{V_{20} - V_{2n}}{V_{2n}} \times 100 \; [\%]$$

で表される。

ここで，

V_{20}：無負荷2次端子電圧

V_{2n}：定格2次端子電圧

具体的には，指定された電流および力率ならびに定格周波数において，2次巻線の端子電圧を定格値に保ち，その1次端子電圧を変えることなく，変圧器を無負荷にしたときの2次端子電圧（無負荷2次端子電圧）を測定して求める。

4-6 答 (a)-(2)，(b)-(4)

(a) 無負荷損

変圧器の効率 η は，

$$\eta = \frac{出力}{出力＋鉄損＋銅損}$$

にて表される。また，最大効率は鉄損（無負荷損）＝銅損のときに生じる。

題意より，出力が 86 kW のとき最大効率が 98.7 % となることから，鉄損を P_i とすると，次式が成立する．

$$\frac{86 \times 10^3}{86 \times 10^3 + 2P_i} = 0.987$$

これより，

$$P_i = \frac{1}{2}\left(\frac{1}{0.987} - 1\right) \times 86 \times 10^3 \fallingdotseq 566 \ [\text{W}]$$

(b) 効率

負荷 20 kW，力率 1.0 で使用したときの銅損 P_{c2} は，銅損が負荷の 2 乗に比例することから，

$$P_{c2} = \left(\frac{20}{86}\right)^2 \times 566 \fallingdotseq 30.6 \ [\text{W}]$$

よって，このときの効率 η は，

$$\eta = \frac{20 \times 10^3}{20 \times 10^3 + 566 + 30.6} \times 100 \fallingdotseq 97.1 \ [\%]$$

4-7　答　(4)

全負荷の 1/2 のとき効率が最大となるということから，1/2 負荷時の鉄損を P_i，銅損を $P_{c(1/2)}$ とすると，

$$P_i = P_{c(1/2)} \tag{1}$$

となる．

また，全負荷の 3/4 になったとき，鉄損は，P_i で変わらないが銅損は負荷の 2 乗に比例するので，銅損 P_c は，

$$P_c = \left(\frac{\frac{3}{4}}{\frac{1}{2}}\right)^2 P_{c(1/2)} = \frac{9}{4} P_{c(1/2)} \tag{2}$$

となる．よって，式(1)，式(2)より

$$\frac{P_c}{P_i} = \frac{9}{4} = 2.25$$

となる．

4-8　答　(2)

定格容量 500 kV·A の単相変圧器 3 台を Δ-Δ 結線し，1 バンクで供給できる三相容量 P_Δ は，単相容量の 3 倍となるので，

$$P_\Delta = 3 \times 500 = 1\,500 \ [\text{kVA}]$$

である．一方，V-V 結線 1 バンクで供給できる三相容量は，単相容量の $\sqrt{3}$ 倍となる．

したがって，V-V結線2バンクとすることによって増加できる三相容量は，

$$2\sqrt{3} \times 500 - 1500 = 232 \text{ [kV·A]}$$

となる。

第5章 章末問題の解答

5-1 答 (5)

（ア）全波整流回路では，電源電圧が正のときと負のときに直流側に同じ正の電圧を供給するので，脈動周波数は2倍となる。

（イ）抵抗負荷に平滑コンデンサを設置する解図5.1のような平滑回路では，解図5.2のような出力電圧波形となり，時定数RCが大きいほどコンデンサからの放電時のこう配が小さくなり，脈動成分は小さくなる。したがって，コンデンサの容量Cが大きいほど脈動成分は小さくなる。

（ウ）抵抗負荷Rの値が大きいほど脈動成分が小さくなるので，抵抗負荷電流は逆に小さいほど脈動成分が小さくなる。

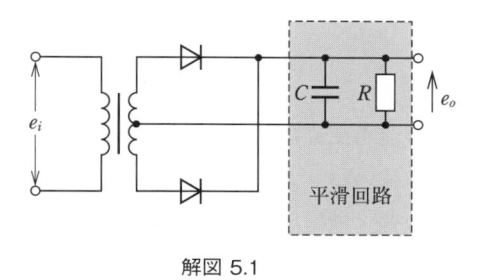

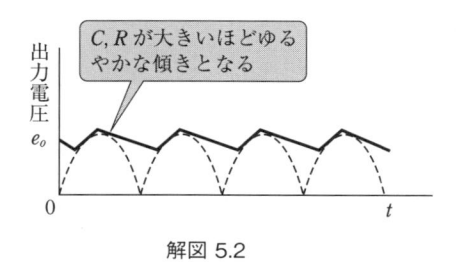

解図 5.1

解図 5.2（C, Rが大きいほどゆるやかな傾きとなる）

5-2 答 (1)

RとLから構成される誘導負荷に環流ダイオードD_Fが設置されてないときは，解図5.3のように，負荷のインダクタンスLのため電流i_dの立上がりが遅れ，さらにv_dがゼロを越えて負の半サイクルに入っても流れ続け，$\theta = \pi + \beta$の時点でi_dはゼロになる。

これに対し，環流ダイオード D_F が設置されているときは，解図 5.4 のように電圧の負の半サイクルでは L の電流は負荷と D_F を通って環流し，i_d は次のサイクルまで尾を引いて減衰する。

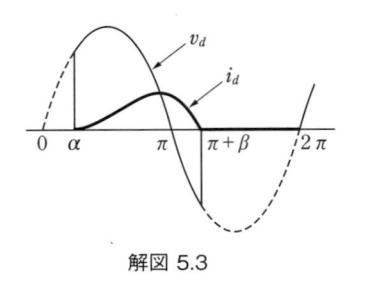

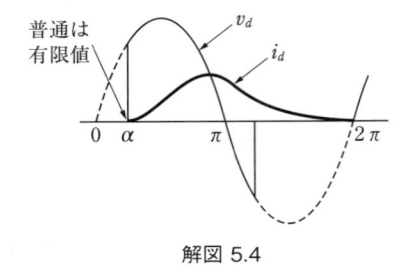

解図 5.3

解図 5.4

5-3 答 (5)

入力電流波形 i_s は，入力電圧波形 v_s より遅れて電流が立ち上がったり，下がったりしている。よって，これはダイオードによる回路では不可能であるため，(1)，(2)，(4)の回路は誤りである。

また，(3)の回路では，負の電流が流れることが不可能であるため誤りである。よって(5)が正しい。

5-4 答 (1)

(ア) 直流を交流に変換するのでインバータ回路である。
(イ) 直流のバックアップには蓄電池，すなわち 2 次電池が用いられる。
(ウ) 放送・通信用に用いられ，家庭用空調機には用いられない。
(エ) 定電圧・定周波数の交流を得ることが一般的である。

5-5 答 (1)

(ア) 構造が簡単で保守が容易な誘導電動機は，かご形誘導電動機である。
(イ) 誘導電動機の回転周波数に滑り周波数を加えると 1 次周波数になる。
(ウ) 電気車を始動・加速するときは，正の滑りで正のトルクを与える。
(エ) 回生制動によって減速するときは，同期速度を越えた状態になるため滑りは負となる。
(オ) 最近の傾向として，誘導電動機のトルクを直接制御できるベクトル制御の採用が進んでいる。

5-6 答 (2)

交流電源にインダクタンス要素があると，GTOのようなバルブデバイスで電流を強制的に切断した場合，$e = L(di/dt)$ の電圧が誘起され端子電圧が上昇することがある。

5-7 答 (2)

降雨量 Q 〔m³/s〕は，面積 1 km² に 1 時間あたり 60 mm の降雨であるので，

$$Q = \frac{10^6 \text{〔m}^2\text{〕} \times 60 \times 10^{-3} \text{〔m〕}}{3\,600 \text{〔s〕}} \fallingdotseq 16.7 \text{〔m}^3\text{/s〕}$$

排水量は降雨量に等しく，20台の同一仕様のポンプで排水するので，ポンプ1台あたりの排水量 Q_p は，

$$Q_p = \frac{16.7}{20} = 0.835 \text{〔m}^3\text{/s〕}$$

全揚揚 $H = 12$ 〔m〕，ポンプの効率 $\eta = 0.82$，設計製作上の余裕係数 $k = 1.2$ であるので，各ポンプの駆動用電動機の所要電力 P 〔kW〕は，

$$P = \frac{9.8QHk}{\eta} = \frac{9.8 \times 0.835 \times 12 \times 1.2}{0.82} \fallingdotseq 143 \text{〔kW〕}$$

となる。

5-8 答 (3)

(ア) エレベータの昇降時に必要な機械出力を P_m，電動機の出力を P，機械効率を η 〔%〕とすれば，

$$P \times \frac{\eta}{100} = P_m$$

となる。よって，(ア) は $\frac{100}{\eta}$ となる。

(イ) 問題の式に $\times 10^{-3}$ があるので〔kW〕の単位となる。

(ウ) 昇降する実質の質量 M は，かご質量 M_C，積載質量 M_L，つり合いおもり質量 M_B とするとき，

$$M = M_C + M_L - M_B$$

となる。

(エ) つり合いおもり質量は，電動機の必要トルクを小さくできる。

(オ) 乗客がいない場合は，つり合いおもり質量 M_B がかご質量 M_C より多きので，上昇であっても回生運転となる。

第 6 章 章末問題の解答

6-1 答 (a)-(3), (b)-(5)

(a) 全光束 F〔lm〕

題意より，全光束 F は，光柱の開き $20°$ の平面角内に投射され，電球の効率が $18\,\mathrm{lm/W}$，器具効率が $85\,\%$，電球の出力が $1\,\mathrm{kW}$ であることから，

$$F = 18\,〔\mathrm{lm/W}〕\times 10^3\,〔\mathrm{W}〕\times 0.85 = 15\,300\,〔\mathrm{lm}〕$$

となる。

(b) 光柱の平均光度〔cd〕

光柱の開き $20°$ の半分である $10°$ に対する立体角 ω は，

$$\omega = 2\pi(1-\cos 10°) = 2\pi(1-0.985) = 0.0942\,〔\mathrm{sr}〕$$

となる。

よって，光柱の平均光度 I は，

$$I = \frac{F}{\omega} = \frac{15\,300}{0.0942} \fallingdotseq 1.62\times 10^5\,〔\mathrm{cd}〕$$

となる。

6-2 答 (1)

解図 6.1 に完全拡散性半透明板を示す。図において，半透明板の面積 S〔m^2〕とし，半透明板の透過率を τ，入射する光束を F〔lm〕，透過する光束を F'〔lm〕とする。すると，板表面照度 E は，

$$E = \frac{F}{S}$$

板裏面の光束発散度 M は，

$$M = \frac{F'}{S} = \frac{\tau F}{S} = \tau E$$

したがって，裏面の輝度 L は，完全拡散面での M と L との関係 $M = \pi L$

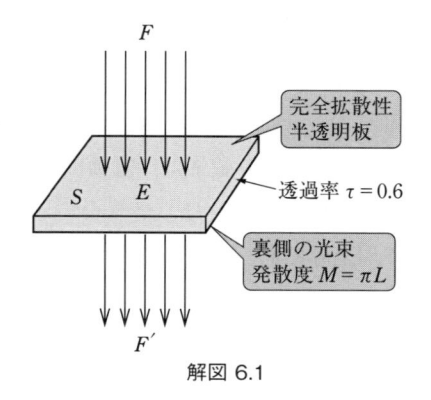

解図 6.1

から，
$$L = \frac{M}{\pi} = \frac{\tau E}{\pi}$$

題意より，$\tau = 0.6$，$E = 200$ 〔lx〕であるので，
$$L = \frac{\tau E}{\pi} = \frac{0.6 \times 200}{\pi} \fallingdotseq 38.2 \text{ 〔cd/m}^2\text{〕}$$

となる．

6-3 答 (a)-(3)，(b)-(2)

(a) BPの距離

解図6.2のように点Pの法線照度，水平面照度，鉛直面照度をそれぞれ E_n，E_h，E_v とし，光源Aと点Pを結ぶ鉛直角を θ とする．

このとき，
$$E_h = E_n \cos\theta$$
$$E_v = E_n \sin\theta$$

であり，題意より $E_h = 3E_v$ の関係があるので，
$$\frac{E_v}{E_h} = \frac{1}{3} = \frac{E_v \sin\theta}{E_n \cos\theta} = \tan\theta = \frac{\overline{\text{BP}}}{\overline{\text{AB}}}$$

よって，
$$\overline{\text{BP}} = \frac{1}{3}\overline{\text{AB}} = \frac{1}{3} \times 2.4 = 0.8 \text{ 〔m〕}$$

となる．

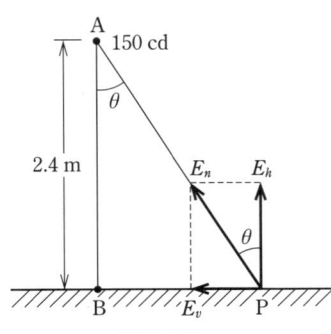

解図 6.2

(b) 点Pの水平面照度

点Pの水平面照度 E_h は，光源の光度 I が題意より 150 cd であるので，
$$E_h = E_n \cos\theta = \frac{I}{\overline{\text{AP}}^2}\cos\theta = \frac{150}{2.4^2 + 0.8^2} \times \frac{2.4}{\sqrt{2.4^2 + 0.8^2}}$$
$$\fallingdotseq 22.2 \text{ 〔lx〕}$$

となる．

6-4 答 (a)-(3)，(b)-(1)

(a) 水銀ランプの光度 I [cd]

点光源に対する立体角は，球の立体角となるので $\omega = 4\pi$ となる。よって，光度 I は全光束 F が 5 000 lm であるので，

$$I = \frac{F}{\omega} = \frac{5\,000}{4\pi} \fallingdotseq 398 \text{ [cd]}$$

となる。

(b) 中心 O の水平面照度

本問の状況を解図 6.3 に示す。

点 C 上の光源による点 O の水平面照度 E_c は，解図 6.3 の配置関係より，

$$E_c = \frac{398}{(5\sqrt{2})^2} \times \cos\theta = \frac{398}{50} \times \frac{1}{\sqrt{2}} \fallingdotseq 5.63 \text{ [lx]}$$

他の 3 点からも同じ照度を受けるので，中心 O の合成水平面照度 E_T は，

$$E_T = 4E_c = 4 \times 5.63 \fallingdotseq 22.5 \text{ [lx]}$$

となる。

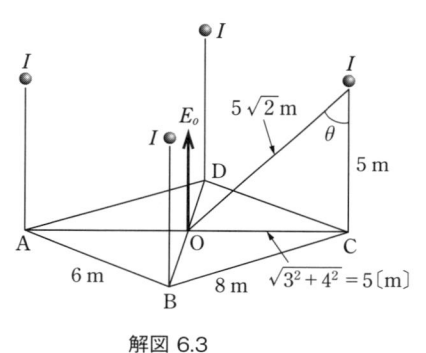

解図 6.3

6-5 答 (3)

蛍光ランプの効率が 75 lm/W のものが，天井に 40 W 2 灯用照明器として 4 基取り付けられているので，発生する全光束 F_0 は，

$$F_0 = 75 \times 40 \times 2 \times 4 = 24\,000 \text{ [lm]}$$

となる。照明率が 0.4，保守率が 0.7 なので，床面に到達する光束 F は，

$$F = F_0 \times 0.4 \times 0.7 = 24\,000 \times 0.4 \times 0.7 = 6\,720 \text{ [lm]}$$

一方，部屋は間口が 4 m，奥行きが 6 m であるので，床面の平均照度 E は，

$$E = \frac{6\,720}{4 \times 6} = 280 \text{ [lx]}$$

となる。

6-6 答 (4)

コンパクト形蛍光ランプは，発光管をコンパクトな形状に仕上げた片口金の蛍光ランプで，管径が細く輝度が高い。また，発光管内の水銀の蒸気圧を最適（約 1 Pa）に維持するため，水銀をアマルガムの状態で封入している。

6-7 答 (5)

(1) タングステン電球は熱放射（連続スペクトル）である。
(2) ルミネッセンスは，物質の電子が外部刺激によって高いエネルギー状態に励起され，安定な状態に戻るとき余分なエネルギーとして光を発する現象である。
(3) 低圧ナトリウムランプの発光効率は光源上最も高い。
(4) 紫外線は短波長で，赤外線は長波長である。
よって，(1)，(2)，(3)，(4) は誤っている。(5)は正しい。

6-8 答 (1)

物体とその外界との間の熱移動は，対流と放射による。物体の表面積を S〔m²〕，周囲との温度差を t〔K〕，熱伝達係数を α〔W/(m²·K)〕とすると，物体からの熱流 I〔W〕は，

$$I = \alpha S t$$

で表される。このとき，α の逆数 $1/\alpha$ は，表面熱抵抗率と呼ばれる。

6-9 答 (1)

- 熱電温度計は，**ゼーベック効果**を利用した温度センサで起電力により温度を測定する。
- 抵抗温度計にはサーミスタを利用するものがある。これは，半導体が温度変化（負の温度係数）により抵抗値が変化する特性を利用する。
- 全放射温度計は，完全放射体の全放射エネルギーが，その絶対温度の4乗に比例することを利用する。
- 赤外線温度計は，70〜20 000 nm 程度の波長帯を使用し，熱エネルギーの量を非接触で温定し，温度換算することで物体の温度を測定する。

第7章 章末問題の解答

7-1 答 (4)

ファラデー定数が 27 A·h/mol，銀の原子量が 108，原子価が 1 であるので，27 A·h の電荷の移動で，108 g の銀が析出する。

したがって，25 A の電流を 1 h 流したときに析出する銀の量 ω は，

$$\omega = \frac{25}{27} \times 108 = 100 \ [\text{g}]$$

となる。

7-2 答 (5)

- 食塩電解の反応は，

$$2\text{NaCl} + 2\text{H}_2\text{O} \rightarrow 2\text{NaOH} + \text{H}_2 + \text{Cl}_2$$

であり，か性ソーダ（NaOH），水素（H_2），塩素（Cl_2）が得られる。よって，(1)は正しい。

- 食塩の電解法としては，隔膜法，水銀法およびイオン交換膜法の3種類がある。わが国においては，環境への影響を考慮して，水銀法は昭和61年をもって廃止され，隔膜法も石綿製の交換膜を使用することから現在は使われていない。よって，(2)は正しい。

- 隔膜法では石綿製，イオン交換膜法ではふっ素樹脂製の交換膜を用いる。よって，(3)は正しい。

- 水銀法では，アノードに金属電極，カソードに水銀を用いる。よって(4)は正しい。

- 隔膜法およびイオン交換膜法の電極材料としては次のものが使用される。

  アノード……黒鉛から金属電極へ置き換わっている。

  カソード……軟鋼あるいはニッケルなどで活性化処理したもの。

よって(5)は誤っている。

7-3 答 (1)

食塩の電気分解で水素と塩素が得られることから，(4)，(5)は除外される。銅と亜鉛は，次のようにして水溶液の電気分解で得られる。

① 銅の電解精製

粗銅を溶解して適当な形に鋳込んだものを陽極とし，純銅の銅板を陰極とする。硫酸銅（$CuSO_4$）溶液を電解液として電解を行うことにより，陰極に高純度の銅を析出させる。

② 亜鉛の電解採取

亜鉛の鉱石はセン亜鉛鉱（ZnS）であり，これを焼いて酸化することによって酸化亜鉛（ZnO）にする。この酸化亜鉛を希硫酸で処理して硫酸亜鉛（$ZnSO_4$）とし，$ZnSO_4$ の溶液を電気分解して陰極に亜鉛を析出させる。

よって(2)，(3)も除外される。

アルミニウム，ナトリウム，マグネシウムなどの金属は，水よりイオン化傾向が大きいために，水溶液中で電気分解を行おうとしても，イオン化傾向の小さい水中の水素だけが発生し析出しない。これらの金属は，水素イオン H^+ のない溶融塩電解で析出できる。

7-4 答 (4)

(1)，(2)，(3)，(5) は正しい。(4)は以下の理由で誤っている。

理論分解電圧は，物質のもつ化学エネルギー値から計算される電気分解に必要な電圧の最低値である。電気分解中の両極間の電圧 E は，セル（槽）電圧または浴電圧と呼ばれるもので，理論分解電圧 E_1 に過電圧 E_2 を加え，さらに電解液および隔膜の抵抗降下 E_3 を加えたものである。すなわち，

$$E = E_1 + E_2 + E_3$$

となる。

7-5 答 (5)

マンガン乾電池の構造を解図 7.1 に示す。正極に炭素（C），負極に亜鉛（Zn）を用い，電解液の塩化アンモニウム（NH_4Cl）を紙やのりにより流動性をなくすとともに，減極剤の二酸化マンガン（MnO_2）を包み込んだ構造をしている。

正極作用物質として，二酸化マンガン（MnO_2）を主減極剤とし，これに炭素と電解質を混ぜた合剤を用いる。また，負極作用物質として亜鉛を用いる。

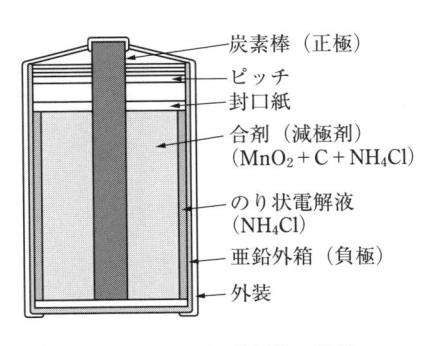

解図 7.1 マンガン乾電池の構造

7-6　答　(1)

解図 7.2 に鉛蓄電池の構造を示す。

正極に二酸化鉛（PbO_2），負極に鉛（Pb）を用い，電解液として希硫酸（H_2SO_4）を使用する。

鉛蓄電池の正極では，放電のとき次の反応が生じる。

$$PbO_2 + 4H^+ + SO_4^{2-} + 2e \rightarrow PbSO_4 + 2H_2O$$

このため，放電が進むと次のことが起こる。

① 電解液中に水が生じるため硫酸濃度が減少する。よって(2)は正しい。

② 硫酸濃度が減少するため，電解液の比重が減少する。よって(4)は正しい。

また，温度が上昇すると，溶液の導電性は良くなる（イオンの活性化）ので，(3)は正しい。

電解液中の水分は，自然蒸発し液位が減少するので，蒸留水を補充し回復させる。よって，(5)は正しい。

放電によって，鉛が溶け出すことはないので，(1)が誤り。

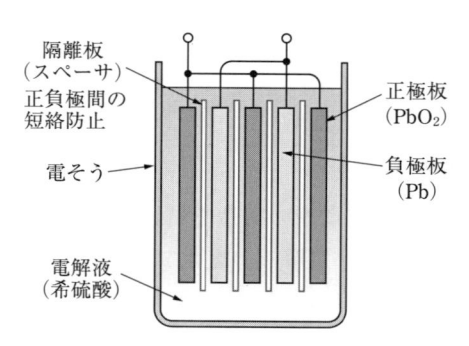

解図 7.2　鉛蓄電池の構造

7-7　答　(4)

(1)，(2)，(3)，(5) は正しい。(4)は，次の理由により誤っている。

鉛蓄電池は，周囲温度が低下すると電解液および電極活物質の温度も低下するため，化学的活性度が低下する。このため，起電力や取り出せる電気量は低下する。

7-8 答 (4)

問題の3種類の2次電池の構成を解表7.1に示す。

解表7.1

電　池	正　極	電解質	負　極
鉛蓄電池	過酸化鉛	希硫酸	鉛
ニッケル-カドミウム蓄電池	水酸化第二ニッケル	水酸化カリウム	カドミウム
リチウムイオン（蓄）電池	リチウムイオン＋金属酸化物	有機電解質	炭　素

第8章 章末問題の解答

8-1 答 (5)

解図8.1に示すように偏差量は、基準入力とフィードバック信号（検出信号）の差である。これが、調節部、操作部を経て修正動作として制御対象に加えられる。

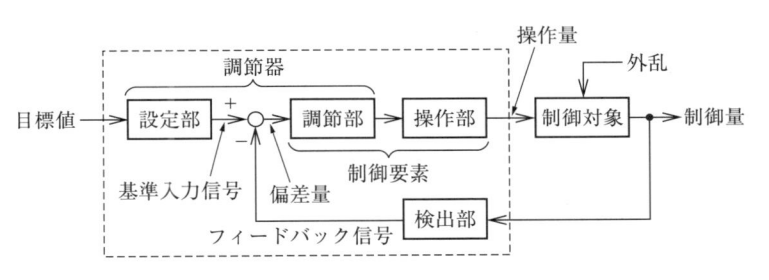

解図8.1

8-2 答 (4)

一般のフィードバック制御系には、制御のよさを表す指標として、精度、速応度、安定度がある。速応度、安定度は、過渡状態に関した特性であることから過渡特性と呼ばれ、精度は定常状態に関係しており定常特性と呼ばれる。

特に、サーボ制御系のような追従制御の場合、目標入力の時間的変化が速いことから系の追従性が重要であり、応答速度は可能な限り速やかであることが望ましい。過度特性を評価するものとして、解図8.2に示すような、ステップ応答の遅れ時間、立上がり時間、行過ぎ量、整定時間がある。

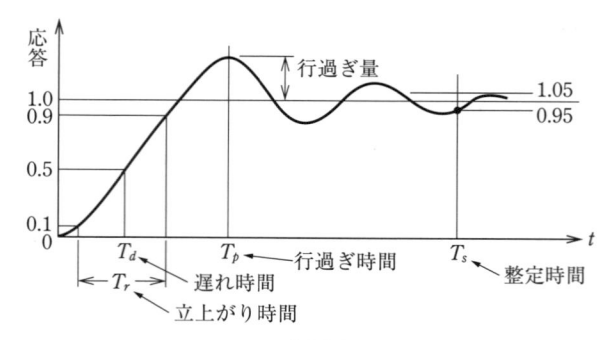

解図 8.2

8-3 答 (3)

伝達関数 $G(s)$ が，

- $G(s) = K_p$ で表されるものを比例動作（P 動作）
- $G(s) = \dfrac{1}{T_i s}$ で表されるものを積分動作（I 動作）
- $G(s) = T_d s$ で表されるものを微分動作（D 動作）

という。

K_p, T_i, T_d はそれぞれ

K_p……比例動作係数（比例感度，比例ゲイン）

T_i……積分時間（リセットタイム）

T_d……微分時間（レートタイム）

と呼ばれる。

8-4 答 (4)

解図 8.3 に示す回路にて流れる電流を $\dot{I}$ とすると，入力電圧 $E_i(j\omega)$，出力電圧 $E_o(j\omega)$ は，

$$E_i(j\omega) = \left(R_1 + R_2 + \dfrac{1}{j\omega C_2}\right)\dot{I}$$

$$E_o(j\omega) = \left(R_2 + \dfrac{1}{j\omega C_2}\right)\dot{I}$$

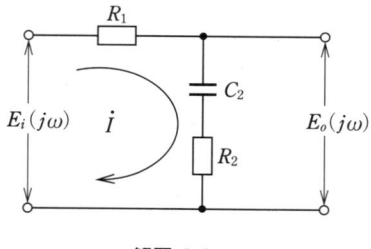

解図 8.3

となる。よって、周波数伝達関数 $G_c(j\omega)$ は、

$$G_c(j\omega) = \frac{E_o(j\omega)}{E_i(j\omega)} = \frac{\left(R_2 + \frac{1}{j\omega c_2}\right)\dot{I}}{\left(R_1 + R_2 + \frac{1}{j\omega c_2}\right)\dot{I}} = \frac{1 + j\omega C_2 R_2}{1 + j\omega C_2(R_1 + R_2)}$$

これより、

$$T_1 = C_2 R_2$$
$$T_2 = C_2(R_1 + R_2)$$

となる。

8-5 答 (1)

問題のブロック線図内における各信号は、解図 8.4 のようになる。すなわち、①の加え合せ点では、$R-C$ が偏差量となり、②の加え合わせ点では、$(R-C)(F+K) - CH$ が出力される。これに要素 G を掛けたものが出力信号 C となる。

したがって、

$$\{(R-C)(F+K) - CH\}G = C$$
$$R(F+K)G = C\{1 + (F+K+H)G\}$$
$$\therefore \frac{C(j\omega)}{R(j\omega)} = \frac{G(F+K)}{1 + G(F+K+H)}$$

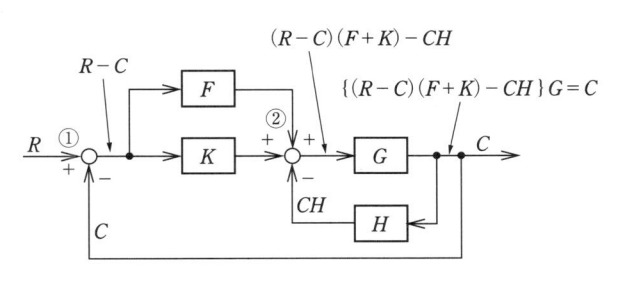

解図 8.4

8-6 答 (a)-(3), (b)-(2)

(a) 位相角が $-135°$ となる角周波数 ω_0

開ループ周波数伝達関数 $G(j\omega)$ が、

$$G(j\omega) = \frac{10}{j\omega(1 + j0.2\omega)} \tag{1}$$

にて表される。式(1)の複素数をベクトルで表示するとき、j で除することは 90°遅れることを意味する。すなわち $-90°$ の位相となる。したがって、位相角が $-135°$ となるためには、さらに 45°の位相遅れが必要となる。

よって，分母の第 2 項の $(1+j0.2\omega)$ で除することで 45° の遅れとならなければならないので，

$$1 = 0.2\omega$$
$$\therefore \omega = 5$$

求める角周波数 $\omega_0 = 5$ 〔rad/s〕となる。

(b) ω_0 におけるゲイン $|G(j\omega)|$

式(1)に $\omega = 5$ を代入して，

$$|G(j\omega)| = \left|\frac{10}{j\omega(1+0.2\omega)}\right| = \left|\frac{10}{j5(1+j)}\right| = \frac{10}{|j5| \times |1+j|}$$
$$= \frac{10}{5 \times \sqrt{2}} = \sqrt{2} \fallingdotseq 1.41$$

となる。

8-7　答　(5)

真理値表で $X=0$ の個数が $X=1$ の個数より少ないので，$X=0$ に着目すると計算が簡単になる。$X=0$ のとき，出力 X は $\bar{1}$ となるので $\bar{X}$ を真理値表から求める。

$$\bar{X} = \bar{A}\bar{B}\bar{C} + \bar{A}\bar{B}C + A\bar{B}C = \bar{A}\bar{B} + A\bar{B}C$$

この式をド・モルガンの定理を使って整理すると，

$$X = \bar{\bar{X}} = \overline{\bar{A}\bar{B} + A\bar{B}C} = \overline{\bar{A}\bar{B}} \cdot \overline{A\bar{B}C} = (\bar{\bar{A}} + \bar{\bar{B}})(\bar{A} + \bar{\bar{B}} + \bar{C})$$
$$= (A+B)(\bar{A}+B+\bar{C})$$
$$= A\bar{A} + AB + A\bar{C} + \bar{A}B + BB + B\bar{C}$$

となる。ここで，$A\bar{A}=0$，$BB=B$，$AB+\bar{A}B = (A+\bar{A})B = B$ であり，$B+B=B$ であるので，求める X は，

$$X = AB + A\bar{C} + \bar{A}B + B + B\bar{C}$$
$$= B + A\bar{C} + B\bar{C} = B + B\bar{C} + A\bar{C}$$
$$= B(1+\bar{C}) + A\bar{C} = B + A\bar{C}$$

となる。

8-8　答　(2)

読取り専用としてつくられた ROM（Read Only Memory）には次のようなものがある。

① マスク ROM

製造過程においてデータを書き込んでしまい，製品となった状態ではデータの消去や再書込みができない ROM である。

② プログラマブル ROM（PROM）

ユーザーがデータの書込みを行える ROM をいい，一度データを書き込むと変更ができないワンタイム PROM と，書き込んだデータを消去して再度書込みができる EPROM がある。また，EPROM には，紫外線を照射することでデータを消去する UV-EPROM と電気信号でデータを消去する EEPROM がある。

一方，読み書きができる RAM（Random Access Memory）には次のようなものがある。

① スタティック RAM（SRAM）

電源を切らない限りデータを保持するもので，フリップフロップ構成であり，高速であるが集積度が低く，メモリ単価が高い。

② ダイナミック RAM（DRAM）

コンデンサに電荷を蓄えることにより 1，0 を記憶させるため，一定時間ごとに書き込んだデータを読み出し，再書込みする必要がある。SRAM に比べ低速であるが集積度が高くメモリ単価が安い。

索引

英数字

1次遅れ要素	239, 240
COP（成績係数）	194
D動作	232
GTO	132
IGBT	135
I動作	232
JK-FF	257
npn形バイポーラトランジスタ	134
PID制御	232
P動作	232
V/f一定制御	49, 150
V曲線	81
Y-Δ始動	53

あ行

アルカリ蓄電池	217
イオン交換膜法	211
一巡伝達関数	241
うず電流	195
永久短絡電流	76
エレベータの所要動力	149
オームの法則（熱回路の）	188
遅れ時間	230

か行

開路伝達関数	241
化学当量	207
かご形誘導電動機	37
過渡特性	230
過複巻	9
慣性モーメント	155
完全拡散面	173
基準巻線温度	57
空気電池	216
グロー点灯管	183
蛍光ランプ	182
ゲイン余裕	246
減磁作用	75
交さ磁化作用	74
光束発散度（直線光源の）	177
拘束試験	57
光束発散度	173

さ行

サーボ機構	231
三相巻線形誘導電動機	38
周波数伝達関数	233
照明率	179
食塩電解	210
所要動力（エレベータの）	149
所要動力（ポンプの）	147
水車発電機	71
水平面照度	175
スターデルタ始動	55
成績係数（COP）	194
整定時間	230
全電圧始動	53
全日効率	111
全負荷効率	108
増磁作用	75
槽電圧	212

た行

タービン発電機	72
ターンオフサイリスタ	132
立上がり時間	230
単巻変圧器の自己容量	123
短絡比	77, 80
チャタリング	252
直線光源の光束発散度	177
直巻発電機の外部負荷特性	8
直流電動機のトルク	16
直流発電機の誘導起電力	4, 5
抵抗溶接	199
定常特性	230
停動トルク	48, 51
電圧変動率	102, 103, 104
電気泳動	209
電気化学当量	207
電機子反作用	12
電着塗装	209
電動機の機械的出力	24
ド・モルガンの定理	248
等アンペアターンの法則	124
同期インピーダンス	76
銅機械	80
同期速度	34, 67
同期発電機の1相の誘導起電力	70
銅損	111
トルク（直流電動機の）	16
トルク（停動）	48

トルク（巻線形誘導電動機の）	47
トルク（誘導電動機の）	51

な行

ナイキスト線図	247
内部誘導起電力	68
鉛蓄電池	214
ニッケル・水素電池	218
熱回路のオームの法則	188
熱抵抗	189
熱伝導率	187, 189
燃料電池	220

は行

はずみ車効果	155
ハロゲンサイクル	186
ハロゲン電球	186
ヒートポンプ	198
光トリガサイリスタ	133
百分率抵抗降下	102, 103
百分率リアクタンス降下	102, 103

平複巻	9
比例推移	48
ファラデー定数	215
ファラデーの電磁誘導の法則	3
フィードバック制御	228
フィードフォワード制御	229
フォトルミネセンス	182
複巻発電機	9
不足複巻	9
フレミングの左手の法則	15
フレミングの右手の法則	13
プログラム制御	231
プロセス制御	231
並行運転（変圧器の）	119
ペルチェ効果	200
変圧器の並行運転	119
変圧比	97
変流比	97
法線照度	175
補極	12
保守率	180
補償器始動	53, 54
補償巻線	12
ポンプの所要動力	147

ま行

マイクロ波加熱	196
巻線形誘導電動機のトルク	47
メタルハライドランプ	185

や行

誘電体損失係数	196
誘導加熱	195
誘導起電力（直流発電機の）	4, 5
誘導起電力（同期発電機の1相の）	70
誘導電動機のトルク	51
誘導発電機	49

ら行

リン酸形燃料電池	221
励磁アドミタンス	100
励磁サセプタンス	101

電験三種 機械 考え方解き方

2010年11月30日　第1版1刷発行　　　　ISBN 978-4-501-21260-5 C3054

編　者　電験三種 考え方解き方研究会
　　　　Ⓒ 電験三種 考え方解き方研究会 2010

発行所　学校法人 東京電機大学　〒101-8457　東京都千代田区神田錦町2-2
　　　　東京電機大学出版局　　　Tel. 03-5280-3433（営業）　03-5280-3422（編集）
　　　　　　　　　　　　　　　　Fax. 03-5280-3563　振替口座 00160-5-71715
　　　　　　　　　　　　　　　　http://www.tdupress.jp/

JCOPY ＜(社)出版者著作権管理機構 委託出版物＞
本書の全部または一部を無断で複写複製（コピー）することは，著作権法上での例外を除いて禁じられています。本書からの複写を希望される場合は，そのつど事前に，(社)出版者著作権管理機構の許諾を得てください。
［連絡先］Tel. 03-3513-6969, Fax. 03-3513-6979, E-mail : info@jcopy.or.jp

印刷：三美印刷㈱　　製本：渡辺製本㈱　　装丁：右澤康之
落丁・乱丁本はお取り替えいたします。　　　　　　　　　　　　　　　Printed in Japan

電気工学図書

詳解付
電気基礎 上
直流回路・電気磁気・基本交流回路

川島純一／斎藤広吉 著　　　　　A5判・368頁

電気を基礎から初めて学ぶ人のために，学習しやすく，理解しやすいことに重点をおいて編集。例題や問，演習問題を多数掲載。詳しい解答付。

詳解付
電気基礎 下
交流回路・基本電気計測

津村栄一／宮崎登／菊池諒 著　　　A5判・322頁

（上）直流回路／電気と磁気／静電気／交流回路の基礎／交流回路の電圧・電流・電力／（下）記号法による交流回路の計算／三相交流／電気計測／各種の波形

入門 電磁気学

東京電機大学 編　　　　　　　　　A5判・352頁

電流と電圧／直流回路／キルヒホッフの法則と回路網の計算／電気エネルギーと発熱作用／抵抗の性質／電流の化学作用／磁気の性質／電流と磁気／磁性体と磁気回路／電磁力／電磁誘導／静電気の性質

入門 回路理論

東京電機大学 編　　　　　　　　　A5判・336頁

直流回路とオームの法則／交流回路の計算／ベクトル／基本交流回路／交流の電力／記号法による交流回路／回路網の取り扱い／相互インダクタンスを含む回路／三相交流回路／非正弦波交流／過渡現象

新入生のための 電気工学

東京電機大学 編　　　　　　　　　A5判・176頁

電気の基礎知識／物質と電気／直流回路／電力と電力量／電気抵抗／電流と磁気／電磁力／電磁誘導／静電気の性質／交流回路の基礎

学生のための 電気回路

井出英人／橋本修／米山淳／近藤克哉 共著
　　　　　　　　　　　　　　　　　B5判・168頁

直流回路／正弦波交流／回路素子／正弦波交流回路／一般回路の定理／3相交流回路

基礎テキスト 電気理論

間邊幸三郎 著　　　　　　　　　　B5判・228頁

電界／電位／静電容量とコンデンサ／電流と電気抵抗／磁気／電磁気／電磁誘導現象

基礎テキスト 回路理論

間邊幸三郎 著　　　　　　　　　　B5判・276頁

直流回路／交流回路の基礎／交流基本回路／記号式計算法／単相回路(1)／交流の電力／単相回路(2)／三相回路／ひずみ波回路／過渡現象

よくわかる電気数学

照井博志 著　　　　　　　　　　　A5判・152頁

整式の計算と回路計算／方程式・行列と回路計算／三角関数と交流回路／複素数と記号法／微分・積分と電磁気学

電気計算法シリーズ
電気のための基礎数学

浅川毅 監修／熊谷文宏 著　　　　A5判・216頁

式の計算／方程式とグラフ／三角関数と正弦波交流／複素数と交流計算／微分・積分の基礎

電気・電子の基礎数学

堀桂太郎／佐村敏治／椿本博久 共著　A5判・240頁

数式の計算／関数と方程式・不等式／2次関数／行列と連立方程式／三角関数の基本と応用／複素数の基本と応用／微分の基本と応用／積分の基本と応用／微分方程式／フーリエ級数／ラプラス変換

電気法規と電気施設管理

竹野正二 著　　　　　　　　　　　A5判・368頁

電気関係法規の大要と電気事業／電気工作物の保安に関する法規／電気工作物の技術基準／電気に関する標準規格／その他の関係法規／電気施設管理／（付録）電気事業法

＊定価，図書目録のお問い合わせ・ご要望は出版局までお願いいたします。
URL　http://www.tdupress.jp/